高等学校教材

寻找心理正能量

——大学生心理健康漫谈

Xunzhao Xinli Zhengnengliang

——Daxuesheng Xinli Jiankang Mantan

刘新玲　主编

高等教育出版社·北京
HIGHER EDUCATION PRESS　BEIJING

图书在版编目(CIP)数据

寻找心理正能量:大学生心理健康漫谈 / 刘新玲主编. —北京:高等教育出版社,2013.4(2020.8重印)

ISBN 978-7-04-037091-1

Ⅰ.①寻… Ⅱ.①刘… Ⅲ.①大学生-心理健康-健康教育 Ⅳ.①B844.2

中国版本图书馆 CIP 数据核字(2013)第 055369 号

策划编辑	傅雪林	责任编辑	傅雪林	封面设计	张 志	版式设计	童 丹
责任校对	刘丽娴	责任印制	韩 刚				

出版发行	高等教育出版社	咨询电话	400-810-0598
社　　址	北京市西城区德外大街4号	网　　址	http://www.hep.edu.cn
邮政编码	100120		http://www.hep.com.cn
印　　刷	唐山市润丰印务有限公司	网上订购	http://www.landraco.com
开　　本	787 mm×960 mm　1/16		http://www.landraco.com.cn
印　　张	15.75	版　　次	2013年4月第1版
字　　数	280千字	印　　次	2020年8月第4次印刷
购书热线	010-58581118	定　　价	23.80元

本书如有缺页、倒页、脱页等质量问题,请到所购图书销售部门联系调换
版权所有　侵权必究
物　料　号　37091-00

前　言

加强和改进大学生心理健康教育是全面落实教育规划纲要、促进学生健康成长、培养造就高级专门人才的重要途径，是全面贯彻党的教育方针、建设人力资源强国的重要举措，是全面提高高等教育质量、加强和改进大学生思想政治教育的重要任务。为此，2011年5月，教育部下发了关于《普通高等学校学生心理健康教育课程教学基本要求》，提出各高校要根据学生心理健康教育的需要，结合本校实际，制订科学、系统的教学大纲，组织实施相应的教育教学活动，保证学生在校期间普遍接受心理健康课程教育。我们在福州大学城从综合、师范、农林、理工、独立学院等类型的高校中随机选取2 000名大学生，对他们最需要什么样的心理健康教育内容、最喜欢什么样的教育方式做了调查。结合教育部对这门课程培养目标和内容的要求，我们精心打造出了这本融趣味性、娱乐性、实用性于一体的大学生心理健康读本。本书以漫谈的方式，生动有趣而不失科学严谨的风格，与大学生探讨如何通过自助的方法解决自己的心理困惑，提升自我价值感，增加心理正能量，更好地燃烧自己的"小宇宙"。

本书由刘新玲教授担任主编，并提出总体思路、设计提纲、主持写作事务并对全书进行修改、统稿；潘曦老师帮助协调编务和前两稿的审稿工作；钱白云博士协助审稿；雷辉老师参加书稿的前期讨论和起草工作。各章撰写人员如下：第一章、第二章，张彧；第三章，许琳玲、潘曦；第四章，许琳玲；第五章，许世梅；第六章，黄瑞枫、潘曦；第七章，黄瑞枫；第八章，许世梅、潘曦；第九章、第十章，钱白云、刘新玲。

在本书的编写过程中，我们参考和引用了国内外有关同行和专家公开发表的研究成果和文献，是他们的研究帮助我们丰富了内容，加深了认识。因各种原因，未能与这些成果的著作权人和作者一一取得联系，在此表示衷心的感谢和敬意。心理健康课程在福州大学的开设，得到了校党委副书记陈少平研究员和教务处相关领导的大力支持，对本教材的诞生起了重要作用。高等教育出版社傅雪林等老师对书稿的出版做了大量工作，在此我们深表感谢！

由于编写时间较短，加上学识、经验有限，难免有纰漏、疏忽之处，恳请专家、同行和读者们批评指正。

刘新玲

2013. 2. 19 于福州大学

目 录

第一章 心理健康：揭开心灵奥秘 …………………………… 1

一、什么是心理健康 …………………………………………… 3
　（一）健康新观念 …………………………………………… 3
　（二）有关心理健康的几种观点 …………………………… 4
　（三）心理健康分为几个等级 ……………………………… 4
二、大学生心理健康有标准吗 ………………………………… 6
　（一）智力正常 ……………………………………………… 6
　（二）情绪健康 ……………………………………………… 7
　（三）意志健全 ……………………………………………… 7
　（四）人格完整 ……………………………………………… 7
　（五）自我评价正确 ………………………………………… 7
　（六）人际关系和谐 ………………………………………… 7
　（七）社会适应正常 ………………………………………… 8
　（八）心理行为符合大学生的年龄特征 …………………… 8
　　知识链接——心理测试 ………………………………… 8
三、哪些问题经常困扰着大学生 ……………………………… 10
　（一）学业问题 ……………………………………………… 10
　（二）生活适应问题 ………………………………………… 11
　（三）人际关系问题 ………………………………………… 11
　（四）经济问题 ……………………………………………… 11
　（五）情感问题 ……………………………………………… 11
　（六）就业问题 ……………………………………………… 12
四、大学生心理疾病的常见类型有哪些 ……………………… 12
　（一）神经症 ………………………………………………… 13
　（二）精神分裂症 …………………………………………… 14
五、导致大学生产生心理疾病的原因是什么 ………………… 15
　（一）遗传因素 ……………………………………………… 16

I

　　　（二）生理因素 ······ 16
　　　（三）心理因素 ······ 16
　　　（四）自然和社会灾难 ······ 17
　　　（五）生活事件 ······ 17
　　　（六）社会因素 ······ 17
　六、什么是心理咨询 ······ 18
　　　（一）心理咨询不等式 ······ 18
　　　（二）界定心理咨询 ······ 20
　　　（三）心理咨询的原则 ······ 20
　　　（四）心理咨询的服务对象 ······ 22
　　　知识链接——心灵解码 ······ 24
　　　　大学生心理适应性测量问卷 ······ 24

第二章　自我意识：探索自我之旅 ······ 27

　一、认识自己 ······ 28
　二、我是谁 ······ 28
　　　（一）自我意识的含义 ······ 29
　　　知识链接——你了解自己吗？ ······ 29
　　　（二）自我意识包含了什么 ······ 30
　三、自我意识是如何产生和发展的 ······ 32
　　　（一）自我意识的萌芽（0—3岁） ······ 32
　　　（二）自我意识的发展（3岁—青年初期） ······ 33
　　　（三）自我意识的完善（青年中期—终生） ······ 34
　四、大学生易出现的自我意识偏差以及调适方法 ······ 34
　　　（一）过分追求完美 ······ 35
　　　（二）过度自卑 ······ 35
　　　（三）过度自我接受 ······ 36
　　　（四）过度自我中心 ······ 37
　五、什么是人格 ······ 38
　　　（一）人格的含义 ······ 38
　　　（二）人格的特征 ······ 39
　六、人格主要由什么成分构成 ······ 41
　　　（一）性格 ······ 41
　　　知识链接——心理小测验 ······ 42

（二）气质 ··· 45
　　知识链接——影响人格发展和形成的两个实验 ··················· 47
　　　　1. 童年的经验 ··· 47
　　　　2. 自然物理因素 ··· 48
　　（三）大学生常见的人格问题 ···································· 48
　　知识链接——大学生产生人格偏差后应如何调适 ··················· 52

第三章 人际关系：探索人际迷宫 ······································ 54

一、为什么要进行人际交往 ·· 55
　　（一）人际交往的含义与作用 ···································· 55
　　（二）人际关系的建立与发展过程 ································ 56

二、大学生人际交往的类型及影响因素 ·································· 57
　　（一）大学生人际交往的类型 ···································· 57
　　（二）影响人际交往的因素 ······································ 59

三、大学生人际交往中的心理效应 ······································ 60
　　（一）首因效应 ·· 60
　　（二）近因效应 ·· 60
　　（三）光环效应 ·· 61
　　（四）投射效应 ·· 61
　　知识链接——投射小实验 ·· 61
　　（五）刻板印象 ·· 62

四、大学生人际交往的技巧 ·· 62
　　（一）人际交往实例与实操训练 ·································· 63
　　知识链接——大学生人际关系综合诊断量表 ························ 64
　　（二）人际交往的原则与发展技巧 ································ 65
　　知识链接——什么是社会化 ······································ 66

五、大学生人际障碍及调试 ·· 69
　　（一）社交恐惧症 ·· 69
　　（二）你会嫉妒他人吗 ·· 73

第四章 恋爱与性：走出爱之迷雾 ······································ 75

一、解构爱情 ··· 76
　　（一）彼此的吸引力是决定能否相爱的先决条件 ···················· 76
　　知识链接——爱情配对实验 ······································ 77

目录

　　　　知识链接——"儿子要穷养，女儿要富养" …… 79
　　（二）爱情铁三角理论 …… 81
　　　　知识链接——爱情态度量表 …… 83
　　（三）爱情的类型 …… 85
二、大学生恋爱的心理误区 …… 87
　　（一）究竟为何而"爱" …… 87
　　（二）把恋爱当成生活的全部 …… 87
　　（三）轻率地对待性行为 …… 88
三、如何经营爱情 …… 88
　　（一）女孩究竟想要什么 …… 88
　　（二）该爱一个什么样的人 …… 89
四、童年经历影响成年性格与恋爱方式 …… 91
　　（一）遗弃恐惧与依恋型人格 …… 91
　　（二）拒绝恐惧与孤独型人格 …… 92
　　（三）控制恐惧与回避型人格 …… 92
　　　　知识拓展——美文欣赏 …… 93
五、性的含义 …… 97
　　（一）定义 …… 97
　　（二）性的本质 …… 97
　　（三）分类 …… 98
六、弗洛伊德的性心理理论 …… 98
　　（一）口唇期 …… 98
　　（二）肛门期 …… 99
　　（三）性器期 …… 99
　　（四）潜伏期 …… 99
　　（五）生殖期 …… 100
七、我们常见的性困惑 …… 100
　　（一）性生理困惑 …… 100
　　（二）性心理困惑 …… 102
八、性健康维护与调节 …… 103
　　（一）正确对待性幻想、性梦与自慰 …… 103
　　（二）调控性冲动 …… 105
　　（三）必要时寻求心理咨询 …… 105

第五章　学习心理：遨游书山学海 …… 107

- 一、我们会遇到什么样的学习心理问题 …… 108
  - （一）学习动机不当 …… 108
  - （二）学习疲劳倦怠 …… 110
  - （三）考试过度焦虑 …… 111
  - （四）专业认同偏差 …… 112
- 二、如何更好地学习——全面开启学霸模式 …… 114
  - （一）有目标的学习更成功 …… 114
  - 知识链接——提高目标凝聚力：注意力训练 …… 116
  - （二）神奇的内部学习动机 …… 117
  - （三）组块的力量和"7"的魔力 …… 118
  - （四）掌握记忆的规律 …… 121
  - （五）高效学习的小窍门 …… 123
  - （六）放松身心的小技巧 …… 125

第六章　应对压力：书写动力篇章 …… 128

- 一、什么是压力 …… 129
  - （一）压力的含义 …… 129
  - （二）压力分类 …… 130
  - （三）如何识别过度压力 …… 130
- 二、大学生心理压力与管理 …… 131
  - （一）大学生常见的心理压力 …… 132
  - （二）心理压力对大学生的影响 …… 133
  - （三）大学生对心理压力的管理与应对 …… 134
- 三、什么是挫折 …… 138
  - （一）大学生常见的挫折 …… 138
  - （二）大学生对挫折反应的特点 …… 138
- 四、大学生产生挫折的原因 …… 141
  - （一）挫折的产生 …… 141
  - （二）挫折的转化 …… 142
  - （三）对挫折的承受力 …… 142
  - （四）产生挫折的原因 …… 143
- 五、应对挫折的策略与方式 …… 145

（一）挫折防卫机制 …………………………………………… 145
　　（二）挫折防卫机制的合理运用 ……………………………… 147

第七章　掌控情绪：涂画彩虹心情 ……………………………… 148

一、什么是情绪 ……………………………………………………… 149
　　（一）基本情绪 ………………………………………………… 149
　　（二）情绪对大学生的影响 …………………………………… 151

二、大学生的情绪特点 ……………………………………………… 153
　　（一）情绪的丰富性与复杂性 ………………………………… 153
　　（二）情绪的不稳定性与心境化 ……………………………… 154
　　（三）情绪的外显性与内隐性 ………………………………… 154
　　（四）情绪的两极性 …………………………………………… 154
　　（五）情绪的理智性 …………………………………………… 154

三、大学生的主要情绪困扰 ………………………………………… 155
　　（一）情绪反应过度造成的情绪困扰 ………………………… 155
　　（二）情绪反应不足造成的情绪困扰 ………………………… 156
　　（三）负性情绪持续时间过长或泛化引发的情绪困扰 ……… 156
　　（四）不能接受或无法控制自己的情绪状态引发的情绪困扰 … 156

四、管理情绪 ………………………………………………………… 157
　　（一）认识、识别自我的情绪 ………………………………… 157
　　（二）接受情绪，为自己的情绪负责 ………………………… 157
　　（三）善于控制不良情绪 ……………………………………… 158
　　知识链接——情绪管理三部曲 ………………………………… 161
　　（四）学会有效表达情绪 ……………………………………… 162

第八章　生命教育：绽放生命之花 ……………………………… 163

一、人为什么活着 …………………………………………………… 164
　　（一）生命中的三次幸运 ……………………………………… 164
　　（二）生与死的意义 …………………………………………… 165
　　知识链接——一片叶子落下来 ………………………………… 166
　　（三）定义自己的人生 ………………………………………… 167
　　知识链接——互动小游戏：生命线 …………………………… 168

二、如何更好地活着 ………………………………………………… 169
　　（一）活在当下比懊悔过去、担忧未来更重要 ……………… 170

（二）接纳自己比羡慕别人、否定自己更重要 …………………… 171
　　（三）活得充实比活得成功、活得辛苦更重要 …………………… 174
三、如何面对生命中的危机 ………………………………………………… 175
　　（一）什么是心理危机 …………………………………………………… 175
　　（二）怎么面对自己的心理危机 ……………………………………… 176
　　（三）当别人有轻生念头时，我可以做些什么 …………………… 177

第九章　幸福生活：发现幸福引力　181

一、幸福是什么 ……………………………………………………………… 182
　　（一）人人都可以幸福吗 ……………………………………………… 182
　　　知识链接——幸福感测试 ……………………………………… 186
　　（二）幸福的误区 ………………………………………………………… 186
　　（三）幸福的真谛 ………………………………………………………… 189
二、谁会更幸福 ……………………………………………………………… 192
　　（一）乐观 ………………………………………………………………… 192
　　　知识链接——乐观量表 ………………………………………… 193
　　（二）自尊 ………………………………………………………………… 195
　　（三）感恩 ………………………………………………………………… 197
三、幸福的练习曲 …………………………………………………………… 199
　　（一）十个吸引幸福的行为方式 ……………………………………… 199
　　（二）十个吸引幸福的生活习惯 ……………………………………… 199
　　知识拓展 ……………………………………………………………………… 200
　　　1. 网络课堂 ………………………………………………………… 200
　　　2. 经典电影——飞屋环游记 …………………………………… 201
　　　3. 美文赏析——绝对幸福 ……………………………………… 202
　　　4. 推荐书目 ………………………………………………………… 204

第十章　时间管理：构建时间城堡　205

一、为什么需要时间管理 …………………………………………………… 206
　　（一）大学新生的常见困惑 …………………………………………… 206
　　（二）时间管理能带给我们什么 ……………………………………… 206
二、什么会影响时间管理 …………………………………………………… 207
　　（一）目标 ………………………………………………………………… 207
　　（二）干扰 ………………………………………………………………… 208

（三）拖延 …………………………………………………………… 209
三、如何实现时间管理 …………………………………………………… 210
　（一）从了解自己开始 …………………………………………………… 210
　　知识链接——渔夫的誓言 …………………………………………… 215
　　知识链接——生命的清单 …………………………………………… 216
　（二）进行时间分配的原则 …………………………………………… 220
　（三）克服潜在的困难 ………………………………………………… 222
四、时间管理练习曲 ……………………………………………………… 223
　知识拓展 ………………………………………………………………… 225
　　1. 网络课堂 ………………………………………………………… 225
　　2. 经典电影——时间规划局 ……………………………………… 225
　　3. 美文赏析——暗时间 …………………………………………… 226
　　4. Zen To Done：养成十个好习惯 ………………………………… 229

主要参考文献 ……………………………………………………………… 231

第一章

心理健康：揭开心灵奥秘

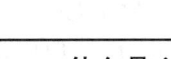

一、什么是心理健康
  （一）健康新观念
  （二）有关心理健康的几种观点
  （三）心理健康分为几个等级

二、大学生心理健康有标准吗
  （一）智力正常
  （二）情绪健康
  （三）意志健全
  （四）人格完整
  （五）自我评价正确
  （六）人际关系和谐
  （七）社会适应正常
  （八）心理行为符合大学生的年龄特征
  知识链接——心理测试

三、哪些问题经常困扰着大学生
  （一）学业问题
  （二）生活适应问题
  （三）人际关系问题
  （四）经济问题
  （五）情感问题
  （六）就业问题

四、大学生心理疾病的常见类型有哪些
  （一）神经症
  （二）精神分裂症

五、导致大学生产生心理疾病的原因是什么
  （一）遗传因素
  （二）生理因素
  （三）心理因素
  （四）自然和社会灾难
  （五）生活事件
  （六）社会因素

六、什么是心理咨询
  （一）心理咨询不等式
  （二）界定心理咨询
  （三）心理咨询的原则
  （四）心理咨询的服务对象
  知识链接——心灵解码
  大学生心理适应性测量问卷

第一章 心理健康：揭开心灵奥秘

世界越来越小，人心却越来越远，生活越来越好，心理却越来越疲惫。这是当代人普遍存在的心理感受，人们渴望了解自己的心理状态，寻找解决心理困惑与问题的方法与途径。大学生也不例外，对每一位大学生来说，树立科学的心理健康观是他们成长中的重要内容。本章主要向大家介绍立体健康观以及什么是心理健康，分析影响大学生心理健康的因素和导致心理疾病的原因，并向同学们介绍有关心理咨询的一些信息。

有这么一个故事：很久以前，三个渔夫在江边打鱼时，突然发现有人从上游被冲进江里，于是，其中一个渔夫将落水者救了上来。这时，他们又发现一个落水者挣扎着求救，另一个渔夫则跳入水中把他救了上来……之后，他们发现了第三个、第四个和第五个落水者，于是三个渔夫便手忙脚乱，难于应付了。

此时，其中一个渔夫似乎想到了什么，他离开现场来到上游，劝说人们不要在此处游泳，并在江边树立了一块警告牌。但是，仍有人无视警告被冲进江水，三个渔夫只能继续忙于救人。

后来，一个渔夫醒悟了，他说这样不能从根本上解决问题，他要去做另一项工作——教人们游泳。这似乎是问题的关键，因为有了像他们三个渔夫一样好的水性，即使是被冲入深水或急流之中也能够独自应对，不至于深陷危机，甚至丧失生命。

如果以这则故事来比喻心理学，那么第一个跳入水中抢救落水者的工作就好比"心理治疗"——这是一项艰巨而充满意义的工作。心理治疗不但需要花费相当多的时间和精力，而且"被治疗者"也会由此背负沉重的痛苦和不安。第二个去上游进行劝说的，就好比是"心理咨询与辅导"，也是一项充满意义的工作，但一般来讲，它也只是对接受咨询者才能产生作用和影响。而最后那位所做的工作，就好比"心理健康教育"，即普及心理保健知识。他找到了"落水者"被施救的根本原因——水性不好，从而从根本上解决了这个问题。

因此，"水性的好坏"对于"落水者"至关重要，而心理素质对于一个人的生活亦是如此。普及心理健康知识，进行预防性心理建设，对培养与完善人格、提升人们的心理素质，最终提高人们的生活质量更具意义。正如美国心理健康专家艾森伯格教授所说："一旦基本生存需要得到保证后，心理健康在决定人们的生活质量方面起着重要的作用。[①]"

[①] 郑毅，李娟. 学校体育促进学生心理健康的机制研究［J］. 体育科技文献通报，2007，(8).

一、什么是心理健康

以往，人们把"健康"看做是"没有疾病"，而把"不健康"看成是"有疾病"。若从生物医学的角度来看，人体器官系统发育良好，功能正常，体格健壮就是健康，即"无病即健康"、"无缺陷即健康"。对此观点你是如何看待的？

（一）健康新观念

随着社会的发展，上述观点正发生着巨大的变化，那种认为只要身体没有疾病、生理机能正常就等于是健康的观念正在被一种"立体健康观"所替代，健康的概念已从传统的生物医学模式走向生物-心理-社会模式，即健康应由心理、医学和社会三个维度来共同评价。

1948 年，联合国世界卫生组织（WHO）成立时，在其宪章中就指出：健康不仅仅是没有疾病，而且是身体、心理和社会适应方面的完好状态或完全安宁。[①] 并提出了健康的十条标准：①有充沛的精力，能从容不迫地应付日常生活和工作压力而不感到过分紧张；②态度积极，乐于承担责任，不论事情大小都不挑剔；③善于休息，睡眠良好；④能适应外界环境的各种变化，应变能力强；⑤能够抵抗一般性的感冒和传染病；⑥体重得当，身体均匀，站立时头、肩、臂的位置协调；⑦反应敏锐，眼睛明亮，眼睑不发炎；⑧牙齿清洁无空洞，无痛感，无出血现象，牙龈颜色正常；⑨头发有光泽、无头屑；⑩肌肉和皮肤富有弹性，走路轻松匀称。

从上述十条标准可以看出，立体健康观所包括的身体、心理和社会适应三个方面是相互影响，相辅相成，缺一不可的。而且在"社会适应"方面的完全良好状态，包含了深刻的道德意蕴。所谓社会适应，是指个人具备与其年龄、环境、文化相适应的能力，因此这种适应必然包含着形成良好的道德关系和承担相应的社会角色责任。

对于大学生而言，身体健康固然重要，但心理健康也不能被忽视。"心理健康是健康的一半"，这一理念正在被人们广泛接受。因此，准确地认识心理健康的内涵和标准，有意识地规划、调整自己的心理发展，主动改善心理健康

---

① Constitution of the World Health Organization. Basic Documents, Forty-fifth Edition. Supplement, October, 2006.

状态,已成为健康心理学研究的首要问题。

(二)有关心理健康的几种观点

1946年,第三届国际心理卫生大会为心理健康下过一个定义:所谓心理健康是指在身体、智能以及情感上与他人心理健康不相矛盾的范围内,将个人心境发展到最佳状态。[①] 但对这一定义,部分学者并不十分赞同,认为过分的突出了个人体验。于是很多学者试图告诉大家他们心目中的心理健康。

心理学家英格里斯(H. B. English)认为,心理健康是指一种持续的心理情况,当事者在那种情况下能进行良好的适应,具有生命力,而且能充分发展其身心的潜能,这是一种积极的、丰富的情况,不仅是免于心理疾病而已。[②]

《简明不列颠百科全书》将心理健康解释为:个体心理在本身及环境条件许可范围内所能达到的最佳功能状态,而不是指绝对的十全十美。

美国著名心理学家、应用心理学的创始人之一罗杰斯(C. R. Rogers)认为心理健康者的特征是:对任何经验是开放的,不对某种经验拒绝和歪曲;自我结构与其经验相协调,并能同化新经验;体验到自我价值感;与周围人高度协调,乐于给他人以关怀;自我实现的潜能得到发挥。

关于心理健康的定义及标准,目前大家的意见尚不统一,但只要我们能够具有生命的活力和积极的内心体验,在社会环境中良好生活并充分发挥自己的潜能,理性地对待人生并创造幸福,就符合人们普遍认可的心理健康观念。

(三)心理健康分为几个等级

一般人认为自己心理不健康,就是患有心理疾病了,这是一个错误的观点。其实从健康状态到心理疾病状态一般可分为4个等级:健康状态、不良状态、心理障碍、心理疾病。

1. 健康状态

心理健康与不健康状态的区分标准一直是心理学界讨论的话题。不少国内外心理学专家根据自己的研究或调查,给出了多种心理健康标准,其中最简捷的评价方法是从以下三方面进行分析:

(1)本人评价:本人不觉得痛苦,即在一个时间段中(如一周、一月、一季或一年)快乐的感觉大于痛苦的感觉。

(2)他人评价:他人不感觉到异常,即心理活动与周围环境相协调,不

---

① 王祖莉,初铭铜. 大学生心理健康教育 [M]. 北京:科学出版社,2010.
② 周家华,王金凤. 大学生心理健康教育(第3版)[M]. 北京:清华大学出版社,2010.

出现与周围环境格格不入的现象。

（3）社会评价：社会功能良好，即能胜任家庭和社会角色，能在一般社会环境下充分发挥自身能力，并利用现有条件（或创造条件）实现自我价值。

2. 不良状态（又称第三状态）

不良状态是介于健康状态与疾病状态之间的状态，是正常人群中常见的一种亚健康状态，主要由个人心理素质（如过于好胜、孤僻、敏感等）、生活事件（如学习压力大、晋升失败、被上司批评、恋爱挫折等）以及身体不良状况（如长时间熬夜学习、身体疾病等）等因素引起。通常具有以下特点：

（1）时间短暂：一般在一周以内可得到缓解。

（2）损害轻微：该状态对人的社会功能影响比较小。处于该状态的人一般都能完成日常工作、学习和生活，只是感觉到的愉快感小于痛苦感。他们经常会用"很累"、"没劲"、"不高兴"、"应付"来描述当前状态。

（3）能够自己调整：处于该状态的大部分人能通过休息、聊天、运动、钓鱼、旅游、唱歌等方式使自己的心理状态得到改善。对于长时间仍无法改变当前状态的人应及时去寻求心理医生的帮助，从而尽快得到心理调整。

3. 心理障碍

心理障碍是因为个人及外界因素造成心理状态的某一方面（或几方面）发展超前、停滞、延迟、退缩或偏离。其特点如下：

（1）不协调性：其心理活动的外在表现与其生理年龄不相称。例如，成人表现出幼稚状态；儿童出现成人行为；对外界刺激的反应方式异常等。

（2）针对性：处于此状态的人往往对障碍对象（如敏感的事、物及环境等）有强烈的心理反应（包括思维及动作行为），而对非障碍对象可能表现很正常。

（3）损害较大：此状态对其社会功能影响较大。它可能使当事人不能按常人的标准完成其某项或某几项社会功能，如不能完成社交活动、不敢使用刀和剪等。对于不能通过自我调整和非专业人员帮助而解决根本问题的那些人，则需要心理医生的指导。

4. 心理疾病

心理疾病是由个人及外界因素引起个体强烈的心理反应并伴有明显的躯体不适感，是大脑功能失调的外在表现。其特点如下：

（1）强烈的心理反应：往往会出现思维判断上的失误，思维敏捷性的下降，记忆力下降，头脑出现黏滞感、空白感，强烈自卑感及痛苦感，行为失常（如重复动作、动作减少、退缩行为），意志减退等。

（2）明显的躯体不适感：由于中枢控制系统功能失调而引起人体其他系

统功能失调。例如，影响消化系统的则出现食欲不振、腹部胀满、便秘或腹泻（或便秘与腹泻交替）等症状；影响心血管系统的则出现心慌、胸闷、头晕等症状；而影响内分泌系统的则出现女性月经周期改变，男性性功能障碍等症状。

（3）损害大：此状态的患者不能或勉强能完成其社会功能，缺乏轻松、愉快的体验，痛苦感极为强烈，他们常感到"哪里都不舒服"、"活着不如死了好"。

（4）需要心理医生的治疗：心理医生对此类患者的治疗一般采用心理治疗和药物治疗相结合的综合治疗手段。在早期治疗过程中可通过药物快速调整情绪，在中后期治疗过程中需结合心理治疗以解除心理障碍，并通过心理训练达到社会功能的恢复，由此提高其心理健康水平。

二、大学生心理健康有标准吗

曾有一位跳高选手，一直苦于无法超越一个高度。教练问他："你跳的时候在想什么？"他说："我起跳时，就觉得自己跳不过去。"教练告诉他："只要你的心越过横竿，你的身子就一定会跟着过去。"他又试了一次，果然一跃而过。那么，心理健康的横竿在哪里呢？其实在1946年的第三届国际心理卫生大会上就提出了心理健康的标准，概括为：身体、智力以及情感十分调和；适应环境；有幸福感；在工作中能发挥自己的能力，过着有效率的生活。[①]

年龄在18～25岁的大学生，从心理学的观点来看，正处于青年中期这一特殊的时期。因此，根据我国大学生的实际情况，评判其心理健康水平时应着重考虑以下几个标准：

（一）智力正常

所谓智力，是人的观察力、注意力、记忆力、想象力、思维力、创造力及实践活动力等的综合，主要包括在经验中学习或理解的能力、获得和保持知识的能力、迅速而成功地对新情境做出反应的能力、运用推理有效地解决问题的能力等。它是大学生学习、生活与工作的基本心理条件，更是适应周围环境变化所必需的心理保证。因此，衡量大学生的心理健康水平，关键看其智力是否

---

① 罗玲，刘淑春. 大学生心理健康教育［M］. 北京：化学工业出版社，2009.

正常，是否有强烈的求知欲，是否学习目标明确，是否学习效率高，是否能体验到学习的快乐。

（二）情绪健康

情绪健康的标志是情绪稳定和心情愉快，主要包括愉快情绪多于负面情绪，乐观开朗，富有朝气，对生活充满希望；情绪较稳定，善于控制与调节自己的情绪，既能克制又能合理宣泄自己的情绪；情绪的表达既符合社会的要求，又符合自身的需要；在不同的时间和场合有恰如其分的情绪表达，反应的强度与引起这种情境相符合。

（三）意志健全

意志是人在完成一种有目的的活动时进行的选择、决定与执行的心理过程。意志健全者在行动的自觉性、果断性、顽强性和自制力等方面都表现出较高的水平。对于一名意志健全的大学生而言，参加各种活动都有自觉的目的性，能适时地做出决定，并在困难和挫折面前能采取合理的反应方式，能在行动中控制情绪，而不是盲目行动、顽固执拗。

（四）人格完整

人格是个体比较稳定的心理特征的总和。人格完整就是指有健全统一的人格，其所想、所说、所做都是协调一致的。

（五）自我评价正确

主要表现为：能够正确了解自己，接受自己，自我评价客观，既不以自己在某些方面高于别人而妄自尊大，也不以某些方面低于别人而感到自卑，面对挫折与困境，能够自我悦纳，喜欢自己，接受自己，能够扬长避短，发挥自己的个性。

（六）人际关系和谐

主要表现为：乐于与人交往，既有广泛而深厚的人际关系，又有知心朋友；在交往中保持独立而完整的人格，有自知之明，不卑不亢；能客观评价别人和自己，善取人之长补己之短，宽以待人，乐于助人，积极的交往态度多于消极态度，交往动机端正。

（七）社会适应正常

个体应与客观现实环境保持良好秩序，既要进行客观观察以取得正确认识，又要以有效的办法应付环境中的各种困难，还要根据环境的特点和自我意识的情况努力进行协调，或改变环境适应个体需要，或改造自我适应环境。

（八）心理行为符合大学生的年龄特征

大学生是处于特定年龄阶段的特殊群体，应在情感、言行举止等方面符合所处的年龄段。

但需明确的是，心理健康是一个相对概念，从不健康到健康只是程度不同而已，正常与异常是相对的，不像生理健康那样具有精准、易于度量的指标。心理健康与否是一个动态的过程，不是一成不变的。人们可以从相对不健康变得健康，也可以从相对健康变得不健康。

知识链接——心理测试[①]

大家是否测试一下自己的心理状况呢？在此我们准备了40道题，请在仔细阅读中，如感到"常常是"，打"√"；"偶尔是"，打"△"；"完全没有"，打"×"。

1. 平时不知为什么总觉得心慌意乱，坐立不安。
2. 上床后，怎么也睡不着，即使睡着也容易惊醒。
3. 经常做噩梦，惊恐不安，早晨醒来就感到倦怠无力、焦虑烦躁。
4. 经常早醒1~2小时，醒后很难再入睡。
5. 学习的压力常使自己感到非常烦躁，讨厌学习。
6. 读书看报甚至在课堂上也不能专心一致，往往自己也搞不清在想什么。
7. 遇到不称心的事情便较长时间地沉默少言。
8. 感到很多事情不称心，无端发火。
9. 哪怕是一件小事情，也总是很放不开，整日思索。
10. 感到现实生活中没有什么事情能引起自己的乐趣，郁郁寡欢。
11. 老师讲概念，常常听不懂，有时懂得快忘得也快。
12. 遇到问题常常举棋不定，迟疑再三。
13. 经常与人争吵发火，过后又后悔不已。

---

① 罗玲，刘淑春. 大学生心理健康教育 [M]. 北京：化学工业出版社，2009.

14. 经常追悔自己做过的事，有负疚感。
15. 一遇到考试，即使有准备也紧张焦虑。
16. 一遇到挫折，便心灰意冷，丧失信心。
17. 非常害怕失败，行动前总是提心吊胆，畏首畏尾。
18. 感情脆弱，稍不顺心，就暗自流泪。
19. 自己瞧不起自己，觉得别人总在嘲笑自己。
20. 喜欢跟自己年幼或能力不如自己的人一起玩或比赛。
21. 感到没有人理解自己，烦闷时别人很难使自己高兴。
22. 发现别人在窃窃私语，便怀疑是在背后议论自己。
23. 对别人取得的成绩和荣誉常常表示怀疑，甚至嫉妒。
24. 缺乏安全感，总觉得别人要加害自己。
25. 参加春游等集体活动时，总有孤独感。
26. 害怕见陌生人，人多时说话就脸红。
27. 在黑夜行走或独自在家时有恐惧感。
28. 一旦离开父母，心里就不踏实。
29. 经常怀疑自己接触的东西不干净，反复洗手或换衣服，对清洁极端注意。
30. 担心是否锁门和可能着火，反复检查，经常躺在床上又起来确认，或刚一出门又返回检查。
31. 站在悬崖边、大厦顶、阳台上，有摇摇晃晃要跳下去的感觉。
32. 对他人的疾病非常敏感，经常打听，生怕自己也身患同病。
33. 对特定的事物、交通工具（电车、公共汽车等）、尖状物及白色墙壁等稍微奇怪的东西有恐怖倾向。
34. 经常怀疑自己发育不良。
35. 一旦与异性交往就脸红心慌或想入非非。
36. 对某个异性伙伴的每一个细微行为都很注意。
37. 怀疑自己患了癌症等严重不治之症，反复看医书或去医院检查。
38. 经常无端头痛，并依赖止痛或镇静药。
39. 经常有离家出走或脱离集体的想法。
40. 感到内心痛苦无法解脱，只能自伤或自杀。

测评方法：打"√"得2分，打"△"得1分，打"×"得0分。

评价标准：

0~8分：心理非常健康，请你放心。

9~16分：尚属于健康的范围，但应有所注意，可以找老师或同学聊聊，心情应保持愉快、乐观。

17~30分：你在心理方面有了一些障碍，应采取适当的方法进行调适，或找心理辅导老师帮助你。

31~40分：黄牌警告，有可能患了某些心理疾病，应找专门的心理医生进行检查治疗。

41分以上：有较严重的心理障碍，应及时找专门的心理医生治疗。

三、哪些问题经常困扰着大学生

某高校大四学生小陆，家在农村，经济状况一般，认为自己有责任挑起家庭的重担，但又觉得力不从心。坐在教室里看书时，总担心会有人坐在身后干扰自己，且伴随有强烈的不安全感，以至于只能坐在角落或者靠墙而坐，否则无法安心看书。另外，对同寝室的同学放音乐的行为非常反感，甚至到了难以忍受的地步，尤其是午休时总担心会有音乐声干扰自己，从而经常休息不好，但又不好意思跟同学发生正面冲突。由于他长时间不能摆脱这种心理困境，以至严重影响了自己的日常生活和学习。即将毕业，又怕找不到理想的工作。而当看到其他同学在准备考研时，自己也想考，但因为缺乏自信，觉得希望渺茫。

该同学的上述心理困境主要是由学习生活中的各种压力造成的。事实上，大学生中有心理障碍或心理疾病的并不多，多数人遇到的都是和小陆一样的心理困扰，其中绝大部分同学都可以通过各种方式化解自己的烦恼，并迅速呈现出积极的精神面貌。那么，究竟是哪些问题困扰着大学生呢？

（一）学业问题

学习是大学生的主要任务，学习上的困难与挫折对大学生的影响最为显著。大量的事实表明，学习成绩不好是引起大学生焦虑的主要原因。例如，孙某进入大学之前曾在一所重点高中，从未有过学习吃力的感觉，成绩总是名列前茅。上大学后，觉得自己上课挺认真听讲的，可是老师讲课内容量太大，一次课讲七八十页，有时还说些书上没有的观点。一个学期之后，他在班级排名靠后，自尊心受到挫折，从此放弃了努力，萌生了留级或退学的念头。另外，学习压力大、学习方法不正确、学习动力不足、学习目的不明确、成绩不理想等问题也经常困扰着大学生。

（二）生活适应问题

自理、自立能力弱的情况在大学生中普遍存在。尽管高校都在倡导大学生"自我教育，自我管理，自我服务"，但有的学生宿舍仍出现集体请"钟点工"，帮助收拾内务、清洗衣物的现象。还有部分毕业生面对日益激烈的人才市场，不知所措，只能等待家人想办法。此外，每年大学生丢失毕业证书、户口证明等事情屡见不鲜，这也从一个侧面反映出学生处理日常事务能力的不足。

（三）人际关系问题

良好的人际关系是学生成长与社会化过程中的重要组成部分，也是保持良好心理状态的必备条件。进入大学后，远离了原来熟悉的生活与学习环境，面对着新的人际群体，大学生都会反映出多方不适，如大学的师生关系、同学关系、异性关系等。另外，由于缺乏人际交往经验，从一个校门踏入另外一个校门，加之自身在人际交往中的不自信，妨碍了良好人际关系的形成。据调查，大一、大二有30%的学生认为自己"没有朋友"，23%的学生感到"孤独、寂寞"，45%的学生希望自己成为别人交往的对象，却又不愿或不能主动与人交往。[①]

（四）经济问题

大多数大学生可以过着衣食无忧的生活，但仍有一部分同学为生活发愁。他们买不起学习资料、学习用品，更让他们难以忍受的是遭到部分同学的嘲笑和不理解。这些情况会使这部分同学自尊受伤，造成性格孤僻、心情忧郁、烦躁不安，导致学习成绩下降、人际关系冷漠等问题，严重的还会产生心理障碍。例如，大学生小田，家境贫寒，本来考上大学很高兴，但到校后却因经济困难，觉得自己穿的太寒酸，怕受到同学的嘲笑；普通话又不标准，不愿参加集体活动，久而久之她疏远了集体。本想以优异的成绩证明自己的能力，但孤独、委屈、烦躁等常常干扰着她，结果导致她出现注意力难以集中、四肢乏力、记忆力下降等问题，经医院诊断其患上了神经衰弱。

（五）情感问题

近年来，反映大学生家书越写越短的文章举不胜举，很多同学反映：与家

---

① 闫涛. 当代大学生心里健康状况调查与对策研究［J］. 华章，2012，(31).

长没有太多的话讲，写信基本是围绕着经济供给或物质补充而非情感沟通，尽管自己也意识到不应该这样，但懒得提笔却是一种普遍心态，而且从心理上也并不感到歉疚。即使通电话，也仅仅用一些客套话（如我一切都好、不用牵挂等）来应付家长。而与之相反的是，恋人之间的信件越来越厚，电话、短信越来越频繁。我们说爱情虽然在大学并非一门必修课，但正确处理爱情与学业的关系是当代大学生的一门必修课。当看到其他同学出双入对时，有些同学则为了摆脱空虚和寂寞，开始寻找异性。但他们不懂得珍惜感情，有时候不仅伤害了对方，也伤害了自己。

（六）就业问题

该问题往往出现在高年级的学生中，经过 3～4 年的苦修苦练，总希望能找到一份满意的工作，实现个人理想，同时在收入、工作条件、社会声望、发展前景等方面达到自己的追求。而如今社会竞争激烈，用人单位的要求也越来越高，加之很多大学生读书期间与社会接触少，对社会缺乏真正的了解，这些情况导致大学生在找工作时觉得不随人愿，与自己想象中的差距巨大，从而引发其产生失落、不安、彷徨和焦虑等情绪。

四、大学生心理疾病的常见类型有哪些

韩某，男，大二，外表挺酷，但内心十分痛苦。在家反复洗手，重复关门，生怕疏忽大意；每次交作业都需检查十余次，害怕遗漏什么；邮寄信件，要拆了粘，粘了再拆，反复多次还是不放心。

宋某，女，大三，原本是活泼可爱的文艺骨干，擅长跳舞，但一次体重测量为 51 千克，她认为自己太胖，会影响到自己的舞姿，便开始节食，4 个月后体重竟然降到 34.5 千克，而且伴有厌食、呕吐、头晕等现象，无法坚持学习，申请休学。

郑某，女，大一，被送进医院时已经 3 天没有吃饭，但当老师和同学给她送饭时，她却打翻送来的饭菜，还大声地喊道："我不吃你们送来的饭，你们在饭菜里下了毒，要杀死我。"

上述 3 位同学为什么会出现这些情况？其实他们是当前大学生群体中患有心理疾病的典型个体。这些疾病如不能正确认识且早日治疗，必将造成不良后果。

那么什么是心理疾病呢？心理疾病是以精神和心理活动失调或紊乱为主要

特征的一类疾病。心理疾病有不同类型和程度之分,既有严重的,极少数人才会患;也有轻微的,人人都可能患的疾病。但无论轻重,都会对我们正常的生活、学习、交往带来不利影响。根据我国 2011 年推出的《中国精神疾病分类方案与诊断标准》(第三版),心理疾病主要分为以下 10 类:脑器质性精神障碍;精神活性物质与非成瘾物质所致精神障碍;精神分裂症和其他精神疾病障碍;心境障碍;癔症、严重应激障碍和适应障碍、神经症;心理因素相关的生理障碍;人格障碍、习惯和冲动控制障碍、性心理障碍;精神发育迟滞与童年和少年期心理发育障碍;童年和少年期多动障碍、品行障碍、情绪障碍;其他精神障碍及心理卫生情况。① 而目前大学生中常见的心理疾病有神经症和精神分裂症等。

(一) 神经症

神经症是一组轻性心理障碍的总称。主要分为焦虑症、抑郁症、恐惧症、强迫症、疑病症和神经衰弱等类型,是一种最常见的功能性疾病。

1. 神经症的特点

(1) 此病常与精神应激或心理社会因素有关。研究表明,绝大多数神经症患者在病前曾遭受应激性生活事件的刺激,其中以人际关系、婚姻与性关系、家庭、经济、工作等方面的问题居多。患者遇到的心理应激可以来源于外界,但更多源于内在的心理欲求与对事件的不良认知,虽不十分强烈,但持续影响时间长,并对本人有特殊意义,患者常"知道"应怎么做,却无法真正将自己从困境和矛盾冲突中解脱出来。

(2) 该病的发生与个性特征有关。研究表明,在遭遇相同应激事件的群体中,只有少数人发展为神经症,如艾森克(Eysenck)等认为,个性古板、严肃、多愁善感、焦虑、悲观、保守、敏感、孤僻的人易患神经症。

(3) 该病无任何可证实的器质性基础。神经症的症状必须是"功能性"的,因此神经症病人在检查身体时,检查不出任何器质性病变。

(4) 病人对自己的病有自知力,一般能主动求治。多数神经症患者因自己的病感到痛苦,能对自己的疾病情况进行分析,积极求治。

(5) 一般社会适应能力相对良好。即使在疾病发作期,大多数神经症患者仍能生活自理,甚至坚持工作和学习,然而与病前相比,其能力均有不同程度的减退,也有的神经症患者可能有严重的社会功能障碍。

---

① 中华医学会精神科分会. 中国精神障碍分类与诊断标准(CCMD-3)[M]. 济南:山东科学技术出版社,2001.

(6) 症状持久性长。神经症的持续时间比较长，一般至少持续 3 个月。

2. 如何治疗神经症

治疗方法主要分为药物治疗和心理治疗。前者必须由合格的医生为患者治疗，所用的药物种类较多，如抗焦虑药、抗抑郁药、促大脑代谢药等。后者一般由医生、心理治疗师为患者治疗，患者也可以向专业人士学习某些自我心理治疗的方法，进行自我治疗。目前常用的心理治疗方法包括行为疗法，如松弛疗法、认知疗法、心理分析治疗等。而对于绝大多数神经症患者来说，药物治疗与心理治疗的联合治疗是最佳选择。

3. 如何预防神经症

对于个人，预防神经症最有效的策略是培养良好的个性，若有易感素质和个性特征，应及时改善。另外，提高对应激事件的应对能力和心理调节能力也是有效方法。对于社会来讲，我们需提高全民的心理素质，改善社会环境，降低各种刺激的发生率。

（二）精神分裂症

精神分裂症是人类最常见但至今仍未找到明确病因的精神病。该病多发于青壮年，儿童及 50 岁以上者初发病的较少。常缓慢起病，具有思维、情感、行为等多方面障碍，以及精神活动不协调。通常表现为情感淡漠，对家人朋友缺乏关心和同情，对周围事物反应迟钝，该喜时反而悲伤，思维活动无逻辑性以至于无法理解。另外，精神活动脱离现实，伴有各种幻觉、妄想和动作障碍等。

目前将精神分裂症临床症状分为急性和慢性两个阶段。急性阶段以幻觉、妄想为主，慢性阶段以思想贫乏、情感淡漠、意志缺乏和孤独内向为主。该病一旦发现应尽早治疗，多数患者愈后情况较为乐观，少数患者由于治疗不及时、不合理，贻误了最佳治疗时间，使病情缓慢进展，甚至失去治疗良机，导致精神衰退，成为精神上的残疾。

1. 精神分裂症有哪些类型

根据临床特征，精神分裂症可分为以下类型：

（1）偏执型：精神分裂症中最常见的一种，核心症状是"疑"，以相对稳定的妄想为主，多伴有幻觉（特别是幻听）；情感、意志、言语、行为障碍不突出；起病缓慢，开始表现为敏感多疑，逐渐发展为妄想。

（2）青春型：核心症状是"乱"，多在青春期发病，起病较急，病情进展快。以情感改变为主要临床表现，如情感不稳定，喜怒无常、扮鬼脸、恶作剧，不分场合与对象，开一些幼稚的玩笑，常给人傻气的感觉；思维破裂，言

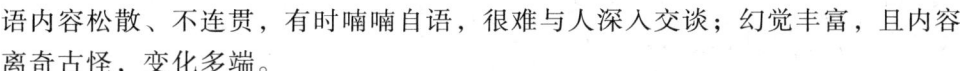

语内容松散、不连贯，有时喃喃自语，很难与人深入交谈；幻觉丰富，且内容离奇古怪，变化多端。

（3）单纯型：核心症状是"懒"，起病缓慢。早期常出现类似神经衰弱的症状，如易疲劳、无力、失眠、工作效率下降和注意力涣散等，逐渐出现日益加重的孤僻、被动、生活懒散和情感淡漠。患者在发病初期常不被人注意，常被误认为"思想不开朗"或"性格问题"等，往往到病情严重时才被发现。

（4）紧张型：核心症状是"呆"，多在18～25岁发病，早期表现为食欲低下、少动、萎靡不振，对任何事物都不感兴趣，随着病情严重出现木僵状态；有时呆立或呆坐数小时不动，双目紧闭或凝视，期间不言、不吃、不喝；口中虽有大量口涎，但不咽下也不吐出，任其顺着口角流出。而在兴奋时，常有毁物、攻击他人的行为。木僵与兴奋状态可交替出现。

（5）未定型分裂症、其他型或待分类的分裂症：不符合上述四种类型的精神分裂症被纳入该型。

2. 如何治疗精神分裂症

精神分裂症的治疗包括药物治疗、电休克治疗、环境治疗、心理治疗和社会心理康复治疗等。其中，药物治疗主要采用抗精神病药物，如氯丙嗪、奋乃静、奥氮平等。心理治疗采用支持疗法、家庭治疗、认知疗法、心理分析治疗等，期间应配合药物治疗，主要在康复期进行。精神分裂症的社区康复非常重要，不少西方国家在这方面做得很好，我国正在不断研究、开展此类治疗。

3. 如何预防精神分裂症

除了对精神分裂症患者进行治疗外，预防此病尤为关键。从个人来说，因本病有较明显的遗传倾向，因此应尽量避免与家族中有病史者生育后代，以减少子女亲属的发病率；另外，我们应培养良好的人格，提高心理应对与心理调节能力。在社会生活中应普及精神卫生常识，进行心理卫生教育，做到早发现、早诊断、早治疗。而对于已患病的患者，病情好转后应注意预防复发，尽量避免精神残疾的出现。

五、导致大学生产生心理疾病的原因是什么

导致心理疾病的原因非常复杂，主要包括内在的遗传因素、生理特点、心理特点和外在的自然、社会灾难及社会环境等。另有研究发现，纯粹由单因素发病的仅占3%，而由多因素致病的占80%。下面我们就来了解一下这些因素：

（一）遗传因素

遗传是影响心理健康的重要原因。临床证实，精神科常见的精神分裂症、躁狂、抑郁症等疾病的发病均与遗传有关。早在19世纪就发现痴呆是由遗传因素引起的。卡尔曼等还发现在精神分裂症的家族成员中，患精神病的比一般居民多，而且血缘关系越近，精神分裂症的患病率越高。有人曾对45对双生子进行研究，其中17对为同卵双生子，28对为异卵双生子，发现同卵双生子同患焦虑症的比例为41%，而异卵双生子同患焦虑症的比率仅为4%。还有报道表明，母亲患精神分裂症者，其子女患此病的可能性是正常人的9.3倍，父亲患此病，则子女患此病的可能性是正常人的7.2倍。另据美国学者的研究，患癫痫病的人，有43%与遗传有关。可见，遗传因素在这些精神病中占有重要地位。[①]

（二）生理因素

生理因素包括个体的年龄、性别、身体特征及躯体疾病、大脑的器质性病变等。在临床上，年龄、性别与某些心理异常或精神疾病的发生可能相关。儿童易产生情感障碍，青春期易发生神经衰弱、癔症和精神分裂症等，更年期可能发生更年期心理障碍，老年阶段易发生老年性痴呆和脑动脉硬化性精神疾病。还有人把人的体型与精神活动联系起来，认为人的体型主要分为三种类型，即瘦长型、矮胖型和运动员型。其中，瘦长型与精神分裂症有关，矮胖型与躁郁症有关。

（三）心理因素

同样的生活事件，对于不同的人往往具有不同的意义，因为人的认知态度、自我意识、性格等特点决定了不同的人对同一事物形成不同的评价结果，对各自的心理健康会产生不同的影响。例如，挫折对某些人可能构成严重的打击，而对其他人可能是小事一桩。某些大学生无力应付生活事件和学习困难，并非他们智力低下，而是因自我评价过低，导致他们缺乏必要的自信，有较强的自卑感，遇到挫折时容易产生悲观失望的情绪。某些大学生存在情绪动荡不定、意志薄弱、孤僻内向、压抑抑郁、过分自卑自负、固执急躁、多疑偏激等性格缺陷，这些也会造成心理冲突和心理压力。

---

① 周家华，王金凤. 大学生心理健康教育（第3版）[M]. 北京：清华大学出版社，2010.

医学心理学的研究表明，A血型性格的人具有争强好胜、脾气急躁、事业心强、时间感紧迫、办事行动快等性格特征。他们在事业上容易取得成功，却容易患冠心病。A血型性格中具有敌意性、易激怒特征的人，70%有明显的冠状动脉梗塞。而情绪内向、把怒气和怨气压抑在心中不发泄的人容易患癌症。还有报道表明，抑郁、自卑、悲观是引发大学生自杀的三种主要形式。此外，性的生理冲动和性心理压抑及性行为异常也会造成心理伤害。

（四）自然和社会灾难

自然和社会灾难由于来势突然，使人防不胜防，这也是引起人心理问题和心理障碍的原因之一。它不仅能够摧毁人们的生命和财产，也会给幸存者带来严重的心理刺激和心理创伤。例如，我国的唐山地震、汶川地震之后，幸存者深受精神创伤，一些人表现出呆滞或精神失常等症状；再如，严重的流行疾病也会给人们的心理蒙上阴影。2003年"非典"后，很多人由此产生了紧张、焦虑、不安等情绪反应，也有不少人出现了抑郁、恐惧等不良心理。"非典"后期大量出现疑似病症患者，患者不停诉说自己身上有病，自觉体温升高，其实不过是受惊吓所致。另外，还有很多重大的社会灾难或危机也可能使个人产生严重的心理创伤。例如，第二次世界大战期间，在法西斯统治下被关押的居民中，许多幸存者表现出恐惧、淡漠、哀痛和抑郁等情绪，甚至有的人从集中营出来后与外界隔绝。

（五）生活事件

日常生活中发生的生活事件也会影响到个体的心理健康，例如，与家庭有关的问题，如恋爱、失恋、结婚、离婚、家庭成员突然意外死亡、重大家庭矛盾或家庭环境长期不和谐等；与工作和学习有关的问题，如高考失利、挂科导致的不能毕业、工作屡遭失败、遭遇严重打击迫害等。这些生活事件所引起的悲伤、愤怒、忧虑、惊吓、怨恨、委屈情绪体验，会导致大脑皮层的神经活动失调，对个人心理发展产生消极影响，可使人消沉、颓废、丧失信心、厌世轻生，甚至产生严重的心理问题，如焦虑、恐惧、偏执性精神病等。有研究表明，婴幼儿时期母爱被剥夺、父母离异、家庭不和、被遗弃或受虐待、双亲中有人犯罪等，都会对人格的形成产生明显的负影响，甚至会导致人格障碍。

（六）社会因素

正如亚里士多德所说："人在本质上是社会性动物，因为人需要同他人进行交往，并在交往中受他人的信念和行为所影响。"1954年，加拿大麦克吉尔大学心理学家的"感觉剥夺"实验或许能让我们有更直接的感受。实验步骤为：受测试者戴上半透明的护目镜，使其难以产生视觉；用空气调节器发出的单调声音限制其听觉；手臂戴上纸筒套袖和手套，腿脚用夹板固定，限制其触觉，并让他们单独待在实验室里，几小时后他们便开始感到恐慌，进而产生幻觉……在实验室连续待了三四天后，受测试者会产生许多病理心理现象，如出现错觉、幻觉、注意力涣散、思维迟钝、紧张、焦虑、恐惧等，实验后需数日才能恢复正常。

这个实验表明，大脑的发育、人的成长成熟是建立在与外界环境广泛接触基础之上的。只有通过社会化的接触，更多地感受到和外界的联系，人才可能更多地拥有力量，更好地发展。而生活在现代社会中的大学生，他们不但需要与社会紧密接触，而且对社会政治经济发展形势十分关心，对社会问题反应敏捷，社会变迁中的点点滴滴都可能引发大学生的心理冲突和压力。那些心理素质不太好、适应能力不强的人，便会产生失望、迷茫、恐慌、嫉妒、缺乏安全感等情绪，进而导致暴躁、攻击、自杀等状况的出现。另外，社会所经历的重大事件，如经济危机、政治动乱、民族冲突、国家之间的战争及严重的环境污染等，都会对大学生的心理健康产生消极影响。

六、什么是心理咨询

过去许多不把心理问题当回事的人，今天已意识到自己可能患有心理疾患，并产生了主动求助于心理医生的愿望。心理咨询作为帮助求助者解决心理问题的主要途径之一，其意义究竟是什么，在认识上的一些误解，有可能给心理问题的解决带来麻烦。

（一）心理咨询不等式

1. 心理问题 ≠ 精神病

心理问题与精神病是两个不同的概念。心理问题是日常生活中经常会遇到的，就这些问题求助于心理咨询并不意味着有什么不正常或有见不得人的隐私。相反，这表明了个体具有较高的生活目标，希望通过心理咨询更好地自我完善，而不是回避和否认问题。有相当一部分人认为精神病就是疯子，其实他们所说的精神病严格来讲是重性精神病，如精神分裂症，它与一般的心理问题和轻度心理障碍有很大区别。精神病患者对自己的疾病没有自知力，更不会主动求医。

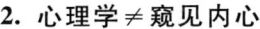

2. 心理学≠窥见内心

两个久未谋面的老同学在路上不期而遇，其中一个知道对方是心理治疗师，就让他猜一猜自己现在心中想些什么。其实许多患者也有类似的心态，他们不愿或羞于吐露自己的心理活动，认为只要简单说几句，心理治疗师就应该能猜出他们的想法，否则认为其水平不高。其实心理治疗师没有什么特异功能，也不可能窥见他人的内心世界，他们只是应用心理学的理论和方法，通过对患者提供的信息进行分析和讨论，并由此进行咨询和治疗。因此，患者应尽可能地详细描述有关情况，这样才能使医患双方共同找到问题的症结，从而帮助治疗师做出正确的诊断并由此找到合适的治疗方法。

3. 心理咨询≠无所不能

许多患者将心理咨询神化，咨询者在他们心中就好似一个神通广大的"开锁匠"，什么样的心结都能一下打开，所以常常就诊一两次后，若未达到所希望的"豁然开明"状态，就大失所望，再也不来了。实际上，心理咨询是一个连续的、艰难的改变个体心理的过程，且心理问题常与来访者的个性及生活经历有关。心理问题的最终解决就像积封已久的一座冰山，没有强烈的求助、改变的动机以及恒久的决心，是难以将其冰消雪融的。因此，来访者需有打"持久战"的心理准备。

4. 心理医生≠救世主

一些患者往往会受传统的生物医学模式的影响，认为病人看病，医生诊断、开药、治疗一切由医生说了算，病人要绝对服从和配合。因此，他们把心理医生当做"救世主"，将自己的所有心理包袱丢给医生，认为医生应该有能耐把它们一一解开，而自己无需思考、无需努力、无需承担责任。

实际上，心理咨询与心理治疗是新的生物—心理—社会医学模式的产物，心理医生只能起到分析、引导、启发、支持、促进患者改变和人格成长的作用，他无权把自己的价值观和愿望强加给患者，更不能替患者做决定。因此，患者必须认识到，世间的"救世主"只有一个，那就是自己。只有改变自己、战胜自己，才能最终超越自己，达到理想的目标。倘若把自己完全交给医生，消极被动地就医，到头来只会一事无成。

5. 心理咨询≠思想工作

一个女孩因强迫观念痛苦异常前来就诊，家人反对并干涉："你就是死钻牛角尖，想开点就会好的。"也不让患者服药。患者得不到家人的理解支持，内心很绝望，其治疗效果可想而知。其实，心理咨询作为医学中的一门学科，有着严谨的理论基础和诊疗程序，它与思想工作有本质区别。思想工作的目的是说服对方服从、遵循社会规范、道德标准及集体意志，而心理咨询则是运用专门的理论和技巧寻找心理障碍的症结,予以诊断治疗。另外,某些心理障碍需要结合药物治疗,这更是思想工作所不能取代的。①

（二）界定心理咨询

关于心理咨询的定义至今理论界尚无统一的界定。美国心理学家卡尔纳认为,咨询是一种专门向他人提供帮助与寻求这种帮助的人之间的关系。在这种关系中,助人者的手段及其所创造的气氛使人们逐步学会以更加积极的方法对待自己和他人。② 而人本主义心理治疗大师卡尔·罗杰斯（C. R. Rogers）强调指出,心理咨询是一种特殊关系,咨询者与来访者之间应是一种温暖的和彼此信任的关系。③

1984 年美国出版的国际心理学联合会编辑的《心理学百科全书》肯定了心理咨询的两种定义模式,一种是教育模式,二是发展模式。该书指出:"咨询心理学始终遵循着教育的而不是临床的、治疗的或医学的模式,咨询对象被认为是在应付日常生活中的压力和任务方面需要帮助的正常人。咨询心理学家的任务就是教会他们模仿某些策略和新的行为,或者形成更为适当的应变能力。"④

此外,心理咨询强调发展的观点,它帮助来访者消除阻碍发展的各类因素,以便让来访者达到最佳的发展水平,在这一点上,它与心理治疗是相互补充的。但心理咨询更倾向于预防各类不适应以及人际冲突或情绪困扰。咨询工作的主要方式是谈话,倾听是咨询者的基本技能之一。虽然在咨询过程中,咨询者可以有选择地采用一些其他方法,如游戏、心理测验、小组讨论等,而这些都是辅助性方法,其最基本最主要的方法还是咨询者与来访者两人之间的交谈。

（三）心理咨询的原则

心理咨询主要是一个交谈过程,那么在操作过程中是否可以随心所欲呢?答案是否定的。心理咨询需遵循以下原则:

1. 来访自愿原则

来访自愿原则是指每一次咨询都是以来访者愿意使自己有所改变为前提

---

① 子萌,白杉. 心理咨询的五个不等式 [J]. 心理与健康,2000,（6）.
② http://baike.baidu.com/view/1697504.htm,中国精神健康网.
③ 桂世权,魏青,陈理宣等. 大学生心理健康教育 [M]. 成都:西南交通大学出版社,2007.
④ 刘照蓉. 心理咨询与思想政治工作 [J]. 科学·经济·社会,1994,（3）.

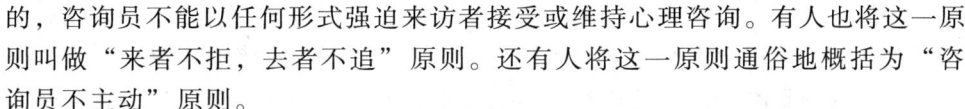

的，咨询员不能以任何形式强迫来访者接受或维持心理咨询。有人也将这一原则叫做"来者不拒，去者不追"原则。还有人将这一原则通俗地概括为"咨询员不主动"原则。

聚焦：要接待被迫来接受心理咨询的来访者吗？

在实际咨询工作中，一些来访者是迫于他人的要求前来咨询的。对此，不能简单地认定来访者缺乏自愿性，并以此拒绝他的求助。尽管来访者的意愿不是鲜明的，甚至是在别人的帮助下来到咨询室的，但是，到咨询室本身就反映了他有一定的求助意愿。这就更需要咨询员面对这类来访者时，要付出更多的精力来调动其求助动机，打破他的自我封闭倾向和被动、抵触的心态。

聚焦：要接待替代他人来咨询的来访者吗？

替代他人前来咨询的情况也不时存在，如家长替代孩子来咨询，家人、朋友替代自己的亲朋好友来咨询。对此，咨询员也不能简单地予以拒绝。这是因为在咨询实践中，有一部分替代者本身就是问题的一部分，也需要帮助。另一些替代者本身没有问题，但需要在如何适应和帮助潜在当事人方面获得帮助。这种情况都使替代者成为了当事人。还有一些替代者不属于以上两种情况，咨询员可以从发展与适应的角度给潜在当事人提供一般性的指导和意见，但应该明确告诉替代者，要提供有针对性的帮助，切实解决问题，还需要真正的"事主"出马。如果潜在的当事人是因为对咨询有一些错误的信息和理解而拒绝前来的话，咨询员也可以适当地作一些解释和说明工作，或提供一些正确介绍咨询的书籍。[①]

2. 价值中立原则

该原则是指在咨询过程中，咨询员要尊重来访者的价值信念体系，不能以自己的价值观念为准则，对来访者的行为准则进行任意价值判断。更不能以任何方式向来访者强行灌输某一价值准则，或强迫来访者接受自己的观点和态度。

3. 信息保密原则

在心理咨询中，来访者要袒露大量的个人信息，并通过诊断和测量产生许多有关来访者的新信息，自然来访者会非常关心咨询者如何对待和使用这些信息。因此，咨询者有责任对来访者的有关资料予以保密，这不仅涉及咨询者的道德原则，也牵涉来访者对咨询者的信任，如处理不当必将影响咨询的成效。

4. 时间限定原则

心理咨询必须遵守一定的时间限制。因为事先对心理咨询的时间予以限

---

① 桂世权，魏青，陈理宣等. 大学生心理健康教育［M］. 成都：西南交通大学出版社，2007.

定，不仅可以使来访者有一定的安定感，而且还能够使来访者充分珍惜并有效利用时间。其次，限定时间不仅可以让来访者体验到咨询者有自己的生活，而且还可以认识到除自己之外还有很多人也在等待咨询者的帮助。所以咨询时间一般规定为每次 50 分钟左右（初次受理时咨询时间可以适当延长），原则上不能随意延长咨询时间。当然，咨询时间的限定也不是绝对的，可根据来访者的状态、心理发展程度以及年龄大小，适当缩短时间。

5. 感情限定原则

良好人际关系的确立虽然是顺利开展心理咨询的关键，有利于咨询者与来访者心理的沟通与接近，但也是有限度的。咨询者不要与来访者在咨询室以外亲密接触和交往，这种接触不仅容易使来访者过于了解咨询者的内心世界和私生活，阻碍来访者的自我表现，而且也会使咨询者该说的不能说，以至于失去客观公正地判断事物的能力。

6. 助人自助原则

心理咨询其实是一个"助人自助"的过程。先由"他助"（来访者求助咨询者），经过"互助"（咨询者与来访者之间相互了解、理解和谅解），最后达到来访者"自助"（自己改变认识和行为）的完整过程。

7. 防重于治原则

这一原则是指咨询者应注意加强对人们常见的心理问题的分析和研究工作，努力掌握各种常见心理问题发生、发展的一般规律，从而早期发现和诊治这些心理问题。在心理咨询过程中也要重视心理卫生知识的宣传教育，对心理疾病的预防重于治疗，可以更好地发挥心理咨询在促进人们心理健康方面的作用。

（四）心理咨询的服务对象

现实生活中有人认为，只有心理异常或有严重心理问题的人才去心理咨询。其实，心理咨询的对象可以是任何自愿要求咨询的人。据联合国最新调查，全球完全有或者完全无心理疾病的人只占人类的 6% 和 9.5%，而 84.5% 的大多数人处一种亚健康状态（即第三种状态），心理治疗只针对 6% 的少数异常者，而心理咨询关注的正是占 84.5% 的有小问题的大多数正常人。也就是说，一般正常人，甚至心理健康的人都可以去咨询。他们可以从中获得指导和帮助，促进其潜在能力的充分发展。

也有人认为，只有弱者才去心理咨询。作为一个强者的我，是不需要心理咨询的。其实，在竞争激烈的社会生活中，人的精神需求往往变得越来越迫切。特别是当自己在某些方面碰到挫折和险阻时，内心通常渴望倾诉、宣泄、交流和安抚。作为真正的强者，应该敢于面对现实，利用一切可以利用的条件，积极寻求帮助，使得自己尽早走出困境，而绝不会采取退却和回避的态度。这里请牢记：心理咨询亦是辅导人生。它在很大程度上是帮助来访者顺利完成人生发展的课题，促进其人生发展。因此，当大学生出现下列情况时，应当想到心理咨询：

- 当某些事引起了你强烈的心理冲突，自己难以解决时。
- 当你有明显不寻常的感觉和行为时。例如，总感觉有人在说自己的坏话；总听到一个声音指挥、控制你……
- 当你心情烦闷，难以自拔时。
- 当你人际关系中出现了问题，常与他人发生冲突时。
- 当你总觉得睡眠不好，如失眠、做噩梦或者梦游时。
- 当择业时需要准确判断自己的适应性时。
- 当你在恋爱中出现难以解决的问题时。
- 当你希望进一步改善自己的性格时。
- 当你常会害怕一些并不可怕的事物时，如害怕花、水、笔，害怕看人等；又如，脑子里总不停地想一些无意义的小问题，或者不停地洗手等。
- 当你有一些古怪的性问题，或对月经、遗精等问题有困惑时。

另外，当你发现自己周围的同学或朋友、家人出现下列情况时，也应该提醒他们去心理咨询：

- 初涉世事，对新环境适应困难时。
- 过分自卑，经常感到心情压抑者。
- 经受挫折之后，精神一蹶不振时。
- 婚姻及家庭关系不和睦，渴望通过指导改善者。
- 学习压力大，无力承受但又不能自行调节时。
- 在社会交往中，出现怯懦、自我封闭等情况时。
- 经历了失恋、失去亲人等情况之后，心灵创伤无法自愈者。
- 患有某种身体疾病，对此产生心理压力者。
- 时常厌食或暴食者，或感觉有睡眠障碍者。
- 性格变化很大，或出现有奇怪的行为者，如暑天一个月不洗澡、无缘无故长时间不去上课等。
- 轻度性心理障碍者。

曾有接受过心理咨询的人这样描述：想象一片沙漠，你是那里唯一的跋涉者，你走得很累、很渴、很孤独、很绝望，这时突然发现不远的前方有一片绿洲，感受一下此刻的心情；你用清水滋润自己的嘴唇、喉咙及至全身；回头看看走过的路,看看这片绿洲,再看看前方的路,洗把脸,然后放步前行,体验一份值得!——这个过程就是心理咨询的感觉!

知识链接——心灵解码

大学生心理适应性测量问卷①

最后我们为大家准备了一份《大学生心理适应性测量问卷》,本问卷共20道题,每道题均给出3个备选答案,请从中选择一项最适合你的答案。

1. 我每到一个新环境总要经过很长一段时间才能适应。(　　)
   A. 是　　　　　　B. 无法肯定　　　　　　C. 不是

2. 每到一个新的地方,我很容易同别人接近。(　　)
   A. 是　　　　　　B. 无法肯定　　　　　　C. 不是

3. 在陌生人面前,我经常无话可说,甚至感到尴尬。(　　)
   A. 是　　　　　　B. 无法肯定　　　　　　C. 不是

4. 我最喜欢学习新知识或新学科,它给我一种新鲜感,能调动我的积极性。(　　)
   A. 是　　　　　　B. 无法肯定　　　　　　C. 不是

5. 每到一个新地方,我第一天总是睡不好,就是在家里,只要换一张床,也会失眠。(　　)
   A. 是　　　　　　B. 无法肯定　　　　　　C. 不是

6. 不管生活条件有多大变化,我也能很快习惯。(　　)
   A. 是　　　　　　B. 无法肯定　　　　　　C. 不是

7. 越是人多的地方,我越感到紧张。(　　)
   A. 是　　　　　　B. 无法肯定　　　　　　C. 不是

8. 我的考试成绩多半不会比平时练习差。(　　)
   A. 是　　　　　　B. 无法肯定　　　　　　C. 不是

9. 全班同学都看着我时,我的心都快跳出来了。(　　)
   A. 是　　　　　　B. 无法肯定　　　　　　C. 不是

10. 对他(她)有看法,你能同他(她)交往吗?(　　)
    A. 是　　　　　　B. 无法肯定　　　　　　C. 不是

11. 我做事情总有些不自在。(　　)
    A. 是　　　　　　B. 无法肯定　　　　　　C. 不是

---

① 马兰花,曹继霞. 大学生心理健康教育 [M]. 北京:经济科学出版社,2010.

12. 我很少固执己见，常常乐于采纳别人的观点。（ ）
　　A. 是　　　　　　B. 无法肯定　　　　　　C. 不是

13. 同别人争论时，我常常感到语塞，事后才想起该怎样反驳对方，可惜已经太迟了。（ ）
　　A. 是　　　　　　B. 无法肯定　　　　　　C. 不是

14. 我对生活条件要求不高，即使生活条件很艰苦，我也能过得很愉快。（ ）
　　A. 是　　　　　　B. 无法肯定　　　　　　C. 不是

15. 有时自己明明把课本背得滚瓜烂熟，可在课堂上背的时候还是会出差错。（ ）
　　A. 是　　　　　　B. 无法肯定　　　　　　C. 不是

16. 在决定胜负成败的关键时刻，我虽然很紧张，但总能很快地使自己镇定下来。（ ）
　　A. 是　　　　　　B. 无法肯定　　　　　　C. 不是

17. 我不喜欢的东西，不管怎么学也学不会。（ ）
　　A. 是　　　　　　B. 无法肯定　　　　　　C. 不是

18. 在嘈杂混乱的环境里，我仍能集中精力学习，并且效率较高。（ ）
　　A. 是　　　　　　B. 无法肯定　　　　　　C. 不是

19. 我不喜欢陌生人来家里做客，每逢这种情况，我就有意回避。（ ）
　　A. 是　　　　　　B. 无法肯定　　　　　　C. 不是

20. 我很喜欢参加社交活动，我觉得这是交朋友的好机会。（ ）
　　A. 是　　　　　　B. 无法肯定　　　　　　C. 不是

评分标准：凡是奇数号题（1、3、5…），选"是"得-2分，选"无法肯定"得0分，选"不是"得2分；凡是偶数号题（2、4、6…），选"是"得2分，选"无法肯定"得0分，选"不是"得-2分。将各题得分相加，即得总分。

结果分析：

35～40分：心理适应能力很强。能很快适应新的学习、生活环境，与人交往轻松、大方。给人的印象极好，无论进入怎么样的环境，都能应付自如，左右逢源。

29～34分：心理适应能力良好。

17～28分：心理适应能力一般。当进入一个新的环境，经过一段时间的努力，基本上能适应。

6～16分：心理适应能力较差。依赖于较好的学习、生活环境，一旦遇到困难则易怨天尤人，甚至消沉。

5分以下：心理适应能力很差。在各种新环境下，即使经过相当长一段时间的努力，也不一定能适应，常常困惑，因与周围事物格格不入而十分苦恼。在与他人的交往中，总是显得拘谨、羞怯、手足无措。

如果你在这个测试中得分较高，说明你的心理适应能力较强。但是，如果你的得分较低，也不必忧心忡忡，因为一个人的心理适应能力是随着年龄的增长、知识的积累而不断增强的。只要你充满信心，把握心理适应的策略，刻苦学习、虚心求教、加强锻炼，你的心理适应能力就会大大增强，一定能走出困境，实现更好的发展。

第二章

自我意识：探索自我之旅

一、认识自己
二、我是谁
　（一）自我意识的含义
　知识链接——你了解自己吗？
　（二）自我意识包含了什么
三、自我意识是如何产生和发展的
　（一）自我意识的萌芽（0—3岁）
　（二）自我意识的发展（3岁—青年初期）
　（三）自我意识的完善（青年中期—终生）
四、大学生易出现的自我意识偏差以及调适方法
　（一）过分追求完美
　（二）过度自卑
　（三）过度自我接受
　（四）过度自我中心
五、什么是人格
　（一）人格的含义
　（二）人格的特征
六、人格主要由什么成分构成
　（一）性格
　知识链接——心理小测验
　（二）气质
　知识链接——影响人格发展和形成的两个实验
　　1. 童年的经验
　　2. 自然物理因素
　（三）大学生常见的人格问题
　知识链接——大学生产生人格偏差后应如何调适

第二章 自我意识：探索自我之旅

"人是什么？"这是一个古老而又永恒的命题，也是每一个人毕生都在探讨和不断获得不同答案的问题。人的自我意识常常受到社会评价的影响，特别是对成长中的大学生而言尤为重要。大学生只有科学地认识自我，才能通过有效的自我监控，确立适合自己发展的理想抱负，建立与周围的人及环境相和谐的关系，并由此获得积极的自我体验和自我愉悦。本章将重点介绍两部分内容：一是自我意识的含义、发展与调适，二是人格的概念、构成及调试人格偏差的方法。

一、认识自己

"认识你自己"这句话被镌刻在希腊一座古老的神殿上，而中国的古语中也有类似的话语："人贵有自知之明"。这些话表明，人的一生都在不断寻找自我，实践自我和超越自我。但是对自己的认识并不是一个简单的问题。在自我意识中，常常会出现个体不能形成统一的、连续的、整合起来的自我观念和形象，或者失去对自我价值、自我意义的积极感受的情形，这种现象被称为"自我认同危机或困境"。美国当代精神分析学家艾里克森（1902—1994）在20世纪60年代的研究理论表明，处于青春期的青少年比较容易出现这一现象。这主要是因为伴随着青春期而来的许多变化是突然性和暂时性的，并不一直存在。这使青少年对青春期前后的自我在认识上出现不稳定甚至是混乱，导致自我认同的困境。当前，大学生的自我意识正经历一个特别明显的、典型的分化、矛盾、统一和转化的过程，在这个过程中，大学生经常会面对各种矛盾与危机，甚至冲突。只有通过解决自我认同的危机，才能获得心理的发展和人格的成熟。

二、我是谁

你同意"人最好的朋友是自己，最大的敌人也是自己"这一观点吗？你喜欢自己的外表吗？你满意自己所取得的成绩或自己现在所拥有的一切吗？你知道自己是个什么样的人吗？周围的同学是喜欢你还是讨厌你呢？你对自己的评价是什么样的？

上述问题都属于自我意识所涉及的范畴。研究发现，如果自我认识不清晰、不准确，自知力不强，又不能正确对待自我与外部世界的关系，则很容易导致自我误判，要么自负，要么自卑，最终引发诸多心理问题或人格障碍。因此，大学生只有对自我意识的基本知识充分了解之后，才能有助于进行自我分析，有助于自我健康发展。

（一）自我意识的含义

自我意识是一种多维度、多层次的复杂心理现象，它由自我认识、自我体验和自我控制三种心理成分构成。这三种心理成分相互联系，相互制约，统一于个体的自我意识之中。从认识形式看，它表现为自我感觉、自我观察、自我分析和自我批评等，统称为"自我认识"；从情绪形式看，它表现为自我感受、自爱、自尊、自卑、责任感、义务感和优越感等，统称为"自我体验"；从意志形式看，它表现为自立、自主、自制、自强、自卫、自律等，统称为"自我控制"。

知识链接——你了解自己吗？[①]

为较为准确地回答这个问题，请对下列30道题做出"是"或"否"的回答。

1. 你每天要照3次以上镜子吗？
2. 你一点也不在乎别人对你的看法吗？
3. 你是否感到你其实并不了解你自己？
4. 你很留意自己的心情变化吗？
5. 你常把自己与其他人进行比较吗？
6. 你常在晚上反思自己一天的行为吗？
7. 做错一件事后，你常弄不明白当时自己为什么要那样做吗？
8. 你比较注意自己的外表吗？
9. 你做事情的随意性很大吗？
10. 在做出一个决定时，你通常很清楚这样做的理由吗？
11. 你总是努力揣摩别人的想法，并按别人的要求与暗示行事吗？
12. 你是否总是穿着比较得体的衣服？
13. 你弄不清自己是脾气好还是脾气坏的人吗？
14. 你弄不清自己的能力是比其他同学强或弱吗？
15. 你对自己将成为一个怎样的人没有一点把握吗？

[①] http://sheke.syuct.edu.cn/jpk/sxddxy/zwcs.htm，沈阳化工学院思想道德修养与法律基础课程网站。

16. 你总是担心自己能否给其他同学留下好印象吗?
17. 你对自己的外貌有自知之明吗?
18. 在遭受一次挫折后,你总是要对自己的行为进行反思吗?
19. 你常控制不住自己而发火吗?
20. 有时,你自己也不知道自己为什么没有情绪吗?
21. 考试前,你通常不知道自己能否顺利过关吗?
22. 不少事情,在开了头以后,才发现你是没能力完成吗?
23. 当你遇到不快时,你是否设法把自己从低沉的情绪中摆脱出来?
24. 考试完毕,在老师批改完前,你常弄不清楚自己是否考得好吗?
25. 大多数情况下,你知道自己行动的动机吗?
26. 你觉得别人应该对你留下好印象吗?
27. 你常感到莫名的烦躁吗?
28. 你不知道自己与班上哪些同学比较谈得来吗?
29. 你清楚自己的长处和短处吗?
30. 一般而言,你很清楚自己吗?

评分规则: 4、5、6、8、10、12、17、18、23、25、26、29、30 题答"是"记 0 分,答"否"记 1 分。其余各题答"是"记 1 分,答"否"记 0 分。各题得分相加,统计总分。

你的总分是_____。

结果分析:

0~9 分:说明你很有自知之明,对自己的长处和弱点有着较清楚的认识。

10~20 分:说明你对自己的了解不够全面。虽然已经注意到了自己的体验,但为了更好地了解你自己,还需要掌握一些客观认识自我的方法。

21~30 分:说明你不了解自我。尽管自我与你朝夕相处,但目前你仍处在"当局者迷"的状态。

(二) 自我意识包含了什么

自我意识简称自我,是自己对自己存在的觉察。"自我"这一概念指两个方面,一是主观的"我"(I),即对自己活动的觉察者;二是客观的"我"(me),即被觉察到的自己的身心活动,包括认识自己的生理状况(如身高、体重、形态等)、心理特征(如兴趣爱好、能力、性格、气质等),以及自己与他人的关系(如自己与周围的人相处的关系、自己在集体中的位置与作用等)。自我意识是一个多维度、多层次的复杂的心理系统或心理结构,由自我认识、自我体验和自我控制三种心理成分构成,它包含了知、情、意三方面的统一，由此形成了完整的自我意识。

1. 自我认识

自我认识是指主体"我"对客体"我"的认知和评价，即自己对自己的认识。它主要解决"我是一个什么样的人"的问题，主要包括对生理自我、社会我和心理自我的认知，这三方面的认知构成了统一的、整体性的自我认知，并在此基础上完成了自我评价。例如，得到类似这样的评价结论：我是一个相貌平平的人，我是一个善于交际的人，我是一个心理素质很好的人，我是一个幽默的人等。

自我认识虽然是主体对自己的认识，但任何主体在认识自己的过程中，或多或少都会受到外部环境的影响，因此在个体的自我认识中，都会出现两个交织在一起的"我"。一个是由"自省"而来的"主观我"，即我眼中的"我"；另一个是由"人言"而来的"客观我"，即他人眼中的"我"。作为社会实体的人，许多观念的形成和评价标准的确定，都不是某一个体完全抛开"人言"而形成的自我意识。同样，对自我的认识也不是仅靠"自省"就能做到公正和客观的。所以，"自省"而来的"主观我"与"人言"而来的"客观我"经过比较、取舍与融合，才能形成一个统一的"我"。

2. 自我体验

自我体验是在自我认识的基础上表现出来的对自己的情绪体验。例如，自己对自己的接纳、肯定、喜爱、尊重、满意的程度，表现为自尊感、自信心、自豪感、成功感、自卑感等。

自我体验不仅与个体的自我认知、情绪特征有关，还与个体对社会规范和价值标准的认识有关。例如，某高校外语学院一位大三的女生因长期营养不良导致全身长满了紫癜，精神萎靡，学习成绩下降，人际关系紧张。经调查得知她家庭十分贫困，她是靠家教挣来的钱支撑着自己的生活费用。她并不觉得经济上的困难有多苦，而是觉得同学瞧不起她令她感觉很痛苦。最让她受不了的是，同寝室的女生都有了男朋友，自己却没有男生追求。尽管她学习成绩不错，大一时还曾获过奖学金，同学对她评价还可以，可她却固执地认为大家会因其家庭困难而"鄙视"她。为了改变现状，她常常省吃俭用，节约伙食费去购买漂亮衣服，甚至把还没有用完的牙膏、还可以用的毛巾在寝室扔给别的同学看，希望以此获得与同学平起平坐的"尊重"。可是这样的"牺牲"并没有改变她的处境，相反越来越糟，因为她发现同学们投来的异样的眼光。压抑的心情加上长期缩食，她患上了严重贫血，常常头晕目眩，记忆力减退，以致补考多门。

类似这样的女生在大学里并不少见，只不过表现的形式与程度不同而已。

上例中的女生，偏颇地认为穿上几件漂亮衣服，生活上不拘小节甚至是浪费，就能赢得同学的尊重，事实恰恰相反。共同生活在一个宿舍里，每个人的家庭经济状况不可能成为秘密。一个家境不富裕或者是比较困难的同学，却穿着入时，生活奢侈浪费，怎么有可能赢得别人的尊重呢？其实，导致她走入误区的正是她对尊重的理解出了问题。

另外，对于自我体验而言，由于女性比男性更为敏感与细腻，所以女生的自我体验相对会比较丰富、强烈而持久。

3. 自我控制

自我控制是自我意识的高级阶段，是人在意志方面的自我认识，主要指个体对自己心理活动和行为的调节与控制，包括自我理想、自我监督、自我塑造、自我克制、自我教育等。

自我控制是个体在意志品质方面的集中体现，而我们通常讲的自制力就是自我控制能力。从某种意义上来说，自制力的优劣决定着学习、工作、生活的成败。往往自制力强的人，在控制方面就会表现出自觉、自立、自主、自制、自强、自信、自律，在任何阶段都有明确的追求目标。而自制力差的人，往往目标不清，易受暗示，缺乏主见，优柔寡断，对自己的情感和行为都缺乏控制能力，凡事都难以坚持到底。

自我意识是人类意识最具本质的特征，正因为人有自我意识，人才成为一个清醒的个体、能动的个体，一个知己知彼的个体。人也只有意识到自己是谁，才会知道应该做什么和怎样自觉自律地去行动。

三、自我意识是如何产生和发展的

自我意识是在社会化过程中随着年龄的增长逐步形成的，它的发展经历了萌芽、发生、发展这一漫长的过程。

（一）自我意识的萌芽（0—3岁）

刚出生的新生儿并没有意识，更没有自我意识，只有一些简单、片断的感觉、动作和本能的反射，因而和一般的小动物没有多大区别。他们认识不到自己的存在，分不清自己的身体与外界有什么区别，吮吸自己的指头就像吮吸母亲的乳头一样。

一般在8个月时婴儿会产生"生理自我"，1岁左右，会产生自我感觉，这是自我意识最原始、最初级的形态。这时婴儿开始能区分自己的动作与动作的对象，有了自我意识萌芽。例如，儿童发现咬自己的手和脚，与咬别的东西（玩具、饼干等）感觉不一样；可以将拿着玩具的手同玩具区分开来，不会再认为玩具是手的一部分，等等。儿童开始认识到自身是一个独立实体，产生了最初的自豪感和自信心，从而形成了自我感觉。但这个时期的儿童是将"自己"当客体来认识的，最有代表性的表现就是用自己的名字来称呼自己，如"宝宝要吃饭"、"宝宝要玩具"等，还不会用"我"来称呼自己。

2岁以后，儿童学会了使用人称代词"我"，开始把自己当做客体转化为把自己当做一个主体的人来认识。

3岁左右的儿童，"我"的使用频率增加，产生了一些较为极端的"自我独立"要求，这时在成人的眼中，孩子常常与父母"闹别扭"，原来顺从、可爱的孩子，变得很有"主见"，总想按照自己的方式去处理问题，达到自己的目的，事实上，他们根本做不到。开始出现羞耻感、自主性和占有欲。例如，看到母亲喜欢其他的孩子时，他会生气、嫉妒，甚至动手打那个"抢走"母爱的孩子。这一时期儿童的行为是一种以自我为中心的行为，他们要以自己的想法解释外部世界，并把自己的想法和情感世界投射到外界事物上去。这一时期，又被称为生理自我时期或自我中心期，是自我意识的萌芽阶段。

（二）自我意识的发展（3岁—青年初期）

这一时期是个体接受社会化影响最深刻的时期。在经历了从幼儿园、小学、中学到大学几个人生成长最为关键的阶段后，个体在游戏、学习、劳动、生活中，通过模仿、认同、练习等方式，逐步形成各种角色观念，建立角色意识。开始能意识到自己在人际关系、社会关系中的地位和作用，意识到自己所承担的社会责任与享有的社会权利。

幼儿期，自我意识的特点是完全依照成人的影响来认同自己、他人以及自己与他人关系，几乎是从他人那里获得"肤浅"的自我评价与自我认识，没有困惑、烦恼与忧愁，因此单纯而快乐。

童年期，自我意识的特点是模糊，不大自觉、被动的心理活动主要指向外部世界，对自己的内心世界没有多少认识，如果问"你是一个什么样的人？"许多小学生会答不上来。即使回答，也往往是对自己一些外部特点的描述，如"我是一个爱画画的人"、"守纪律的人"、"爱玩猫的人"等，或者是转达教师、家长或其他成人对他的评价。他们也意识不到自己所面临的各种矛盾，因而内心世界很平静。

少年期，自我意识的发展有了质的变化，独立性、自觉性和自律性都有了迅速发展，并能够深入到自己的内心世界，意识到自己的个性品质，但水平还比较肤浅，不够清晰和全面。这一时期他们开始意识到自己与他人、与集体的关系，意识到自己的内心活动，开始根据自己的喜好来规划自己的人生发展，有了较稳定的兴趣爱好，同时，还有了许多内心的"小秘密"。他们开始对周围人们的精神世界、个性品质等感兴趣，开始关注周围人的内心体验、动机、想法、个性特点等。但这时自我意识的水平还不高，对自己的内心世界了解也不深。加之生理发育的加快，面对的压力增加，心理矛盾也开始变得日益突出。

青年初期是自我意识发展的关键时期，期间个体能够全面认识到自己的心理品质，正确地感知到自己的社会角色，能主动地根据社会要求去认识和发展自己。一个显著特征是，把原来主要朝向外部的认识活动，转向自己的内心世界，探索自己的内心世界。例如，这时的青年会提出一系列的问题要自己回答：我是一个什么样的人？我要成为一个什么样的人？我的长相如何？我的脾气、性格怎样？我能成就什么样的事业？我在别人心目中的形象如何？等等。这都是由于个体生理和心理日趋成熟、社会角色逐步确定而促进自我意识发展的具体表现。

（三）自我意识的完善（青年中期—终生）

如果说前一个阶段是自我意识迅速发展并趋向成熟的阶段，那么，从青年中期开始，个体的自我意识便开始进入完善与提高阶段，这一阶段一直持续到人生的终结。

大学生处于青年中期，是自我意识完善的关键时期。他们的自我意识发展正经历着一个特别明显的分化—冲突—统一的过程。这时，原本"笼统的我"被打破了，出现了两个"我"，一个是处于观察地位的我，即主体的"我"（I），另一个是处于被观察地位的"我"，即客体的"我"（me），出现了"主观我"与"客观我"、"理想我"与"现实我"的分化。这种分化标志着大学生自我意识已开始走向成熟，也是他们自我意识发展的最重要的过程。正是这种分化过程，促进了大学生思维和行为主体性的形成，从而为客观地评价自己或他人、合理地调节自己的言行奠定了基础。①

四、大学生易出现的自我意识偏差以及调适方法

大学生正处在人生"最善感"的年龄阶段，大部分人独立、自信，喜欢

---

① 桂世权，魏青，陈理宣等. 大学生心理健康教育 [M]. 成都：西南交通大学出版社，2007.

并满意自己,但对外部和内心世界的许多方面都较为敏感,情绪容易波动,在自我评价中又常伴有不平衡性。这就使得他们在认识自我的过程中难免出现一些偏差,如大学生中流传这样一种说法:"大一觉得自己是天之骄子,大四发现自己什么都不是。"

(一) 过分追求完美

尽管"爱美之心,人皆有之",追求完美是人类健康向上的本能,但过分追求完美,则会对自己持有过高的要求,不切实际地期望自己完美无缺。这往往导致他们不能容忍自己"不完美"的表现,对自己"不完美"的地方过分看重,甚至把常人都会遇到的问题看成是自己"不完美"的表现。如此过分追求完美则容易引发自我的适应障碍。

过分追求完美的人,必须意识到人不可能十全十美,都会遇到成功和失败。一个人首先应该学会接纳自己并肯定自己的价值,既不自以为是,也不妄自菲薄。其次,应通过与不同对象进行多方位比较来客观认识和评价自己。在制定目标时,要做到既不苛求自己,也不被他人的要求左右,目标的制定要符合自己的实际能力。总而言之,尺有所短,寸有所长,每个人都是独特的、与众不同的,我们应该欣赏自己的独特性,接纳自己的不完美。

(二) 过度自卑

"丑小鸭变成白天鹅,我多么希望它不是神话,多么希望把神话变现实的丑小鸭就是我,但现实让我清醒:我只是一只丑小鸭,因为我的血液里没有白天鹅的基因。"不错的文采却透露出无尽的伤感。把自己称为丑小鸭的是某高校中文系大二女生。她说自卑像一块巨石压得她无法呼吸,她列举了从童年到大学很多令她自卑的事情。小时候,幼儿园表演节目,挑选小朋友,她周围有太多长得俊美、打扮漂亮的女生,而她自己长得不好看又常穿旧衣服,从来没有被选中,直到现在她没有登台表演的经历。大一点儿以后,她对自己的相貌、家境、一口的方言以及学习成绩都很不满意,认为自己一无是处。中学的时候,她很想在班级晚会上一展歌喉,但是一首歌儿练了很久,试唱的时候歌词一句都想不起来,结果成为同学们的笑柄。她曾试图通过努力学习并以优异成绩引起大家的关注,可是即使她付出 10 倍的时间和精力,也比不上那些聪明的女孩。上大学以后,曾有一个男孩接近她,讨好她,结果只是利用她给室友带了一封情书。她内心很羡慕那些长相好、家境好、表现突出的同学,觉得自己的人生太失败,永远不会有成功和快乐。她不敢参与到集体活动中,因为太在乎别人对自己的看法,害怕听到别人的评头论足,为了让自己过得相对有安全感，她从大一下学期起就拒绝与同学打交道，独来独往。

上面这位同学所表现出的自卑是心理咨询中常见的问题。其实，自卑的实质是一种消极的自我评价或自我意识。自卑的人往往容易过低评价自己的形象、能力和品质，容易拿自己的弱点和别人的强处比较，觉得自己事事不如人，从而丧失自信、悲观失望、自惭形秽。这部分人一般自我封闭、内向，不愿意跟别人来往。与此相反，自信的人容易与人相处，他们往往显得乐观、宽容，能客观评价自己和他人，有充分的安全感，不会时时为疑心所扰。

测一测：你身上是否存在着自卑感呢？下述各项可供对照自查。

- 你是否会将过失转嫁给他人。
- 你是否常在宿舍或家里发脾气。
- 在别人面前，你是否很在意别人的想法，甚至变得胆怯。
- 你是否常回忆光荣的过去，对昔日的辉煌留恋不已。
- 面对陌生人时，你是否会害羞。
- 你是否害怕找不到工作。
- 与领导或老师交谈时，你是否感到局促不安。

以上各项中只要有一项答案是肯定的，那就表示你的自信已亮起黄灯，应该为自己谋求更高更坚强的自信了。①

克服自卑、超越自卑的方法很多，可从认识上、情绪上、行为上同时入手。例如，要敢于面对错误与挫折，不怕暂时的失败，要在心理上经得起失败或挫折，不能因为失败就认定自己低能而自暴自弃。可以每天默念数遍"相信自己"来增强自信心，或常常使用自我鼓励与自我暗示的话语，如"我能行，我一定能行"、"我很放松，我能做好"、"再加把劲儿，离目标不远了"、"感觉不错"等，也能激励自己。或者把自己最满意的照片挑出来，放在自己可以常看到的地方，慢慢学会欣赏自我，找出自己的优点。

（三）过度自我接受

自我接受是指认可自己、肯定自己的价值，对自己的才能和局限、长处和短处都能客观评价、坦然接受，不会过多地抱怨和谴责自己。对自我的接受是心理健康的表现。然而不能客观地看待自己，习惯于用放大镜看自我的长处和别人的短处，用显微镜看自己的短处，甚至看不见自己的不足；人际交往中总认为"我好，你不好"、"我行，你不行"，则是过度的自我接受，常常表现出

---

① 张利光. 心态是健康的良药［M］. 北京：中国商业出版社，2010.

四、大学生易出现的自我意识偏差以及调适方法

高估自我、盲目乐观、自以为是的一些言行，导致不受欢迎，影响人际关系。

过度自我接受的人，一定要多观察和倾听别人对自己的评价，看到自己的不足，承认自己仍有需要不断完善的地方。要学会欣赏他人的独特性，善于发现他人的长处。另外，在与他人交往的过程中，不急于发表自己的观点和评价，先在心里默默地审视一下，有没有狂妄自大的言语。交流中，以开放的心态，尊重和认真对待来自他人的反馈意见。

（四）过度自我中心

某校大三学生小秋自进大学以来，总觉得周围的人都不理解他，很难打交道。三年来，他既没有朋友，也鲜有同学来往，内心很孤独，但却很想交朋友。他常常抱怨他的同学思想都特别不成熟，行为举止幼稚，看问题不深刻，简直就像就是中学生，这让他非常看不惯。有一次上完课，室友回来纷纷抱怨某老师照本宣科，课堂枯燥无味，以后有机会就旷课。他则打断大家说"学习靠自己，怎么能怪老师呢？我认为，老师就是GPS，照本宣科是为了不出错。你们这样是给自己逃课找借口吧"。当时寝室空气立刻凝固了。小秋平时说话总想表现自己的独特性，也想开玩笑，表现自己的幽默，所以一般人的常用语他基本不用，认为太平常，没意思。他一次去食堂打饭，看见炒的蔬菜色泽不好，大声说"这菜就配喂猪"，同班两位女同学正在打这菜，对他的言语很是不满。有一个同学因为要感谢小秋帮忙请他吃饭，小秋先到一步，觉得很饿便自己先点了一份面条。结果这位同学来了以后非常生气，责问小秋，是不是以为他请不起。但小秋觉得饿了先吃一点，很正常。两人不欢而散。

小秋一再表明，他很率真，很真实，也很能言善辩，为什么现在的人不能理解呢？他说，如果坚持真理就注定孤独的话，他要坚持下去，走自己的路，让别人说去吧。

乍一看觉得小秋确实挺委屈，但仔细分析就会发现，小秋的主要问题是他的思考方法都是从自我的角度思考其行为的合理性，明显缺乏换位思考。例如，同学说老师照本宣科，小秋说得也没错。但是，他否定了在场的所有人而凸显了自己，很难获得大家的认同。在请客的同学到来之前饿了，可不可以吃点东西？当然可以，如点份儿小菜之类的。你点一份面条先吃，有没有顾及请客同学的感受？不考虑他人的感受，完全从自己的角度、自己的经验去认识和解决问题，似乎自己的态度就是他人的态度，类似这样的同学为数不少。以自我为中心的人还常常表现出对他人的期望过高。

要想克服以自我为中心的思维和行动，关键在于要学会换位思考，转换立场看问题。其次，要学会坦然接受批评和建议，容许他人有不同意见。人际交

往中的经典语句"也许你是对的"应常记在心,以此改变自己自以为是、固执己见的心理。再次,要学习一些人际交往的技巧,如善于倾听,真正会倾听的人不仅用耳朵在听,更是用眼睛用心灵在听,既能听懂语言所包含的意思,也能听懂弦外之音。而以自我为中心的人往往在倾听之前就已经关闭了耳朵,只听得见自己的声音,总之,要克服自我中心的交往障碍,既要使自己融入集体中,又能在集体中保持自己独立的个性。

五、什么是人格

认识自己并非易事,第一位获得诺贝尔文学奖的亚洲人泰戈尔(Rabindranath Tagore)曾经在他的作品中写道"在我身上还有另外一个人,不是肉体的人,而是人格的人。人格的人有自己的好恶,并且想要找到某种东西以满足自己爱的需要。超越权宜之计和实用目的,才能找到这个人格的人。"[①]看来人格是相对于物质的和肉体的人而言的。那么人格究竟是什么呢?

(一)人格的含义

"人格"一词在生活中有多种含义。我们常说,某某人格卑鄙,某某人格高尚。这时的人格指的是道德上的人格,即一个人的品德和操守。在某种情境下有人气愤地说"这是对我人格的污辱",在这里的"人格"又是属于法律范畴,是指享有法律地位的人。《宪法》规定,公民的人格尊严不受侵犯。在心理学中,人格是探讨个体与个体差异的领域。

人格的英文 personality 来源于古希腊语 persona。persona 最初指演员戴的面具,不同的面具体现了角色的特点和人物性格,就像京剧中红脸代表忠义,白脸代表奸诈,黑脸代表刚强。现代心理学沿用 persona 的含义,转意为人格,其中包含了两层意思:一是指一个人在人生舞台上所表现的种种言行,即人格所具有的"外壳",就像舞台上根据角色的要求而戴的面具,反映出一个人整体外在表现。二是指一个人个体行为的内部倾向,即面具后的真实自我,这是人格的内在特征。

究竟什么是人格?不同的学派有不同的定义,至今还没有一个大家公认的说法。美国著名人格心理学家 G.W. 奥尔波特(Gordon Willard Allport,

---

[①] R. Tagore, "What is Art?" in Personality, London: Macmilan, 1917. p14.

1897—1967)对人格的定义做了统计,发现心理学中关于人格的定义不下50个。归纳之,得出以下三种:第一种是广义的人格,他与个性同义,指一个人所具有的稳定的心理特征的总和,包括需要、气质、性格、能力等,这是心理学中通常的用法,如卡特尔、罗杰斯等主编的《心理学百科全书》以及《中国大百科全书·心理学卷》的定义都采用了这种用法。第二种是狭义的人格,它与性格同义,如国外的心理学教科书常把能力列为一章,把人格列为一章。第三种是前面所说的道德和伦理角度的人格。

我们采用广义的人格,指相对于认知、情绪、意志等而言的一种心理现象,也称为个性。它包括气质、性格、能力、兴趣、爱好、需要、理想、信念等方面内容,反映了一个人总的心理面貌,是相对稳定、具有独特倾向性的心理特征的总和,是在长期社会生活实践中慢慢形成发展起来的。人与人之间显著的差别就在于人格的差别。

(二) 人格的特征

人格是复杂的,由多种特质组成。多年来,对人格的研究仁者见仁,智者见智。要理解现代人的思想和行为,分析人格的特征实属必要。

1. 本质性

人格表面上反映的是人的外在"面具",其实不然,它是一个人的行为所表现和形成的心理自我。美国心理学家奥尔波特就说,"人格就是一个人真正是什么"。人格作为一个人的真实自我,并不是指物质的、身体的、生理的自我,它是人精神性本质的体现。高矮胖瘦是无法作为人格象征的。

泰戈尔对人格的一段描写,可能会有助于我们认识人格的本质性。他说:"人格不是他的肉体,也不是他的精神组织。那是更深层的统一性,那种他身上的终极的神秘。这种神秘从他的世界的中心向着他的周围放射;这种神秘在他的身体中,又超越他的身体;在他的心灵中,又超越他的心灵;这种神秘,通过那些属于他的事物,表现这些事物中所没有的东西;这种神秘在占有了他的现在的同时,又冲破了他的过去和未来的堤岸。它就是人的人格。"

2. 整体性

一个现实的人具有多种心理成分和特质,如才智、情绪、愿望、价值观和习惯等。但它们并不是孤立存在的,而是受自我意识的调控,具有内在统一的一致性。在每个人的人格世界里,各种人格特征并非简单的堆积,而是如同宇宙世界一样,依据一定的内容、秩序与规则有机组合起来的动力系统。这个系统的各方面彼此和谐一致时,人们就会呈现出健康的人格特征,否则就会出现各种心理冲突,导致"人格分裂"。

3. 独特性

人格的独特性表现为人与人的差异性，即是指人与人之间的心理与行为的各不相同。这是因为人格是在遗传、环境和教育多种因素影响下发展起来的，每个人所面对的这些因素及其相互关系都不可能完全相同，这就促成了各自独特的心理特点，如有的人豪爽，有的人顽固，有的人沉默寡言，有的人办事谨慎等。

人的差异性不仅体现在各人格特质的数量、组合方式上，还体现在每种特质的表现方式上，即便都是外向的人，表达方式也会有很大差别。即使是同卵双生子，他们的人格也不会完全相同。

人格的独特性并不意味着人与人之间的个性毫无相同之处。在人格形成与发展的过程中，除了生物因素以外，社会因素也发挥着重要作用。类似的环境、教育、文化也能孕育出类似的心理、面貌等人格特征，如每个民族都有其共同的心理特点。

4. 稳定性

人格的稳定性是指那些经常表现出来的特点，是一贯的思维方式和行为风格的总和。个体在行为中偶然表现出来的心理倾向和心理特征并不能表征他的人格。人格特质一旦稳定下来，要改变是较为困难的事，正所谓："江山易改，本性难移"。人格的稳定性一方面表现为跨时间的持续性，即个体的人格特征在不同年龄阶段趋于稳定；另一方面表现为跨情境的一致性，即情境变了个体的行为有所不同，但所表现的人格特质是一致的。例如，一个性格外向的大学生，不仅在家里非常活跃，在班级活动中也表现出积极主动的一面，即便在不熟悉的环境里，仍然表现出广交朋友、引人关注的特点。

当然，稳定性是相对的，个体的人格也会受到重要事件的影响而出现部分人格特质的改变。

5. 倾向性

人格在形成的过程中时时处处都表现出个体对外界事物所特有的动机和愿望，从而发展成为各自的态度体系和内心环境，形成个人对人、对事、对自己特有的心理倾向和行为风格。具有不同人格特征的人，在面对相同情境时，会表现出各自不同的心理和行为倾向性。面对挫折与失败，有志者往往会认真总结经验教训，在失败的废墟上重建人生的辉煌；而怯懦的人往往会一蹶不振，失去奋斗的目标。所以人们常说，人格决定了一个人的生活方式和处事方式，是一个人生活成败、喜怒哀乐的根源，甚至决定一个人的命运。

六、人格主要由什么成分构成

人格是一个复杂的结构系统，它包含着各种成分，如认知、动机、性格、气质、自我调控。其中，最为重要的是性格与气质。

（一）性格

公元前5—4世纪，中国的孔子提出了"性相近也，习相远也"的性习说。比他晚一个多世纪的孟子也提出了"性善论"，认为人生来就是善良的，"无羞恶之心非人也……"，环境与教育扶植善性，而不使之泯灭，并发展成"仁、义、礼、智"。相反，比孟子稍晚些的荀子则认为人生来就是"恶"的，环境与教育去恶育善。这些理论都强调了环境对人们性格的影响作用。

在西方，较早研究性格的是公元前4—3世纪的古希腊哲学家提奥夫拉斯塔，他广泛论述了人的个性特征。后来，弗洛伊德、荣格、埃里克森、班图拉、奥尔波特以及卡特尔等对性格理论进行了进一步研究和发展，使性格心理学日臻完善。300多年前，德国哲学家戈特弗里德·威廉·莱布尼茨（Gottfried Wilhelm Leibniz，1646—1716），在普鲁士王宫里向王室成员和众多贵族宣传他的宇宙观时，话锋一转，他说："世界上没有两片完全相同的叶子"。听者哗然，不少人不信。于是，好事者就请宫女到王宫花园中去找两片完全相同的叶子。谁知众人寻找多时也无法找到两片相同的树叶。人们不禁惊愕，原来大千世界是如此丰富多彩。后来人们都用莱布尼茨的这句话来比作人的性格——世界上没有两片完全相同的叶子，世界上也没有性格完全相同的人。

那么，什么是性格呢？如恩格斯所言："人物的性格不仅表现在他做什么，而且表现在他怎么做"。"做什么"表现出的是一个人行为的动机和态度；"怎么做"表现出的是一个人的行为、活动方式。所谓性格，是表现在一个人的态度和行为中比较稳定的心理特点。例如，一个人在待人处事中总是表现出高度的原则性、热情奔放、豪爽无拘、坚毅果断、深谋远虑，那么我们说这些特征就组成了这个人的性格。构成一个人性格的态度和行动方式总是比较稳固的，当我们对一个人的性格有了比较深入的了解时，我们就可以预测到这个人在一定的情境中将会做什么和怎样做，并以此给出相应的叮嘱和帮助。例如，一个大学生比较自信、勇敢、有毅力，但又比较任性和粗暴；另一个大学生缺乏自信、不好外露、没有主见、易受暗示，但有一股韧劲。当他俩去完成同样的任务时，对前者就要叮嘱他注意工作方法，密切联系群众；对后者则要给予更多的鼓励和更具体的帮助。

依据瑞士心理学者 C.G. 荣格（Carl Gustav Jung, 1875—1961）的观点，人的性格可分两大类：内向型和外向型。内向型的人专注于自我的内心世界，喜欢独处并陶然其中。他们心理活动居多，总是先想后做。他们不喜欢受人注目，言语少，害羞，容易怯场，比外向型的人更矜持，容易给人留下犹豫、迟疑、甚至困惑的印象。一般而言，内向型的人适合做学术性工作，从事精细度较高的工作。而外向型的人心理活动倾向于外部世界，对客观事物表现出极大的关心和兴趣，性格开朗活泼，乐意参加群体活动，喜欢交往；不愿意冥思苦想，常常需要别人帮助来满足个人情绪需要；健谈、不拘小节、不怯场，容易出现轻率行为。一般而言，外向型人易成为实业家、领导管理人才等开拓型人才。

有的同学不禁要问，性格是内向好，还是外向好呢？其实性格并没有优劣之分。例如，在中国历史中，"诗仙"李白是偏向于外向的人，而"诗圣"杜甫则是偏向于内向的人。在《沧浪诗话》中对两人的成就给予了高度的评价："子美（指杜甫）不能为太白（指李白）之飘逸，太白不能为子美之沉郁"。可见，性格是内向还是外向并不妨碍他们成为我国历史上著名的诗人。而在现实生活中，人的性格多是复杂的，很难找到特别典型的外向或内向的性格。

性格是否是与生俱来、终生不变的呢？其实不是。性格是人在童年期慢慢塑造出来的，心理学家做过"情感剥夺实验"，以此来证明在婴幼儿时期，一个良好的心理环境对一个人形成良好的性格是很重要的，特别是儿童时期如果剥夺了母爱就会导致儿童性格扭曲，产生不好的行为和个性表现。具体实验过程为：把一同生下的小猴子分成两组，一组放在铁笼子里，除了用奶喂养外，什么也没有；另一组给它们用长毛绒做了个假妈妈，吃完奶它们可以在假妈妈身上玩。实验结果表明，小猴子慢慢长大后，第一组呈现出胆子比较小、反应暴躁、不合群，不好接近；而有假妈妈的这一组则恰恰相反，不胆小，合群，与人容易接近。

知识链接——心理小测验

说到这里你想不想测测自己的性格呢？下面有 50 道题，请根据自己的实际情况做出回答。其中，符合的记为 A，难以回答的记为 B，不符合的记为 C。

六、人格主要由什么成分构成

题 项	符合 A	难以回答 B	不符合 C
1. 与观点不同的人也能友好往来			
2. 你读书较慢,力求完全看懂			
3. 你做事较快,但较粗糙			
4. 你经常分析自己研究自己			
5. 生气时你总不加抑制地把怒气发泄出来			
6. 在人多的场合你总是力求不引人注意			
7. 你不喜欢写日记			
8. 你待人总是很小心			
9. 你是个不拘小节的人			
10. 你不敢在众人面前发表演说			
11. 你能够做好领导团队的工作			
12. 你常会猜疑别人			
13. 受到表扬后你工作得更努力			
14. 你希望过平静、轻松的生活			
15. 你从不考虑自己几年以后的事情			
16. 你经常会一个人想入非非			
17. 你喜欢经常变换工作			
18. 你经常回忆自己过去的生活			
19. 你很喜欢参加集体娱乐活动			
20. 你总是三思而后行			
21. 使用金钱时你很少精打细算			
22. 你讨厌在工作时有人在旁边观看			
23. 你始终以乐观的态度对待人生			
24. 你总是独立思考回答问题			
25. 你不怕应付麻烦的事情			
26. 对陌生人你从不轻易相信			
27. 你几乎从不主动制订学习或工作计划			

续表

题 项	符合 A	难以回答 B	不符合 C
28. 你不善于结交朋友			
29. 你的意见和观点常会发生变化			
30. 你很注意交通安全			
31. 你肚里有话藏不住,总想对别人说出来			
32. 你常有自卑感			
33. 你不大注意自己的服装是否整洁			
34. 你很关心别人会对你有什么看法			
35. 和别人在一起时,你的话总是比别人多			
36. 你喜欢独自一个人在房内休息			
37. 你的情绪很容易波动			
38. 看到房间里杂乱无章,你就静不下心来			
39. 遇到不懂的问题你就去问别人			
40. 旁边若有说话声或广播声,你就无法静下心来学习			
41. 你的口头表达能力还不错			
42. 你是个沉默寡言的人			
43. 在一个新环境里你很快就能熟悉了			
44. 要你同陌生人打交道,常感到为难			
45. 常会过高地估计自己的能力			
46. 遭到失败后你总是忘不了			
47. 你感到脚踏实地地干比探索理论原理更重要			
48. 你很注意同伴们的工作或学习成绩			
49. 比起读小说和看电影来,你更喜欢郊游和跳舞			
50. 买东西时,你常常犹豫不决			

计分方法：题号为奇数的题目,每记一个 A 得 2 分,每记一个 B 得 1 分,每记一个 C 得 0 分；题号为偶数的题目,每记一个 A 得 0 分,每记一个 B 得 1

分，每记一个 C 得 2 分。最后将各道题的分数相加，其和即为你的性向指数。

结果分析：性向指数在 0～100 分之间。由性向指数的数值就可以了解一个人内倾或外倾的程度。总分：0～19 分，内向；20～39 分，偏内向；40～59 分，中间型（混合型）；60～79 分，偏外向；80～100 分，外向。

（二）气质

气质是个体与生俱有的心理活动的动力特征。所谓与生俱有，主要指受遗传和生理的影响较大，而受文化和教养的影响较小；所谓心理活动的动力特征，是指心理活动的强度、速度、灵活性与指向性等方面的一种稳定的心理特征。我们可以从历史故事里的几个典型人物身上感知不同人的气质类型。例如，《水浒传》里的黑旋风李逵，为人耿直却脾气暴躁、好斗；浪子燕青，使弩弄刀、弹琴吹箫、结交朋友、聪明过人；《红楼梦》中的林黛玉多愁善感，抑郁寡欢。

人的气质有明显差异，这些差异属于气质类型的差异。对气质类型的研究，是一个古老的心理学问题。早在公元前 5 世纪，古希腊著名医生希波克拉底（Hippocrates）就提出了 4 种体液的气质学说。后来的研究者们对气质的类型及其产生原因做出了不同的解释，形成了不同的气质理论。例如，德国精神病学家克雷奇默（E. Kretschmer）提出的体型说，揭示了体型与气质的某些一致性；生理学家柏尔曼（Berman）提出的激素说，从人体内某种内分泌腺的活动优势说明和解释气质类型。另外，还有血型说，认为气质是由不同血型决定的。高级神经活动类型说是我国心理学界现普遍认可的学说，即人的气质是由人的高级神经活动类型决定的。

希波克拉底对气质类型的划分，与日常观察中概括出来的四种气质类型比较符合，所以关于气质的这种分类一直沿用至今。这里对气质的四种基本类型作如下介绍：

（1）多血质：像春天，敏捷好动，开朗活泼，可塑性强。这种气质类型的人情感和行为动作发生得很快，变化得也快，但较为温和；易于产生情感，但体验不深；善于结交朋友，容易适应新的环境；语言具有表达力和感染力，姿态活泼，表情生动，有明显的外倾性特点；机智灵敏，思维灵活；但常表现出对问题不求甚解，注意力与兴趣易于转移、不稳定，在意志力方面缺乏忍耐性，毅力不够坚强。

（2）胆汁质：像夏天，热情奔放，乐观向上，但脾气暴躁，好争论。这种气质类型的人精力旺盛、态度直率、激动热忱，有很高的兴奋性；学习和工作带有明显的周期性特点，能以极大的热情和旺盛的精力投入学习和工作，一且精力消耗殆尽时，便会失去信心，情绪顿时转为沮丧而心灰意冷；思维具有一定的灵活性，但对问题的理解具有粗枝大叶、不求甚解的倾向；行动利落而又敏捷，说话速度快且声音洪亮。

（3）黏液质：似秋天，沉稳冷静，感情细腻，富于想象。这种气质类型的人安静稳重，反应缓慢，情绪不易外露，注意稳定难以转移，善于忍耐；不爱活动，外柔内刚；与人交往时，态度不卑不亢，交际适度；无论环境如何变化，都能保持心理平衡，很少发脾气，但也很少产生激情，遇到不愉快的事不动声色；思维灵活性较差，但比较细致，喜欢沉思；在意志力方面具有耐性，对自己的行为有较大的自制力；凡事力求稳妥，一般不做无把握的事情，但对新的工作较难适应，行为和情绪都表现出内倾性，可塑性差。

（4）抑郁质：如冬天，富于理性，体验深刻，自制力强。这种气质类型的人情感和行为得都相当缓慢，柔弱，善于觉察别人不易察到的细小事物；易多愁善感，往往富于想象，敏感性高，思维深刻；喜欢安静独处，具有明显的内倾性，感情细腻而脆弱，常为区区小事引起情绪波动；自己心里有话，宁愿自己品味，不愿向别人倾诉；不爱表现自己，对出头露面的工作尽量摆脱；在意志方面常表现出胆小怕事、优柔寡断，受到挫折后常心神不安，但对力所能及的工作表现出坚忍的精神。

在实际生活中，典型的某种气质类型的人并不多，多数人都是混合型气质，且以两种气质混合的（双质型）居多，三种气质混合的（三质型）人不多。据一项关于我国大学生气质类型的调查表明，大学生中复合型气质占65.93%，单一型气质占34.07%，总的趋势是多血质类型的人数最多（56.32%），其次为黏液质（24.18%），第三为胆汁质（13.73%），抑郁质最少（5.77%）。

气质本身无优劣之分，任何一种气质都有其积极和消极的方面。了解自己和他人的气质类型在人际交往中有重要意义。例如，向黏液质者提出要求时，应给他充足的考虑时间；对抑郁质者应多给予关心和鼓励，而与胆汁质者打交道时应避免引发冲突。当然，这都是从一般意义上来说的，不可有先入之见。

而某些气质特征往往能为从事某种职业活动提供有利条件。例如，多血质者比较适合的工作有驾驶员、外交、管理、律师、新闻记者、警察等，但他们不适合做过细致的工作以及单调的机械工作；胆汁质者可以成为出色的导游、推销员、节目主持人、演讲者、外事接待人员、演员等，他们对于需要长期细心检查的工作则难以胜任；对于抑郁质来说，可以和胆汁质形成互补，如校对、检查员、化验员、机要秘书等比较适合他们；而研究型工作、法官、会计、保育员等比较适合黏液质者。

需要指出，气质并不决定一个人活动的社会价值和成就的高低，因为在同一领域做出杰出成就的人，有各种气质类型的代表。苏联心理学家经过分析认为，普希金属胆汁质，赫尔岑属多血质，克雷洛夫属黏液质，果戈理属抑郁质，可见不同气质的人都可以成为某一领域的杰出代表。因此，大学生要正确对待自己的气质类型，充分发挥个性，改造气质，克服气质弱点，可将其利于自己将来选择各种不同职业和专业，以求人尽其才。

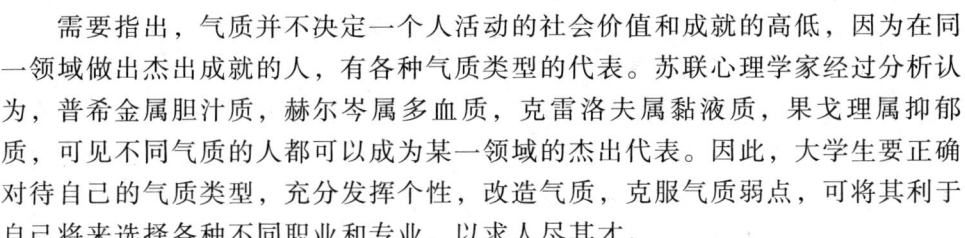

1. 童年的经验

"早期的亲子关系定出了行为模式，塑造出一切日后的行为。"这是麦肯侬（Mack-innon，1950）有关早期影响力的名言。① 中国也有句俗话：三岁看大，七岁看老。人生早期所发生的事情对人格的影响，历来为人格心理学家所重视，特别是弗洛伊德。为什么人格心理学家会如此看重早期经验对人格的作用呢？

斯毕兹（Spitz，1945）对孤儿院里的儿童进行了研究。那里的许多孩子是在出生后的3~12个月被母亲抛弃，尽管孤儿院的营养及卫生保健条件都很好，但这些早期被剥夺母爱的孩子，长大后在各方面的发展均受到影响。许多孩子患了失怙性忧郁症，其症状表现为哭泣、僵直、退缩、表情木然。② 1951年，受世界卫生组织的委托，鲍尔毕（Bowlby，1951）对在非正常家庭环境中成长的儿童和流浪儿进行了大量调查，他在提交的《母性照看与心理健康》的报告中指出儿童心理健康的关键在于和谐而稳定的亲子关系。在这种关系中婴儿和年幼儿童即获得了满足，也感受到了愉悦。③ 而以弗洛伊德（S. Freud）和埃里克森（E. H. Erikson）为代表的精神分析学派也非常注重人格的发展，注重行为的历史原因。他们认为，幼儿过去的生活与经历会对其以后的行为产生深刻影响。例如，虐待子女的家长，很可能在童年时代其本人就是一个受虐待的孩子。④

由此可知，人格发展的确受到童年经验的影响，幸福的童年有利于儿童朝着优良的人格特点发展，而不幸的童年则会使儿童形成不良的人格特点。但这

---

① 吴玲. 亲子关系结构下的家长教养方式 [J]. 安徽师范大学学报：人文社会科学版，2003，(6).
② 周宗奎. 现代儿童发展心理学 [M]. 合肥：安徽人民教育出版社，2001：301.
③ 吴玲. 亲子关系结构下的家长教养方式 [J]. 安徽师范大学学报：人文社会科学版，2003，(6).
④ 王玉萍. 西方亲子关系对儿童发展的影响的研究及启示 [J]. 教育探索，2010，(3).

二者之间并不存在绝对一一对应的关系，因为溺爱同样可能使孩子形成不良的人格特点，逆境也存在磨练出孩子良好人格的可能。

早期的儿童经验不能单独对人格起决定作用，是否对人格造成永久性影响也因人而异。对于正常人来说，随着年龄的增长、心理的成熟化，童年的影响会逐渐缩小、减弱。但是如果其他因素与它共同作用于儿童，那么这势必影响到个体人格的形成与发展。

2. 自然物理因素

气候条件、生态环境、空间拥挤程度等这些物理因素都会影响人格。例如，炎热天气容易使人烦躁不安，继而产生攻击行为，甚至出现反社会的行为。一个著名的跨文化心理学研究是关于生态环境对人格产生的作用，其研究对象为阿拉斯加州的爱斯基摩人和非洲的特姆尼人。研究表明，爱斯基摩人因其过着流浪生活，他们夏天在船上打鱼，冬天在冰上打猎，常年食肉，不吃蔬菜，以帐篷遮风避雨。这个民族以家庭为单元，男女平等，社会结构比较松散，除了家庭约束外，很少有持久、集中的政治与宗教权威。在这种生存环境下，父母对孩子的教养原则是能够适应成人的独立生存能力。男孩由父亲在外面教打猎，女孩由母亲在家里教做家务。儿女教育比较宽松、自由、不受打骂，鼓励孩子自立，使孩子逐渐形成了坚定、独立、冒险的人格特征。而特姆尼人因居住环境固定，往往形成 300~500 人的村落。他们世代以农业为主，种田为生，社会结构紧固，并形成了不同的社会阶层，建立了比较完整的部落规则。在哺乳期时，父母对孩子很疼爱，断奶后就要接受严格管教，使孩子形成了依赖、服从、保守的人格特点。

（三）大学生常见的人格问题

人格问题是介于健康人格和病态人格（即人格障碍）之间的一种人格状态，主要表现为人格发展的不良倾向。大学生中常见的人格问题主要有以下几种：

1. 怯懦

怯懦的主要表现为缺乏勇气和信心，害怕面临可能的困难和挫折；在挫折和困难面前往往选择知难而退，甚至不战而败。有些大学生过去一帆风顺，因而特别害怕失败，造成他们持有"只能成功，不能失败"的非理性信念；而有些大学生由于胆怯，不敢与人讲话，不敢出头露面，也不敢表明自己的态度，甚至不敢向老师提问题。更有些大学生由于软弱不敢冒风险，不敢担重任，不敢与坏人坏事作斗争，不敢坚持自己正确的观点，其实越是这样回避矛盾、躲避失败，则越容易体验到强烈的挫折感。

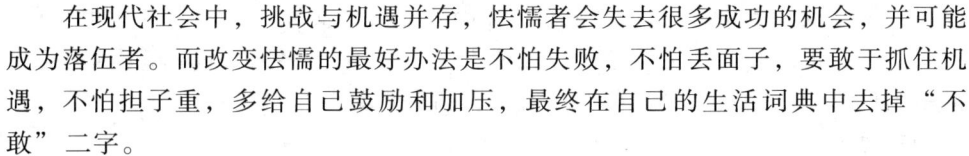

在现代社会中，挑战与机遇并存，怯懦者会失去很多成功的机会，并可能成为落伍者。而改变怯懦的最好办法是不怕失败，不怕丢面子，要敢于抓住机遇，不怕担子重，多给自己鼓励和加压，最终在自己的生活词典中去掉"不敢"二字。

2. 虚荣

虽然生在外地，长在外地，而她父母都是真正的上海人，只是因为其他原因他们从学校毕业后，被分配到外地工作。一去就是几十年，在这期间，小李父母多次努力想回上海，但一直难圆其梦。因此，小李一直强调自己是上海人，好在小李没有辜负父母的期望，高中毕业，终于如愿以偿考回了上海。有一次，一位同学用非常便宜的价钱买了些碎饼干，宿舍同学都说不错。于是小李也跟着买碎饼干。有趣的是，每次小李买回碎饼干，总要一本正经地对全宿舍的同学宣布："我买的是高级的碎饼干，很贵的！要不要尝尝，跟一般的碎饼干可不一样！"一开始，大家还真会尝尝她的碎饼干有什么高级之处，尝过之后，似乎也没什么特别。但是，如果你这样说了，小李会很生气。后来大家发现，小李每次买回来的碎饼干都是高级的。这样的事重复多了，宿舍里的同学便会窃笑，但小李对自己的这种微妙的心理毫无觉察，仍然每次都郑重地宣布：我买的碎饼干是高级的。

也许读完这个故事，你会哑然失笑，也许你还会嘲笑小李的虚荣，并且自信这类事情绝对不会在自己身上发生。但其实，每一位大学生都存在虚荣心，尤其是在女生身上，这是很正常的。但一旦过于虚荣则会有百害而无一益。

虚荣心是自尊心和自卑感的混合物。没有自尊心，就没有虚荣心；而没有自卑感，也就不必用虚荣心来表现自尊心。虚荣心强的大学生一般性格内向、情感脆弱、多愁善感。虽然自惭形秽，却又害怕别人伤害自己的尊严，过分介意别人的评论与批评，与人交往时总有一种防御心理，不允许别人有稍微的侵犯，且常会千方百计地抬高自己的形象。其实，他们捍卫的那种形象，往往是虚假的、脆弱的、不健康的自我，以致无暇来丰富、壮大真实的自我。

具有这种人格偏差的人应认识虚荣心的危害性，树立正确的、健康的、积极的荣誉心，正确表现自己，不卑不亢，正确对待得失与他人评价，不为外界的议论所左右。

3. 狭隘

狭隘就是大家常说的"小心眼"。受功利主义的影响，大学生中的"狭隘"现象有增无减，主要表现为凡事斤斤计较、耿耿于怀、好嫉妒、好挑剔、容不得人。心胸狭隘往往会影响人际关系，伤害他人感情，也常给自己带来烦闷、苦恼，影响自己的情绪以及在他人心目中的形象。因此，于人于己有百害而无一利。狭隘人格多出现于性格内向者，尤其是女性。它不是与生俱来的，而是后天习得的。因而克服狭隘首先要学会宽容，能够容人容事，正确看待生活中出现的矛盾冲突；其次要开阔心胸，拓展视野。

4. 害羞

害羞是一个人自我防御心理过强的结果，他们常常过于胆小被动、谨小慎微，过于关注自己，自信心不足。他们特别注意自己在别人心目中的形象，总觉得自己时时处在众目睽睽之下，于是敏感拘束，一句话要在喉咙里反复多次，一件事总要左思右想，搞得神经紧张，坐立不安。害羞在大学生中并不少见，如不敢在大众场合发表意见，害怕与陌生人打交道，路上见到异性同学会手足无措，见到老师会难为情，说话时感到紧张等。

应该说害羞之心人皆有之，但过分的害羞，则是有害的。它会导致压抑、孤独、焦虑等不良心理状态，还会阻碍人际交往，甚至影响一个人才能的正常发挥。因此，大学生必须通过有意识的调节来改变这种状态。首先，要增强自信心。许多害羞者在知识才能和仪表方面并不比别人差。美国心理学家J·可奇和W·利布曼的一项研究表明，怕羞的女大学生自以为长得不美，但不相识的男生凭照片都认为她们与那些社交活跃的女生一样动人。所以要正确评价自己，多看到自己的长处。其次，放下思想包袱，不要过于计较别人的议论，这会使自己变得更洒脱。最后，要有意识地锻炼自己的胆量和能力，要敢于说第一句话，敢于迈第一步。例如，上课、开会时坐到前排；走路时抬头挺胸，把速度提高四分之一；主动大胆地和别人尤其是陌生人、异性、老师讲话；与人说话时，正视对方的眼睛；在高兴时，开怀大笑等。

5. 抑郁

抑郁是大学生常见的情绪困扰，是一种感到无力应付外界压力而产生的消极情绪，常伴有厌恶、痛苦、羞愧、自卑等情绪体验。对于大多数人来说，抑郁只是偶尔出现，并且很快就会消失；但对于那些性格内向、不爱交际的人来讲，则容易多疑多虑；而对于生活中遭遇过意外挫折的人则更容易长期处于抑郁状态，甚至导致抑郁症。抑郁的主要表现是：情绪低落、郁郁寡欢、闷闷不乐、思维迟缓、兴趣丧失、缺乏活力、反应迟钝、干什么都打不起精神、体验不到快乐。抑郁在低年级大学生中更为普遍。所谓的"周末综合征"在很大程度上即是抑郁。要避免抑郁或从抑郁中解脱出来，就需要正确地评价自己，看清自己的长处，建立自尊，增强自信；调整认知方式，建立理性认知，不把事物看成非黑即白；扩大人际交往，多与人沟通，多交朋友。如果抑郁情绪较严重，应寻求心理咨询帮助。

6. 焦虑

焦虑是个体主观上预料将会有某种不良后果产生或模糊的威胁出现时的一种不安感,并伴有忧虑、烦恼、害怕、紧张等情绪体验。在竞争不断增强的社会里,每个人都可能处于一定的焦虑状态。适度的焦虑对保持生命活力是必要的,而这里所说的焦虑主要是指不适当的高度焦虑。被焦虑困扰的大学生常常表现出烦躁不安,思维受阻,行动不灵活,身体不舒服等症状。目前,大学生焦虑主要集中在考试和人际关系两个方面。考试焦虑是由考试的紧张感、自信心缺乏、对考试结果过于担忧、认知障碍等因素造成的,而且女生比男生更易焦虑。一般而言,大学生对人际关系的焦虑与缺乏自信、交往技能差(或自认为差)、自尊心过强等密切相关。不适当的高度焦虑对身心健康是不利的。为此,大学生应增强自信,相信"车到山前必有路",总会有办法的;应不怕困难、磨炼意志;应当机立断,积极行动。总之,凡事尽最大的努力,把注意力从担心失败转移到积极行动和争取成功上来。

7. 缺乏自我监控

缺乏自我监控是不少大学生的通病,其主要表现为做事拖拉和生存状态懒散两种状态。前者是指可以完成的事而不及时完成,今天推明天,明天推后天。正是"春天不是读书天,夏日炎炎正好眠,秋多蚊虫冬又冷,一心收拾待明年。"拖拉一方面耽误学习、工作,另一方面并没有使人因此而轻松,相反会造成心理压力,引起焦虑,总觉得有事情没完成,干别的事也难以安心,有时还会贻误时机。而后者的主要表现是:什么也不想做,没有计划,随波逐流,无法将精力集中在学业中,无法从事自己喜欢的事,百无聊赖,心情不爽,情绪不佳,犹豫不决,顾此失彼,做事磨蹭。处于这种状态的大学生往往想得多而做得少,缺乏毅力。

要想改变做事拖拉的习惯,首先,要充分认识其危害性,找到自己拖拉的原因,下决心改变。其次,要科学安排时间,凡事有轻重缓急,要一件一件地完成,还要讲究科学的学习和工作方法。再次,要敢于做不合心意或者需要花大力气完成的工作,完成后会有一种如释重负的感觉,一种欣喜感、满足感、成就感。最后,要克服懒散的习惯,并充分认识到其危害性,振作精神,从日常小事做起,并力争今日事今日毕,学习运筹和管理时间。

8. 过度依赖

很多人在心理和行为上都有依赖的行为,如果身边有第二个人存在的时候,我们永远仰仗他去做事,而我们则成为那个享受成果的人,我们盲目地以为身边的人应该帮助我们解决问题,而不是亲力亲为。很多时候,这种依赖性是人格障碍的一种体现,如果过于强烈的话,就是一种心理疾病了。具有人格障碍的患者在生活中很多重大领域里往往选择放弃自己对他人的义务，并且让被依赖者的需求取代自己的需求。常被别人称为"长不大"、"幼稚"。依赖行为并不是轻易可以消除的，一旦形成习惯，你会发现再要自己做出决定已非常困难，可能会不知不觉地回到老路上去。简单的方法是找一个自己最依赖的人作为自己的监督者。此外，要想改变这种状况，还要矫正日常行为习惯。要认真清查一下自己的行为中哪些是习惯性地依赖他人去做，哪些是自己做决定的。可以每天做记录，记满一个星期，然后将这些事件按自主意识强、中等、较差分为三等，每周做一次小结。

知识链接——大学生产生人格偏差后应如何调适

你了解你自己吗？请回答下列问题，回答"是"或"不是"。

1. 当你站立时，为了舒服，你总是爱把胳膊放在椅背上。
2. 你有咬手指或手指甲的习惯吗？
3. 当你与人交谈或倾听别人谈话时敲打桌面吗？
4. 当你站立时，你喜欢双臂抱肩吗？
5. 你总是不停地弹手指吗？
6. 当你谈话时，你感到抑扬顿挫，眉飞色舞，手舞足蹈；你感到有些紧张；你把手轻轻地放在衣兜里。
7. 聚会时，不论你想不想吸烟，你总爱点上一支吗？
8. 参加宴会时，你总是把眼睛盯在一盘或附近几样菜上吗？
9. 看到别人把大拇指藏在手心，拳头紧握时，你害怕吗？

评分方法： 第6题回答（1）得2分，回答（2）得1分，回答（3）得0分。其余8题，回答"是"得1分，"不是"得0分。计算出累计得分。

结果分析：

0~3分：人格健康，不论在什么情况下，都能沉着坚定、稳重。你的举止表现说明你是一个沉着老练、遇事不慌、自信、自强、分寸得当、自制力强的人。这种自我控制能力是健康人格的重要特点。

4~7分：人格健康状况欠佳。表面上看，你很平静，但常常失去平衡。高兴时，你信口开河，夸夸其谈；不高兴时，你冷眼相看，袖手旁观，情绪变化大。对你来说，至关重要的是学会自我控制，从而达到人格结构的稳定与健全。

8~10分：人格健康问题严重。你很不沉着，如果不学会自我控制，坚定信心，你在哪里都无法安定，总不舒服，也许你自己还不以为然，可在别人看却很刺眼。关键问题是达到内心的平衡、和谐和安定，同时注意与周围的环境相适应。

从这个测试的结果可以看出，大学生正处于身心急剧发展和自我意识由分化、矛盾逐渐走向统一的特殊时期，所以在这一阶段，大学生的人格构建既呈现逐步完备、优化的良性发展态势，又还不够统一和协调，需要进一步完善，因此有的同学会产生不同的人格偏差，即人格问题。

第三章

人际关系：探索人际迷宫

- 一、为什么要进行人际交往
  - （一）人际交往的含义与作用
  - （二）人际关系的建立与发展过程
- 二、大学生人际交往的类型及影响因素
  - （一）大学生人际交往的类型
  - （二）影响人际交往的因素
- 三、大学生人际交往中的心理效应
  - （一）首因效应
  - （二）近因效应
  - （三）光环效应
  - （四）投射效应

  知识链接——投射小实验
  - （五）刻板印象
- 四、大学生人际交往的技巧
  - （一）人际交往实例与实操训练

  知识链接——大学生人际关系综合诊断量表
  - （二）人际交往的原则与发展技巧

  知识链接——什么是社会化
- 五、大学生人际障碍及调试
  - （一）社交恐惧症
  - （二）你会嫉妒他人吗

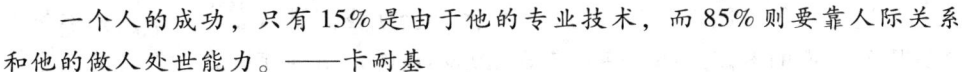

一个人的成功，只有15%是由于他的专业技术，而85%则要靠人际关系和他的做人处世能力。——卡耐基

人际交往是大学生活的基本内容之一。同学、师生、老乡、舍友之间，以及个人与班级乃至学校之间等错综复杂的交往，构成了大学生人际关系的网络系统。如今，随着大学的日益开放，大学生与社会的交往日渐增多，社会上一些复杂的人际关系在大学生活中也常有投射。而和谐的人际关系，从心理学的角度讲，既是大学生心理健康不可缺少的条件，也是获得心理健康的重要途径。

一、为什么要进行人际交往

（一）人际交往的含义与作用

美国心理学家沙赫特做过这样的实验：他以每小时15美元的酬金聘用5个人到一个完全密闭的空间内生活，结果5个人中有1个在空间里只待了2个小时，有3个人待了2天，还有一个人待了8天。最后出来的人说："如果再让我在里面待一分钟，我就要发疯了。"这个实验从一定程度上证明了人是需要和他人交往的，而且在本能上都有强烈的交往需求，畏惧孤独。

人际之间的交往也称人际关系，从动态讲，它是指人与人之间在信息沟通、物质交换的过程中通过直接或间接的相互作用形成的联系；从静态而言，是指人与人之间通过动态的相互作用形成的情感联系，因此，人际关系表现为人与人之间的心理距离。

人际关系在一定程度上影响着一个人的生活质量，也决定着个人的发展。积极的人际关系往往能够实现一加一大于二的效果。有人说天堂与地狱的区别，就在于人际关系的不同。地狱里所有人都是面黄肌瘦，但面前都是美食，每个人手里都拿着一双长长的筷子，很多人都在努力吃东西，但因筷子太长，很难吃进自己嘴里。天堂里的人用着同样的筷子，吃着同样的食物，但是个个都红光满面，欢声笑语，原来他们用长筷子，不是把食物送进自己的嘴里，而是喂进别人的嘴里，不仅吃到了美味佳肴，而且其乐无穷。

良好的人际关系，可以使人感觉生活得幸福美满，也有利于促使人的事业成功。对于大学生来说，人际关系的重要性主要体现在以下几个方面：

（1）人际关系会影响大学生的学习效率。在大学里，良好的人际关系是高效率学习的重要前提。温暖而和谐的同伴的鼓励和群体的认可，能够激发大家的创造力和积极性。而恶劣的人际关系则会使我们难以安心从事某一学习工作，阻碍我们的潜能发挥。有调查显示，不良的情绪会使脑力工作者的学习效率降低 70% 左右。

（2）人际关系会影响大学生的成长发展。大学生正处于青年时期，个体还在不断完善和发展的过程中，其发展不仅受到基因生理等内部环境的影响，还受到外部环境尤其是人际关系环境的影响。良好的人际关系能够给予个体稳定的情绪和强烈的归属感，提高个人的理解与宽容能力，完善人格。

（3）人际关系会影响大学生的身心健康。长期处于恶劣的人际环境中会导致大学生患各种身心疾病，如胃溃疡、神经衰弱、偏头痛等，严重的甚至会产生迫害、妄想等精神疾病。

人际关系对于我们如此重要，它又是怎么形成和发展的呢？

（二）人际关系的建立与发展过程

人际关系的建立和发展大致经过以下 4 个阶段：

1. 定向阶段

这一阶段是交往的个体彼此还不认识的时候。这个阶段包含了对对方的注意、抉择是否要与对方接触，以及与对方沟通等多方面的心理活动。我们对对方的注意是自发而且非理性的，但抉择是理性的。当我们选择好预备交往的对象后，我们就会展开与对方初步沟通交流的行动，这个行动是双向的，因为我们有意与对方交流，进而通过进一步的沟通来确定对方是否也愿意与我们建立关系，这就是获得明确定向的过程。通常相见恨晚的感觉就来自这一阶段。

2. 探索阶段

这一阶段的交往就不仅仅停留在初步的礼节性交往模式上。交往双方可以在这一过程中探索彼此的喜好，交流和分享对事物的看法与喜怒哀乐，并把沟通的内容与渠道加宽、加多，让彼此自我暴露的深度和广度不断扩大。

3. 交流阶段

当交往进入这一阶段时，说明交往双方的关系已发生质的飞跃，双方在人际关系中已达成某一方面的共识并有着良好的安全感，谈论的话题也将更为深入与持久，并有比较深入的情感方面的话题。

4. 稳定阶段

在此阶段，我们在人际交往中是高度亲密的，也是最牢固的。彼此允许对方进入自己最隐私和脆弱的地方而不担心失去安全感。在这一阶段，交往双方甚至能够分享彼此的空间和个人财产。但在现实当中这种情况还是比较少见的。

在我们的生活中，人际关系就是这样形成的。例如，我们刚来到学校某个班级的时候，同学相互都不认识，我们需要与人交往，于是就开始关注周围的同学。也许会发现某个人看着挺随和，也许会挺好交往，于是你就开始注意他，他也开始注意你，简单的交往就开始了。你们一起上课，偶尔也聊聊天，逐渐发现彼此之间很谈得来，于是就一起出去吃个饭，是女生的话，就一起去逛逛街，慢慢地就成为好朋友，开始分享彼此的心情、彼此的秘密，成为无话不谈的好朋友。

二、大学生人际交往的类型及影响因素

（一）大学生人际交往的类型

在不同的社会交往中，人与人之间形成了不同阶段与层次的人际关系，这些人际关系反映了人与人之间相互吸引的程度和深度。根据大学生人际关系建立的不同动机和原因，大体可以按照交往的范围划分为以下3类：第一，个体与个体之间的交往。在社会生活中，个体与个体的交往是最为普遍的，如朋友、同学、师生之间等都是个体之间的交往。第二，个体与群体的交往，如学生与班级或社团组织之间的交往。第三，群体与群体的交往，如班级与班级之间、各社团组织之间、学院与学院之间的交往等。但不论是哪种交往，根据大学生人际关系的特点以及交往的成因，又可归为以下几种：

1. 血缘型

血缘关系是一种天然存在的、无法选择的人际关系，如我们与父母、兄弟、姐妹、姑舅、表亲等的关系都属于这一类。而这些亲缘关系又因时间、空间联络等各方面的差异，形成了不同亲疏程度、横竖交错的血亲关系网络。

在与父母长辈的关系上，许多大学生的心理都比较矛盾。一方面是空间上的距离感，大学生活有较多自我支配时间，使得大学生有独立的错觉，觉得不再受父母的管束；但另一方面大学生的经济来源大多还是依靠父母，甚至在外遇到困难时第一时间还是要依靠父母。当这种独立的错觉与真实的依靠交错在一起时，大学生与父母长辈的关系往往是复杂的，而这种关系会在不同层面上影响大学生的自我成长。

2. 地缘型

地缘型人际关系是因人们生活的地域风俗习惯相同或相似的缘故而形成的，如老乡关系、邻里关系。地缘型人际关系往往因交往双方有着共同的地域文化背景，使得交往的个体会加强彼此在心理上的认同，并使双方在交往过程中较之其他非地缘型对象的交往有更多的安全感。在大学生中，最常见的地缘型交往方式是老乡会，尤其在新生入学时期和少数民族学生异地求学中表现得尤为突出。在还未完全融入新环境时，老乡会能够带给新入校门的大学生更多温暖和安全感。

3. 业缘型

业缘型指人们以学业、职业为纽带而形成的人际关系，大学生以学业为纽带形成人际关系包括师生关系、同学关系、宿友关系等。同学关系是大学生业缘人际关系中最主要的关系，也是大学生最常接触与重视的关系。由于同学之间的亲密关系能够给予大学生更多的归属感，大学生更在意同学的评价，所以大学生常常将同学的行为作为参照标准和榜样，同学的肯定与认可对他们来说非常重要。随着大学生青春期的自我成长，他们更多的归属感的满足是来源于同龄人和身边的社团组织等，他们更希望把同学关系发展成朋友关系。

4. 趣缘型

趣缘型指人们以兴趣为主而结成的人际关系，大学生以专业兴趣为纽带所结成的业缘型人际关系也可归于此种类型。大学生可自由支配的时间较多，学校为活跃校园文化气氛和从多方面培育大学生的素质，成立了各类社团组织，大学生因个人兴趣爱好或希望进一步专业深造而加入该组织，如诗茶社、手工社、动漫社、艺术团或数学研究会等，在各社团组织里的会员与会员之间的人际关系方式就是趣缘型交往方式。共同的兴趣和爱好是这种关系的基础。

5. 情缘型

情缘型是指双方为满足情感需求而建立的互相爱慕的人际关系。大学生的成长属于青春期，随着大学生生理的成熟，性意识的觉醒与发展，这一时期，正是情感悸动的强烈期，爱情占据了大学生人际关系的重要地位。大学校园生活也为大学生的交往提供了良好的场所和机会，因此恋爱是大学生重要的人际交往之一。

6. 网络型

网络型是指在网络平台等电子讯息上建立起来的人际关系。这种人际关系与传统现实中交往的人际关系有着明显的区别。由于网络具有匿名性、虚拟性等特点，致使人们在网络人际交往过程中既掩盖了真实的自我，又流露出最真实的自我。在这一无需验证真实身份的平台上，彼此的人际交往变得真真假假，相互交错。很多人在网络交往中甚至可以扮演一个与现实中完全不同的自己，可以在许多贴吧畅所欲言，说出自己在现实中不敢说出的话。

大学生是网络最活跃且应用最充分的群体。对于他们来说，网上社交是人际交往中必不可少的环节。随着微博、微信等新型网络信息的发展,大学生在网络上有着自己的群体,并通过不同的网络途径获得大量的信息,同时利用网络娱乐自己。但因网上交往对象的匿名性及其社会角色的不确定性,上网的人可以在无拘无束的状态下说话、做事,不必遵守现实社会人际关系规则,也不必履行角色义务,匿名效应常常导致社会角色的混淆,网上约谈网下见面,在鱼龙混杂的人际交往对象中时时存在安全隐患。部分大学生在现实中遭到挫败和打击后,将网络视为安全岛,整日沉溺于网络,从"熟悉的陌生人"那里获取满足与成就感,逐渐退出现实生活,由此患上了网络心理依赖症,成了孤独的网络人。通常沉溺于网络游戏与社交的人在现实生活中不愿意表露自己的情感,也不愿意接受他人情感的表露,网络使他们对现实生活产生某种疏远感、淡漠感,甚至不信任感,使他们变得沉默寡言、不善言谈。但网络毕竟只是虚拟的交流空间,网络交往不能代替现实交往,或者仅是现实交往的辅助,过于关注网络交往而忽视现实交往,这将伤害大学生的身心发展,甚至容易引发心理障碍。

(二) 影响人际交往的因素

在建立和发展人际关系的过程中,会受到多种因素的影响,从而发展成不同深度和广度的人际交往。以下是根据大学生活的交往特点以影响人际交往的程度来划分的几个因素:

1. 外在因素

(1) 交往频率:来往越密切,关系越亲密。例如,同宿舍的人,在一起生活、学习,交往频率越高,关系更密切。因为在频繁的交往中,彼此的自我暴露和情感卷入都比较多,人际关系发展迅速。

(2) 空间距离:对于大学新生来说,空间距离从某种程度上是决定交往频率的。同一个宿舍、班级、学院之间,相互之间的地理位置越近,彼此见面的机会就越多,交往的频率越高越容易形成密切的关系。

(3) 仪表风度:仪表风度也包括外貌和外在,但得体的仪表风度能够弥补外貌的不足并使人更具有魅力,更容易给对方留下好印象,进而发展良好的人际关系。

2. 内在因素

(1) 个性品质:是指人的气质类型、性格特点等,但最重要的是人的道德品质,是否互助友善、乐于助人等都会直接影响人际关系的好坏。善良、随和的人,人们都希望与他们交往;尖酸刻薄、自私自利的人,大家都不愿意与他们相处。

（2）性格相似：交往双方在人际发展的过程中发现彼此有诸多方面的相似性，如对所交流的信息有相同或相似的理解以及相同的思维方式，会使彼此有共同的情绪体验，从而产生情感共鸣，导致相互吸引。常常在人际交往的过程中都会显现出俗语所说的"物以类聚，人以群分"。

（3）性格互补：具有不同能力特长的人之间往往也容易相互吸引，彼此之间在交往中从对方那里学习或从心理上补偿自己的不足，双方更能彼此倾慕和相互获得支持与满足。例如，支配型人格的人往往愿意和被动型人格的人交往并形成融洽的人际关系；外向型的伴侣和内向型的伴侣也常构成和谐的一对。

除此之外，我们还应注意一下人际交往中的一些心理效应，如果运用得当，它能够很好地帮助我们促进人际互动。

三、大学生人际交往中的心理效应

（一）首因效应

首因效应是指人们初次交往时，对各自交往对象的直觉观察和归因判断。在这种交往情景下，人们一般称这种印象为"第一印象"或"最初印象"。首因效应在人际交往的印象形成过程中起着重要的作用。初次见面时，相互之间会很本能地观察和感知到一些特征，如对方的体态、仪表、表情、谈吐、礼节等，并根据这些因素形成第一印象。实验证明，首因效应会给人留下非常深刻的印象，甚至是很难改变的。

在日常交往过程中，特别是在重要的场合，一定要注意第一印象。例如，在面试时，用人单位也非常重视第一印象，常常根据第一印象决定是否录用。在大学里参加学生社团的面试时，大家也可以灵活运用这一效应，根据所报的不同社团来选择打造自己的不同外在形象。

（二）近因效应

近因效应是指在人际交往中，由于交往对象的行为动作或语言等最近的信息的补充，使得人们对此交往对象过去形成的认识或印象发生了改变，这一最新的印象又称为"最近印象"。例如，你的好朋友做了一件不符合伦理道德的事情，使你改变了以往对他的评价，甚至否定了和他之前建立的友情，并从此不再交往。这种因为最近发生的事情而改变了你对某个人的态度和看法，就是近因效应。

首因效应与近因效应看似矛盾，其实不然。在日常生活中，首因效应仅适用于接触很少或仅有一面之缘的对象，而近因效应则适用于熟人之间。要想与大家长久地交往和交心，必须保持自身的好人品。所谓"路遥知马力，日久见人心"，在交往亲密的同学之间首因效应就不起作用了，更适用的是近因效应。

（三）光环效应

光环效应也称晕轮效应，是指根据一个人的某种特征形成好坏的印象之后，人们还倾向于推论出该人其他方面的特征。就像晴朗的夜空中月亮周围的大光环，将月亮衬托得更为明亮与皎洁，所以称作"光环效应"。例如，人们常常认为外表漂亮的人各方面都好，"情人眼里出西施"也是这种光环效应，广告中常用名人或漂亮的模特也是应用这种效应。

光环效应是一种以偏概全的评价倾向，通常在人们的潜意识中发生作用，并在行为与选择中表现出来。在光环作用之下，一个人的优点或缺点容易被夸大，对他人形成不客观不正确的评价，导致个体形象歪曲，妨碍人们之间正确而深刻的理解。大家在人际交往中要尽量避免光环效应的影响，客观公正地看待他人。

（四）投射效应

投射效应是指在人际交往中，认知者形成对别人的印象或预测他人的行为时，总是假设他人与自己有相同的思维倾向，即把自己的想法特性投射到其他人身上。曾经流传一个笑话：两个老农在侃大山，说等自己做了皇帝就要烙好多葱油饼，吃一个，看一个，再扔一个，方显皇帝的气派和荣华富贵。这个故事反映的就是这种投射效应的一个侧面。一般说来，投射可分为有意识的投射和无意识的投射。无意识的投射是指当事人并没有意识到自己将身上的特性加在他人身上。例如，一个对他人有敌意的同学，总是感觉到对方对自己很有敌意，似乎对方的一举一动都让自己看不顺眼，极有挑衅的色彩。而有意识的投射则是感觉到自己的某些特性而且把这些特性加到对方的身上。例如，在考场上，有作弊想法的同学认为其他的同学必定也在作弊，所以自己必须作弊才显得公平。

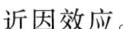知识链接——投射小实验

美国一所大学的科研人员做过一项有趣的心理学实验，名曰"伤痕实

验"。他们向参与其中的志愿者宣称，该实验旨在观察人们对身体有缺陷的陌生人做何反应，尤其是面部有伤痕的人。

每位志愿者都被安排在没有镜子的小房间里，由好莱坞的专业化妆师在其左脸做出一道血肉模糊、触目惊心的伤痕。志愿者被允许用一面小镜子照照化妆的效果后，镜子就被拿走了。关键的是最后一步，化妆师表示需要在伤痕表面再涂一层粉末，以防止它被不小心擦掉。实际上，化妆师用纸巾偷偷抹掉了化妆的痕迹。对此毫不知情的志愿者被派往各医院的候诊室，他们的任务就是观察人们对其面部伤痕的反应。规定的时间到了，返回的志愿者竟无一例外地叙述了相同的感受——人们对他们比以往粗鲁无理、不友好，而且总是盯着他们的脸看！

可是实际上，他们的脸上与往常并无二致，什么也没有不同；他们之所以得出那样的结论，看来是错误的自我认知影响了他们的判断。一个人内心怎样看待自己，在外界就能感受到怎样的眼光。同时，这个实验也从一个侧面验证了一句西方格言——别人是以你看待自己的方式看待你的。

（案例摘自：李开复. 希望泉. 2009 年 6 月刊第 32 期）

（五）刻板印象

刻板印象也称为"定性化效应"，是指人们对某些社会群体或事形成的一种概括、保持稳定不变的看法，如听说对方是四川人就认为他喜欢吃辣椒；一说到温州人，就认为对方是生意人；一提到知识分子，眼前就会出现文质彬彬、戴着眼镜的学者形象。刻板印象是我们在初步了解他人时经常出现的现象。它既有积极的一面，也有消极的一面。积极的方面表现在人们通过对某一人群固定的看法可以简化认知过程，不用过多探索就可获得大量对方的信息。消极的方面是，这也容易造成人们忽视个体差异，在有限的信息上轻易下结论，不易做出正确的评价。

刻板印象反映了人们对同一类人的普遍性结论。但是，我们在生活中也要注意同一类人中也有个体差异，所以在人际交往中，应尽量保持中立与好奇的心态，尽量少用刻板印象去揣测和先入为主。

四、大学生人际交往的技巧

生活当中的确也有很多人缘好的人，他们与什么样的人都能够很好地相处，非常讨人喜欢。但也有少数人，老看着别人不顺眼，别人也不喜欢他。那什么样的人不受欢迎？受欢迎的人又有什么秘诀呢？其实很简单，我们结合自己在与人相处过程中的体会就会发现，我们与谁待在一起比较愉快，就会喜欢这个人，愿意与他交往。也就是说，受人欢迎的人其实就是能在交往中令人感到愉快的人。你也许可以强迫别人服从你，但永远不能强迫别人喜欢你。

（一）人际交往实例与实操训练

大学生在人际关系上存在的一些心理健康问题，主要表现为以自我为中心、多疑、害羞、孤僻、自卑、嫉妒、社交恐惧等。一些研究表明，人际关系不和谐的大学生，其个人的成才及其未来的成就会因此而受到严重的影响。及时地诊断并采取必要的措施予以治疗，是消除大学生人际关系方面心理障碍的较好途径。

1. 案例分析：一切都是自己"想"出来的

鑫莱是大一新生，性格较内向，从未住过校，从小都住在属于自己的房间里。进大学后与5名同学同住，在优裕环境中成长的他，看不惯同寝室同学"不良"的卫生习惯和随意的作息制度，尤其讨厌他们的高谈阔论，总之，他看谁都不顺眼。由于他本不擅长与人沟通，同时又看不惯这些同学，于是就独来独往。时间一长，他发现同寝室的人结伴而行，有说有笑，似乎没有感觉到他的存在，他开始感到失落和孤独。每次回寝室，总觉得舍友们的谈论是在对他评头论足以及嘲笑和鄙夷，这些没有根据的投射使他觉得非常难受。虽然他也曾经萌发过主动与舍友们交往的念头，可常常都事与愿违；也想过换寝室，但没有得到辅导员的批准。为了减少与舍友们的交往，他一般只有睡觉时才回宿舍，但即使这样，他觉得还是没有减少他们的议论与不满。鑫莱开始失眠，食欲也开始下降，精神状态越来越差，身体急剧消瘦，后来连上课也感觉头晕乎乎的，直至病倒。在住院期间，舍友们轮流照顾他，送水喂饭，他彻底被感动了。他把内心的苦闷与孤独告诉了他们，才知道原来一切都是自己臆想出来的，同学们只是觉得他不愿与他们交往，并不知道由此引发了他内心如此严重的心理疾病。

在人际交往中，不要因为任何原因而封闭自己，每个人都需要别人的关心与支持，因此，我们要学会关心，学会理解，学会换位思考和适当的妥协。

2. 心灵故事：一根鱼竿和一篓鱼

从前，两个遭遇空难的人降落到荒岛上，饥肠辘辘的他们得到了一位长者的恩赐：其中一个人得到了一篓鱼，而另一个人得到了一根鱼竿，两个人就此分道扬镳。得到鱼的人马上用干柴生火煮鱼，他狼吞虎咽地连鱼带汤吃了个精光。日子一天天过去，他饿死在空空的鱼篓旁。另一个人则提着鱼竿，忍饥挨饿寻找大海。终于在他听到不远处的海浪声时，已用尽了身上最后的力气，眼睁睁地望着大海的方向，怀中抱着鱼竿饿死在路上。

又有两个饥饿的人，他们也得到了长者同样的恩赐，但他们没有各奔东西，而是相互合作，商定共同去找寻大海。他俩每次只煮一条鱼来充饥，经过长途跋涉，在吃完鱼之前终于来到了海边。两人用长者给的鱼竿继续捕鱼，随后还创造了新的捕鱼工具，并逐渐以捕鱼为生。几年后，他们在海边繁衍生息，有了各自的家庭和子女，还有了自己的渔船，过上了幸福的生活。

一个人单打独斗、凭一己之力通常很难在现实生活中成功，但两人或多人相助，犹如将多根筷子紧握在一起，能够汇成巨大的力量。一个简单的道理，却足以给人意味深长的生命启示。

知识链接——大学生人际关系综合诊断量表

以下是根据郑日昌教授等编制的人际关系综合诊断量表改编的量表。

题 项	是这样的	不是这样
1. 关于自己的烦恼有口难言	A	B
2. 和生人见面感觉不自然	A	B
3. 过分羡慕和嫉妒别人	A	B
4. 与异性交往太少	A	B
5. 对连续不断的会谈感到困难	A	B
6. 在社交场合感到紧张	A	B
7. 时常伤害别人	A	B
8. 与异性来往感到不自然	A	B
9. 与一大群朋友在一起，常感到孤寂或失落	A	B
10. 极易受窘	A	B
11. 与别人不能和睦相处	A	B
12. 不知道与异性相处如何适可而止	A	B
13. 当不熟悉的人对自己倾诉他的生平遭遇以求同情时，自己常感到不自在	A	B
14. 担心别人对自己有什么坏印象	A	B
15. 总是尽力使别人赏识自己	A	B
16. 暗自思慕异性	A	B

续表

题 项	是这样的	不是这样
17. 时常避免表达自己的感受	A	B
18. 对自己的仪表（容貌）缺乏信心	A	B
19. 讨厌某人或被某人所讨厌	A	B
20. 瞧不起异性	A	B
21. 不能专注地倾听	A	B
22. 自己的烦恼无处可申诉	A	B
23. 受别人排斥与冷漠	A	B
24. 被异性瞧不起	A	B
25. 不能广泛地听取各种意见、看法	A	B
26. 自己常因受伤害而暗自伤心	A	B
27. 常被别人谈论、愚弄	A	B
28. 与异性交往不知如何更好地相处	A	B

评分标准：选"A"记1分；选"B"记0分。

量表解释：

0~8分：说明你在与朋友相处时困扰较少。你善于交谈，性格比较开朗，主动关心别人，你对周围的朋友都比较好，愿意和他们在一起，他们也喜欢你。而且你能够从与朋友相处中得到许多乐趣。

9~14分：你与朋友相处存在一定程度的困扰。你的人缘一般。

15~28分：你在同朋友相处时的行为困扰较严重；你不善于交谈，可能性格孤僻或者自高自大。

（二）人际交往的原则与发展技巧

在我们高中所学过的哲学知识中，大家一定不陌生马克思的经典语句："人是一切社会关系的总和。"在我们的成长过程中，我们能够从一个自然人逐渐成长为社会人，多归功于人际交往，在人际交往中，我们不断"社会化"，在不断与他人的互动中了解社会，明白规则，获得友爱与关注，并最终实现自己的价值。进入大学之后，我们不仅要学习科学文化知识，也需要学会做人做事，为踏入社会做好准备和打下良好的基础。这更需要我们学习人际交往中的原则与技巧。

知识链接——什么是社会化

社会化就是由自然人到社会人的转变过程，每个人必须经过社会化才能使外在于自己的社会行为规范和准则内化为自己的行为标准，这是社会交往的基础。社会化是人类特有的行为，是只有在人类社会中才能实现的。社会化涉及两个方面：一是社会对个体进行教化的过程；二是与其他社会成员互动，成为合格的社会成员的过程。

1. 人际交往发展的原则

（1）平等自尊：平等是指双方在地位与态度上的平等。大学生之间的地位是平等的，不因家庭条件、外貌、身高等的差异而导致人格尊严的不平等。没有任何大学生能够凌驾于他人之上，以盛气凌人的姿态颐指气使他人。我们每个人都有独立的人格和做人的尊严，不要因为自身暂时的困难和缺点而妄自菲薄，盲目自卑，也不要为迎合他人而唯唯诺诺，在人际交往中不敢为自己争取正当的利益。以为忍气吞声能够化解所有矛盾，殊不知，人贵自重，越是采用这种方式与人交往越发事与愿违。

（2）尊重他人：尊重能够引发他人的信任与坦诚，减少彼此之间的心理距离。大学生处于青年时期，血气方刚，棱角鲜明，自尊心强，在大学生的人际交往中尤其要注意尊重他人的原则，肯定他人的才华与能力，不损害他人的人格和名誉。遵循尊重他人的原则，要特别注意的是文明礼貌，不随意给同学取有侮辱性质的外号，不开恶作剧式的玩笑，尊重他人的民族习俗与生活习惯，切记不要攻击他人最脆弱的地方。

（3）以诚待人：真诚是人际沟通之间最便捷的桥梁，以诚相待，不虚伪不做作，双方才能建立深厚的信任感，并最终结成深厚的友谊。做到以诚待人，可以概括为在善意的基础上对人对事实事求是，对同学朋友的缺点和不足诚恳评价，不在人前阿谀奉承或背后议论诽谤。对于不同的观点和错误的价值观能够坦陈己见而不是口是心非。做到赤诚待人，君子坦荡荡。

（4）诚实守信：诚实守信是中华民族的传统美德，也是人际交往的重要基础。做到这一点需要大学生言必行，行必果，不要轻易许诺，但承诺的事即便再困难也要不遗余力、千方百计地做到办好。倘若真因非人力因素而无法做到时，一定要向其说明原因，解释清楚，绝不可有敷衍和对付的想法。坚持诚实守信原则，要做到有约必赴，借物必还，不乱猜疑，不信口开河。不守信用者不仅无法让对方信任，难以结交长久的朋友，也无法建立良好的人际关系。

（5）理解宽容：人际交往中难免会产生各种各样的误会和矛盾，所以在理解和宽容的原则中，大学生遇到令人生气和不公平的事时，应先让自己平静下来，不与正处于情绪激动的对方斤斤计较。要谦让大度，理解对方的情绪，也许对方今天心情不好，只是你刚好撞在他的枪口上，并不是特别针对你的。即使自己再有道理，但双方激烈对立的情绪往往会将事端激化，不如退一步海阔天空。待对方情绪平复下来，再坦诚相见，娓娓道来。宽容克制绝不是软弱的表现，而是大度的体现。当对方再回头来思考的时候，定会打心眼里佩服你。理解宽容是人际关系的促进器，能够化干戈为玉帛，为人生赢得更多的朋友。

如果同学们能做到以上几点，相信人缘已经很不错，在同学们当中有着良好的口碑，自己的生活也一定多姿多彩。当然，在我们的生活中还可以百尺竿头更进一步，这就需要技巧的帮助。技巧绝非虚伪，而是让我们在交往的过程中认识自我，克服不良的习惯，完善自己，也使对方与自己的互动能够更加融洽。

2. 人际交往发展的技巧

（1）学会换位思考。记得有这样一个故事：乡下的农场里养着一只羊、一只牛和一只猪，有一天农场主来捉猪，猪声嘶力竭地大叫，并不停地喊救命。羊和牛听了，鄙视猪说："这有什么呢，至于喊叫得这么大声吗？"猪哭着说："主人来捉羊是为了要你的毛，来捉牛是为了要你的奶，但捉我是为了要我的肉、我的命啊！"一样的场景，但不同的反应背后往往有着深刻的背景和原因。所以在人际交往过程中，需要从对方的立场和背景出发去思考，从对方的角度去理解他们。善于交往的人往往尊重他人，能够用对方的思维模拟思考，尽可能地去帮助他人而不是指责他人。在我们的身边并不是所有的同学家庭条件都不错，家庭贫困的学生仍有许多，也许一次聚会、逛街的花费就是他们数十天的伙食费，并不是他们不愿意参与集体活动，而是有自己的难处，同学们在相处当中要多换位思考，理解他人。

（2）对人要主动热情。我们不难发现在生活中常常面带微笑、热心肠的人都有好人缘。有研究发现，热情是在人际交往中对人最有吸引力的特质之一。情绪是可以相互影响和感染的，我们能够从热情洋溢的人身上取得积极的正能量，别人也能从我们的身上感受到开心快乐的情绪。因此，对人主动热情，首先要让我们自己变得愉快起来。有实验证明，每天保持微笑的人即使心情并不是很好，也能及时转化情绪使自己开心起来。实践证明，人们更容易喜欢那些喜欢自己的人，而微笑打招呼就是最好的体现。同时，心中有别人我们才能够换位思考，在别人需要帮助的时候，在自己力所能及的情况下，如果我们能及时主动地伸出援助之手，善因结善果，相信好运会随着你的好人品接踵而来。

（3）学会赞美别人。俗语道："尺有所短，寸有所长。"每个人都有其优缺点，我们要善于发现他人的长处，择其善者而从之，其不善者而改之。依人性而言，每个人都愿意得到别人的赞赏和肯定。如果你想要有好人缘的话，就多夸夸对方好的地方，对方一定会有好的回应。当然，这一赞赏要从客观实际出发，而赞美者务必是实事求是地发自内心的赞美，否则就会让对方误解为虚伪甚至是讽刺挖苦。在我们的校园里，有一些同学因为家庭经济原因，或者一些其他方面的原因，内心非常自卑。他们比一般的同学更需要鼓励和认可，这样可以帮助他们建立信心，战胜自卑。如果我们有一颗渡人渡己之心，就不会觉得赞美是一件很困难的事，而且我们还会在人际交往中获得主动权，建立良好的人际关系。

（4）要多互帮互助。以互帮互助为开端的一段友情，不仅会有良好的首因效应，而且人和人之间的距离会很快缩短。多帮助他人不仅能够帮助我们树立良好的人际形象，而且可以让我们在交往中迅速获得他人的信赖和支持。要注意的是，互帮互助绝不是单向的。如果一个人只肯帮助别人而不愿接受他人的帮助，就会让对方背上沉重的人情债，进而就不愿意再找你帮忙了，因为只付出的人往往在心理上会有优越感，而这种优越感会让对方感觉到地位的不平等，反而不利于人际关系的发展。所以，帮助了别人也要愿意接受别人的帮助，一来一回的互动能够使两人的关系更为亲密，能对人际关系有良好的促进作用。

在促进人际关系的发展中还有一个小技巧，就是可以寻求他人帮一个小忙。按照人际公平理论，麻烦别人会影响人际关系，但如果请对方帮的是小忙的话，反而会起到很好的作用。因为如果对方恰好是可以帮这个忙的不二人选，而这个忙对他来说又是举手之劳，而在事成之后以合适的方式来表示感谢，反而是对对方能力的一种认可，能够给予对方一种成就感。受托之人在帮助他人的过程中找到了自己的价值，不仅不会感到麻烦，反而会觉得很满足。在这种情况下，交往双方的关系就很容易亲密起来。

（5）学习交谈的艺术。谈话是人们语言交流当中最常见的模式，它可以沟通信息、联络感情。看起来交谈很简单，但要取得融洽的交谈却并不是那么容易的事。很多同学在交谈中常常出现冷场、对方不感兴趣等状况。那我们在交谈中应该注意哪些事项、学习哪些技巧呢？

第一，做一个好听众。有些同学在交流过程中常常不知不觉开始滔滔不绝、口若悬河地发表演说，以为这样会让人佩服，从而获得好感。殊不知正好完全相反，滔滔不绝发表演说者满足的是自己的倾诉欲。耐心细致地听对方说话，会让对方觉得自己受到重视，从而获得自尊的满足，进而对倾听者产生特别的好感。一个善于倾听的人不仅能够更多地观察对方的脾性,有利于掌握交往的主动权,而且会给人善解人意的好印象。而伶牙俐齿的表达方式如果是用在辩论场上是极好的,但在普通的交谈当中则给人咄咄逼人之感,只会让人敬而远之。

第二,谈论对方感兴趣的话题。谈话是否能够起到增进情感的作用,取决于谈话的过程是否愉快,如果想掌握谈话的节奏和过程,就要抛开以自我为中心的意识。许多人会无意中将谈话作为展示自己的舞台,如果你想让对方也能够愉快地参与对话,请将对方视为舞台的中心人物,谈论对方感兴趣的话题,并积极参与其中。如果你对这个话题并不是很了解,那么聊天的效果也许会更好,因为你可以借机就你不懂的地方请教对方。这样,即便对方是一个不善言谈的人也能够侃侃而谈,并且会觉得和你投缘。而我们在交谈中既获得了对方的好感,也拓展了知识面,达到一石二鸟的效果。

(6)适度的自我暴露。除了少数同学也许曾遭遇某些伤害而将心门紧闭,不愿将心事倾吐给他人外,绝大多数同学都有倾吐的欲望,尤其是女学生,其情感丰富、乐于交流等天性让她们的身边总有一群闺蜜的存在。闺蜜们之间说着悄悄话,分享着心中的小秘密便是一种典型的自我暴露。这种自我暴露包含了自我情感、人生价值观,或者是自身的缺陷或是生活上的苦恼等,由于倾吐的对象是极少数的,所以被倾吐的对象就会有被特别待遇的感觉和被信任的安全感。这种私密的交流能使双方情感得到释放和支持,使双方的关系迅速升温,并更加坚固。所以想要人际关系更亲密,分享些小秘密是很好的技巧。由于交往当中的对等原则,对方也会向你倾诉他的烦恼,让两人成为推心置腹的好友。当然一切在于适度,而且要选择好倾诉的对象,如果关系只是一般,那么自我暴露就有些冒风险。怎么说、说多少,完全就在于个人所把握的度,否则则会弄巧成拙,使自己陷入被动。

五、大学生人际障碍及调试

(一)社交恐惧症

社交恐惧症(Social Phobia),又名社交焦虑症(Social anxiety)或见人恐惧症,是一种对社交或公开场合感到强烈恐惧或忧虑的心理障碍。患者害怕自己的行为或紧张的表现,在陌生人面前或社交场合会不知如何应对,并且会引起难堪,有的人对参加各类聚会、打电话、到商店购物、询问身边的人感到困

难。在现实生活中，这种状况也不少见，只是程度轻重不同而已。时下"宅文化"流行，把"宅"当成是时髦的大学生们，很有必要问问自己有无社交恐惧症的症状。

案例1：

美剧《生活大爆炸》中有一位在大学工作的印度天才，他与朋友之间的交流轻松正常，但是一面对女生，他便立即哑口无言，哪怕是一句道歉的话也不说。他多次努力想克服这个问题，但是无论如何都做不好。除非是在喝了酒或服用了实验性药物之后，他才变得侃侃而谈。有一次他以为自己喝了酒，但其实是无酒精的饮料，他在兴高采烈的谈话中无意卡了壳，又无法继续交谈下去，只好灰溜溜地回到自己的角落，继续沉默。这一段故事使观众哈哈大笑，但现实生活中如果有类似的情况发生，当事人其实非常痛苦。

在我们周围，有的同学明明鼓起勇气要上台演讲，却结巴半天，词不达意，无法继续演讲，下台之后羞愧万分，从此再也不在公开场合讲话，因为他觉得现实已经证明了自己的失败，不能再自取其辱。也有同学心理有话要说，却完全无法正视他人注意自己的目光，面对大家几欲发言却大脑一片空白。这些同学为了逃避面对老师，对功课里不懂的东西假装懂了；为了不和服务员争论，对劣质服务或产品也只好忍受；或者干脆把自己关在家里，能少见就少见人。

社交恐惧症究竟恐惧的是什么？罗斯福夫人的一句名言也许对我们有些启示："害怕，这是我们唯一应当害怕的东西"。也就是说，我们害怕的是害怕本身，这是我们不断逃避人际交往的本质问题。在"社交恐惧症"患者的心目中，人际交往代表着出丑、被嘲笑、尴尬、批评以及彻头彻尾的失败。一想到这样的失败，"害怕"就会被提前透支。

社交恐惧症患者一般会选择逃避的策略，不管是躲在现实的封闭空间，还是躲在虚拟的网络空间，躲藏的结果只能使自己变成更为孤僻和害怕，既不能被人理解，又让自己日渐消沉。也许更应该做的事情不是逃避，而是直接面对，面对令你恐惧的一切状况。常用的心理学疗法是脱敏疗法，即让患者反复面对，以增加其对恐惧的耐受性，从而达到消除社交恐惧反应的效果。

案例2：一个有社交恐惧症的男孩

小张从小就是一个比较腼腆、爱面子的男孩。从开始懂事就害怕在大众面前说话，别人表扬他也会让他觉得浑身不自在，会不由自主地冒汗、脸红。在上高中时情况更加不好，身体弱、学习成绩也差，生了一场大病，没考上理想的大学。后来复习了一年，在这一年里他整天紧张担心，稍微有点紧张脸就红，特别害怕和女孩打交道。进入大学之后，性格慢慢有所改变，与同学的关系都很好，别人对他的评价是很容易相处，但他自己则不这么认为，仍时不时紧张了就会脸红，不敢主动与女孩交往，不会刻意参加一些活动，都是女孩主动去找他，但因害怕别人开玩笑就会故意避开，大学一直没找女朋友。

毕业后他找了一份不好不坏的工作，环境的改变使他一下子很难适应，每次开会都会脸红，与领导吃饭会脸红，跟同事开玩笑也会脸红。虽然知道领导对他的印象很好，但是工作几个月后仍觉得很疲惫，每天早上都怕去办公室。于是他想辞职去寻找新的环境，希望这样会好点。辞职时领导都很奇怪，认为他工作得挺好的，怎么突然辞职呢，虽极力挽留，但他执意非走不可，因为他觉得再这样下去他会无法承受。

现在小张每天都很痛苦，害怕去理发、去买衣服，照着镜子看到自己有点脸红就控制不住，会红得更厉害，更害怕坐火车跟别人面对面。许多年过去了，这种情况有增无减，只要想到以后要如何面对生活、面对他人就无比恐惧。

上述案例是因害羞引起的社交恐惧症。羞怯心理常有以下表现：第一，无法与陌生人交谈，面对陌生人时总感到有一种无形的压力，似乎对方正在审视自己，不敢迎视对方的目光，感到极难为情。第二，与人交谈时，不由自主地面红耳赤，虚汗直冒，心里发慌，即使硬着头皮勉强说了几句，也是前言不搭后语，磕磕绊绊，结结巴巴。第三，很难在公开场合对人或事坦率地发表个人意见或评论，不能有效地与他人交换意见，给人内向、拘谨、呆板的感觉。

恐惧症的病因并不是单一性的。既有生物学上的因素，即遗传性因素，这类人天生紧张而显神经质、性格脆弱，气质属于黏液质、抑郁质类型，他们说话低声细语，见到生人就脸红，易产生恐惧感；另一个重要因素则是后天因素，如严厉而缺乏温情理解的父母、不恰当的教育方式都是导致社交恐惧的原因。过分保护型与粗暴型的家庭教育方式都可能会造成子女怯懦的性格。在过分保护型家庭教育中，家长代替了子女的思想和行为，使得子女缺乏生活经验，与人交流不顺畅，遇事容易紧张、恐惧、焦虑。粗暴型家庭教育方式不给孩子们思考和决定的自由，也不允许孩子表述自己的情绪，如看到毛毛虫害怕、挨打了会哭泣等。这使得子女时常担心遭批评和斥责，遇事便消极、被动。另外，童年时期遭遇创伤或挫折也会导致害羞，引发交往恐惧。据统计，约有1/4害羞的成人在儿时并不害羞，但在长大后却变得害羞了。这种人以前开朗大方，交往积极主动，但由于复杂的主客观原因，屡屡受挫而变得胆怯畏缩、消极被动、缺乏自信，无法解决自身承受的精神压力的投射。

辅导建议：

社交恐惧症通常出现于青少年期，男女都可能出现。青少年渴望友谊，希望广交朋友，但有些青少年一到具体交往时，如找人交谈，或者别人与自己打交道，就会出现恐惧反应。表现为不敢见人，遇生人面红耳赤，神经处于一种非常紧张的状态。这种状况往往会泛化，严重者会拒绝与任何人发生社交关系，把自己孤立起来，对日常工作学习造成极大障碍。社交恐惧症是一种因心理紧张造成的心因性疾病，只要积极治疗，是可以治愈的。具体方法如下：

1. 转移注意力

不要过分关注"我很可能会出丑"、"我出丑后怎么办"等后果，接受自己的缺点和自己曾经犯过的错误，不给自己很大压力，也不要有"我这次不能再失败了"、"我一定要做好"这样的态度，这些预定目标的设置会给自己带来很大的压力，也可能会使自己更容易失败。

2. 每天设定一个交谈的小目标

先从身边的人开始，家人、朋友、同学，事情可大可小，但要尽量多说，延长自己的谈话时间，享受谈话交流的过程。之后，你就可以去认识其他人，尤其是那些你想认识的人，去跟更多的人交往；在谈话中，当感觉到脸红时，也不要试图用某种动作去掩饰它，这样会进一步增加羞怯心理。在交谈过程中，不要担忧中间会有停顿，停顿是谈话中的正常现象。要知道停顿并不等于失败，这只是由于精神紧张，并非是不能应付社交活动。

3. 不苛求完美

多给自己积极的心理暗示，每天醒来时都可以对自己说：我很好、很重要，我很勇敢，我可以。每天入睡前，仍然可以重复一遍，让自己有良好的心理暗示。用轻松友善的心态对待自己和他人，把你愿意与人交往的念头表达出来，去结识那些你想结识的人，朋友会让你的世界更广阔。

4. 鼓励自己去参加聚会

先给自己定下最低要求，即出现在那里就可以了。这样就等于战胜了自己一次。而下一次你就可能与你旁边的同学随意交谈，如询问其学院专业，这会是很大进步。再下一次，也许就可以当众说个笑话什么的，会对自己有惊喜的发现。

5. 到人多的地方去

保持微笑，克服平时的厌恶心理，不推辞当众讲话的机会，发言之前做深呼吸，告诉自己搞砸了也无所谓，还有很多机会。对自己宽容一些，像搀扶孩子学走路那样认真、耐心地对待自己。

6. 如果口吃过分严重，可以每天花时间大声朗读

美国现任副总统拜登也是一位了不起的人物，他曾经有口吃的毛病，为此他每天都对着大镜子朗诵诗歌，后来成为优秀的政界人物，杰出的演讲能力帮了他很大的忙。所以同学们，与其临渊羡鱼，不如退而结网吧。

（二）你会嫉妒他人吗

1. 案例简介

小静与小玉是某高校大三的学生，是同一个专业的同学，并住在一个寝室里。入学不久，两个人就成了形影不离的好朋友。小静活泼开朗，友善大方，小玉性格较内向，比较沉默寡言。小玉在小静的衬托下，越发觉得自己像一只丑小鸭，而小静却像一位美丽的公主，有着很好的外貌和许多关心她的朋友。小玉在比较之下心里很不是滋味，她认为小静处处都比自己强，把原本属于自己的风头占尽了，所以时常以冷眼对小静。大学三年级时，小静参加了学校组织的专业设计大赛，并得了一等奖，小玉得知这一消息后感到痛不欲生，随后妒火中烧，趁小静不在宿舍之机将小静的参赛作品撕成碎片扔在小静的床上，以此发泄自己的愤怒。小静发现后，非常震惊和生气，但不知道该怎样对待小玉，更想不通为什么她要遭受这样的对待。

2. 原因分析

小静与小玉从形影不离的好朋友到反目成仇的变化令人十分惋惜。引起这场悲剧的根源，就是嫉妒。嫉妒分为白色嫉妒和黑色嫉妒。黑色嫉妒就是案例中小玉的行为，是一种极不好的心态，而且附带损人不利己的行为。而白色嫉妒则是更多带羡慕的成分，通过他人的成功来激发自身的努力。既然黑色嫉妒心理是一种损人损己的病态心理，会严重影响自己的身心健康，那么该如何克服呢？

（1）认清嫉妒的危害。这是走出嫉妒误区的第一步。被人嫉妒的人心中虽不好受，但也说明了本身至少是有优点的。但嫉妒别人的人则是身处地狱一般的痛苦，一方面由于嫉妒引起的愤怒、沮丧、埋怨对自己的身心伤害很大；另一方面，不公平的感觉和执念则使身陷嫉妒情绪的人无法安心去做本该做的事，更无从思考如何提高自己，使得自己一无所长，真是百害而无一益。

（2）克服自私心理。要认识到自己正处于嫉妒的漩涡中是有害的，并进一步认识到嫉妒是个人心理结构中"我"的位置过于膨胀的具体表现。不要总担心别人比自己强，或担心自己处于不利的地位。因此，要根除嫉妒心理，首先应根除这种心态的基础，即根除自私。只有驱除私心杂念并拓宽自己的心胸，才能正确地看待别人，悦纳自己，正如我们常说的"心底无私天地宽"。

（3）正确认知。要认识自我也是克服自私心理的重要一步，要客观公正地评价自己和他人。他人的成绩并不等于自己的失败，没有人是常胜将军，尺有所短，寸有所长。我们要正确认识自己的优、劣势，多一双发现自己长处的眼睛，现实地衡量自己的才能，为自己找到一个恰当的位置。强烈的进取心虽然是人们成功的巨大动力，但冠军只有一个，人不可能事事都走在他人前面，争强好胜也不一定能超越别人，做好自己的事情才是最好的，用这种想法可以避免嫉妒心理的产生。

（4）提高自己。嫉妒的起因就是看不惯别人比自己强。如果能集中精力，不断地学习、探索，使自己的知识、技能、身心素质不断得到提高，也可以减少嫉妒的诱因。如果能够认清自己的优劣势，有目的地提高自己，积极参加集体活动，用丰富多彩的课余生活将自己的闲暇时间填充得满满的，这不仅可以减少自己"无事生非"的机会和长期处于不良情绪的时间，还可以转移注意力。这是克服嫉妒心理有效的方法。

（5）完善人格。嫉妒心理极强的人其主要症状有心胸狭窄、多疑多虑，同时伴有自卑、内向、心理失衡等。若自身无法克服，可寻求心理咨询援助，在咨询师的帮助下悦纳自己，放下过去，让自己变得豁达、宽容、开朗、阳光，以快乐、健康的心态面对生活，以公平、合理为基础激励自己发展，克服嫉妒心理，走出心灵误区。

第四章

恋爱与性：走出爱之迷雾

一、解构爱情
　（一）彼此的吸引力是决定能否相爱的先决条件
　　知识链接——爱情配对实验
　　知识链接——"儿子要穷养，女儿要富养"
　（二）爱情铁三角理论
　　知识链接——爱情态度量表
　（三）爱情的类型
二、大学生恋爱的心理误区
　（一）究竟为何而"爱"
　（二）把恋爱当成生活的全部
　（三）轻率地对待性行为
三、如何经营爱情
　（一）女孩究竟想要什么
　（二）该爱一个什么样的人
四、童年经历影响成年性格与恋爱方式
　（一）遗弃恐惧与依恋型人格
　（二）拒绝恐惧与孤独型人格
　（三）控制恐惧与回避型人格
　知识拓展——美文欣赏
五、性的含义
　（一）定义
　（二）性的本质
　（三）分类
六、弗洛伊德的性心理理论
　（一）口唇期
　（二）肛门期
　（三）性器期
　（四）潜伏期
　（五）生殖期
七、我们常见的性困惑
　（一）性生理困惑
　（二）性心理困惑
八、性健康维护与调节
　（一）正确对待性幻想、性梦与自慰
　（二）调控性冲动
　（三）必要时寻求心理咨询

"我奶奶得了关节炎,再也不能弯下来涂脚趾甲。于是我爷爷总是给她涂,甚至当他自己的手得了关节炎也是这样。这就是爱。"——丽贝卡(8岁)

爱情是一个千古之谜,千百年来人们不断探究它的秘密,却总是陷入更深的困惑。罗密欧与朱丽叶的动人故事,诠释着"白头偕老"、"一生一世"的忠贞爱情观与婚姻观,但今天的社会里,爱情与婚姻的关系、爱情与性等问题,不断遭遇新的挑战,网恋、一夜情、同性恋、"丁克家庭"、不婚同居、不婚者等现象的浮出,更令许多年轻人迷茫。爱情,这个让青春期大学生充满无限遐想,有着无比魔力与诱惑的字眼究竟是什么?面对茫茫人海该如何面对与选择?在爱情的伊甸园里又该如何看待与情爱紧密相关的性?这些对于大学生来说都是无法回避的问题。

提出人格发展八阶段理论的美国新精神分析派代表人物埃里克森认为,人成年早期(18~25岁)个体的发展任务是寻求亲密与承诺的关系,对抗孤独的冲突。他认为与他人发生爱的关系是把自己与他人的同一性相融合,只有这样才能真正建立亲密无间的关系,从而获得亲密感,反之则产生孤独感。大学生正处于成年早期这一年龄阶段,寻求、建立和发展健康积极的爱情关系是大学生成长的重要环节,在爱情关系中感到寂寞或受到伤害等情感问题也是大学生寻求心理咨询帮助的主要原因之一。接下来我们将一起探索爱情的奥秘,寻求属于自己的那份独一无二的情感。

一、解构爱情

(一)彼此的吸引力是决定能否相爱的先决条件

人的外表有一定的光环效应,人们往往认为美的事物其他方面也是美好的。从理性上说,我们常常否认这一点,但现实中我们却常跟着感性走,因此帅气的男人和漂亮的女孩通常被认为是聪明健康并讨人喜欢的。

1. 外貌的吸引是彼此吸引的先决要素

不可否认,外貌的吸引力在亲密关系中很重要,因为人人都喜欢外表出众的伴侣。但在现实生活中,我们却多与自己外貌相当的人在一起。这是为什么呢?从理论上讲,长相匹配的人,外表的吸引力水平彼此相差无几,他们的关系就越有可能进一步发展。如果双方不再匹配,常常会有麻烦。已婚男性产生性生活障碍的一个主要原因是,尽管他们看起来还不错,但他们的妻子却"放松了自己",不再像以前那么吸引人了。也就是流传很广的一个段子:婚后的男人总是看到别的女人的精装版,自己女人的简装版。

匹配现象表明,为了成功追求到对方,我们似乎最好寻求与我们相似的伴侣。而事实上也确实如此。以下的公式也许能够帮助我们理解彼此的吸引力为什么是能否相爱的先决条件。

值得拥有的程度 = 外表的吸引力 × 被接受的可能性

外表的吸引力一般只是先决条件,不会起到决定作用。例如,如果某人非常喜欢我,但他(或她)却很丑,那么这人通常不会成为我约会对象的第一人选,但拥有好的外貌却并非对自己有兴趣,我们也常常会选择放弃。在威斯康新大学和得克萨斯大学男生中所做的一个调查显示,如果男生们对一个美女感兴趣,但摸不透对方的心思时,只有3%的人会请她约会,而大部分男生则表示,他们愿意再多观望,看对方是否也对自己有兴趣,或者他们因缺乏自信,干脆直接放弃这个美女。显然,与相貌相比,人们更愿意接近那些喜欢自己的人。

2. 内在的吸引决定彼此吸引的可能

彼此相似,就相互喜欢、相互吸引,正所谓"物以类聚,人以群分"。当两个人彼此喜欢的时候,两人的感情契合就可以说取得了平衡。其实彼此的吸引力除了相貌匹配以外,还包括相接近的学识、价值观、社会地位、财富、资源等,在婚姻当中还涉及性的匹配。所以,有人认为,爱情就是一场精确的匹配游戏,最重要的是你自身的价值有多高,而你采取什么办法去恋爱其实都是"浮云"。自古以来民间就有这样的说法:"龙配凤,马配马,老鼠的孩子会打洞"。就算是现在热门的电视剧《奋斗》也不忘告诉我们,为什么陆涛不选择米莱,而是夏琳。两个人为什么能走到一起,关系能维持多久,甚至他们的缘分如何,这都取决于配对质量如何和他们究竟有多配。

我们曾经对一个非常有趣的心理学实验进行重复研究,参加的被试者减少了一半,但得出的结论却类似。这个试验或许能让你更感性地认识爱情中的匹配现象,或者给你更多的人生启示。

知识链接——爱情配对实验

实验人员找来50位大学生,男女各半,然后制作了50张卡片,从1到50。单数的25张卡片给男生,双数的25张卡片给女生。但他们并不知道卡片上写的是什么数字。工作人员将卡片拆封,然后贴在该大学生的背后。

实验规则:所有人都不知道序号是从1到50;相互也不能说出对方的号码;寻找到适合自己的一个异性,双方可以获得奖金,奖金金额为男女双方身后编号总和的10倍。例如,49号男生找到了50号女生配对,那么两人可以获得（49+50）×10＝990元的购物卡。

实验开始：由于大家都不知道自己背后的数字，因此首先就是观察别人，分数高的男生和女生很快就被大家找出来了，因为他们身边围了一大群人，大家都想说服他们和自己配成一对。他们虽然不知道自己的分数具体是多少，但从这些追求者们殷切的眼神中就能够看出来，自己一定是比普通人的要高，因此也就变得非常高傲和挑剔。那些碰壁的追求者迫于无奈只能退而求其次，原本给自己的目标是一定要找40分以上的人配对，慢慢的发现30分也可以了，甚至20分也凑合。但那些数字太小的人就很悲催了，他们到处碰壁，到处被拒，被嫌弃。

实验结果：爱情配对的结果有明显的一致性，就是绝大多数人的配对对象其背后的数字都非常接近自己的数字，比如35号男生，他的对象有80%的可能性是30~40之间的女生，两人数字相差15以上的情况非常罕见。换言之，中国古人说的"门当户对"还是很有道理的。

也有特例，如50号女生的配对对象不是49号男，也不是47或45，竟然是31号男生，两人相差了19！为什么会相差这么多？原来50号女生被众多人追求，她并不知道自己是最大值，但知道一定是相当大的。于是就在等待更大数字的男人，但是身边被拒绝的人一个个都走了，她终于开始慌了。她尝试过去找40分以上的男生，但是人家都已经配对，拒绝更换。于是她在剩下的男生里找了一个数字最大的，就是那位31号的幸运儿。

一位参加过这场游戏的男生说："这场游戏让我真正体会到自己拥有资本的重要。背后的数字太小，要找一个愿意配对的人太难了。大数字的人接受小数字的人总是不甘心，需要付出更大的努力才有可能，但更大的可能是你再怎么努力，对方也不理你。所以，今后我一定让自己变得强大！"

在现实生活中，我们选择异性朋友的社会环境更加复杂，做出决定的难度也会更大。每个人在遇到一个异性朋友候选人的时候，出于本能也都会开始评价对方的价值，这完全是下意识的。但一个人的价值并不是那么容易就能体现出来的。而且我们很难去判别一个人的价值，因为没有谁会把数字贴在自己的背后，有的人还往往会故意夸大自己的价值，这样我们常常更倾向于基于别人的判断来决定自己的判断。但是，每个人眼中的价值标准都不一样，我们也见识了各种各样的爱情观。

在很难衡量别人价值的同时，不妨衡量一下我们自身的价值有多大。从人生历程讲，大学还是我们打造自己的阶段，我们的价值很大一部分还是一种潜在的存在方式，甚至有的价值连我们自己都暂时没有发现。所以在大学这个关键的学习提高发展时期，我们无需刻意地去寻求情感关系，也许等待爱情中的自身的提升能让我们遇到更好的人生伴侣。

赫本曾说:"外在决定两个人在一起,内在决定两个人在一起多久。"相爱容易相处难,爱情往往成于激情却败于细节,而这一细节关乎行动、情感,但最终决定的还是价值观。下面是来自一位母亲的采访,很值得玩味。

知识链接——"儿子要穷养,女儿要富养"

口述:周瑛,女,42岁,13岁男孩的母亲;整理:庄小琴。

"儿子要穷养,女儿要富养",大概是在儿子三岁的时候,我听说了这个育儿观念。是的,和所有初听此话的父母一样,我理所当然地认为,穷养儿子,就是要让他体会生活的艰辛,多吃苦,让他有奋斗意识;富养女儿,就要为她创造良好的物质条件,培养温柔、高贵的品质,这样长大以后,才能创造有品位、有情调的生活。我相信,很多父母正自觉或不自觉地按此方法对自己的孩子施以影响,可是,很少有父母想到未来若干年后,当自己穷养的儿子遇到一个富养的女孩,会产生怎样啼笑皆非的矛盾。

我提前遇到了这样的尴尬。先说我家的基本情况吧。我家属于经济状况尚可的家庭。先生经营一家模具公司,我全职带儿子,不算大富大贵,却也没为钱犯过愁。但我坚决奉行"男孩要穷养"的理念,几乎没给儿子买过昂贵的玩具,好像就在他四岁生日时破过一次例,给他买了一辆遥控小汽车。穿着上都是小店淘来的外贸品。上了小学,我告诉他,我们家不缺钱,但这些钱是爸爸挣的,所以给你的零花钱不能乱花。如果要买课外书或是给同学买礼物,必须用自己的劳动来换取,就是洗个碗五毛钱,扫次地一块钱,等等。应该说,我的教育还算是成功的。儿子不贪慕虚荣,接人待物相当有分寸,自控能力也非常强,学习几乎不用操心。用我妹妹的话说就是:姐,你这一辈子不上班,不挣钱,但你培养的这个儿子,就是你最出色的成果。

事情源于春节期间和女友的一次家庭旅行。

女友的女儿比我儿子小两岁,当时开玩笑说两家是要做亲家的。但计划不如变化快,在她女儿两岁时,她先生因为工作调动,全家迁至深圳。但我们经常通电话,聊育儿经,偶尔她也借出差杭州的机会,来看望我。当我把"儿子要穷养,女儿要富养"的话告诉她时,深得她赞同。事实上,后来的电话聊天中,她经常告诉我,她又带女儿去香港了,给女儿买了限量版的芭比娃娃,买了gucci的童装……她女儿也时常在电话里甜甜地叫我阿姨,听得出是个见过世面、不怯生的小丫头。去年12月份,她兴奋地打电话给我,约我春节去三亚度假,笑说两个孩子有些年没见了,趁机让他们培养培养感情。当时我想,培养感情只是玩笑话,两家找个机会一起聚聚才是真。所以,说服了先生后，我们两家决定去三亚过春节。因我空闲时间多，女友说由我来安排此行的所有事宜。说实话，三亚的好酒店确实很多，但六天假期都必须住五星级吗？我征求儿子意见，儿子说干净舒服就行。于是，我决定住四晚家庭旅馆，住两晚豪华酒店。这个决定也得到了女友的支持。

  先到的我们在亚龙湾的家庭旅馆迎来了女友一家。寒暄过后，小公主非常冷静地环视了一下房间，说："我们怎么住这里呀？"我笑着跟她解释说，这里非常干净，而且离椰梦长廊很近，去沙滩也很方便。可小女孩不满地说："这里没有 waiter（服务生），没有游泳池，也没有早餐……"害得女友连忙打圆场。其实我也没在意，心想家境优越、娇生惯养的小公主有理由要求住得更好一点。可是儿子替老妈打抱不平了，他私下跟我说，要不是初次见面，他早就让女孩子自己去找酒店了。这才是开始，后面几天的情形几乎完全出乎了我的意料。两个不同家庭教育出来的孩子，在太多的事情上有着太多的分歧：每去一个地方，儿子都想坐公交车，可女孩就想打的；儿子想去吃海鲜大排档，可女孩就是觉得不卫生……就算是一处海景，女孩子会发出"想要盖幢房子"的感叹，儿子却在一旁笑她太娇情。幸好两家大人心态还好，认为孩子之间怄怄气是正常的。后来我跟儿子说，你是哥哥，要让着妹妹，尽量听从她的意见。儿子还算听话，尽管心里有意见，但行为上还是尊重了妹妹。

  度假的最后一天，两个孩子发生了口角。那天，我们逛的景点叫天涯海角，附近有个超大的土特产专营店。我们想顺便买点特产带回杭州。已经逛累的女孩子明显不想去，她说："拎着这么些东西回酒店累不累啊？去机场买更方便啊！"这话明显是针对我们说的，儿子有些不服气，说买不买是我们的事情，你有钱就去机场买！无趣之下，女孩子认真又天真地说："你这样吝啬钱，小心以后找不到老婆哦！"儿子想也没想，回了她一句："你这样的娇气鬼，才没男人会娶你！"机场告别时，我跟儿子说，这一路过来，妈妈发现你有时候有失男子汉的风度，是不是应该向妹妹道一下歉？小女孩小嘴一撅，说："口头的道歉太没诚意啦！你得买件礼物哄我开心才行！"两家的旅行就在两个小孩之间的拌嘴加玩笑中结束了。我想起钱钟书先生的一句名言：如果你想跟一个人结婚，就先跟他去旅行。我跟儿子说起曾经的娃娃亲，儿子正儿八经地说："妈，你可别害了我，这样的女孩我可 HOLD 不住！"①

  故事中的男孩与女孩家境相当，但因教育不同价值观也南辕北辙，即便两家大人有心，但孩子们在情感上的碰撞却相当无意。想要撮合这一对男女，若

---

① 庄小琴. 当穷养男孩遇到富养女孩 [N]. 杭州日报（C04 版）：城市周刊. 2012-2-29.

没有狠狠的一番磨合和坚强意志与牺牲精神，估计难于上青天。所以仅有彼此的吸引尚且不够，爱情保鲜还需要更深层次的内涵。

（二）爱情铁三角理论

1980年年初，美国耶鲁大学著名的社会心理学家罗伯特·斯腾伯格开始用心理计量学的观点去探讨爱的本质，他提出了爱情铁三角理论（图4-1）。理论认为完美的爱情应包括三个方面：一是能激发人的生理唤起的激情之爱；二是亲密持久的友谊，这种友谊以相容的性格、互相欣赏的情趣、对等的认知和判断力为基础；三是承诺和责任。激情、亲密和承诺这三者相互支持，构成了爱情的有机统一体。

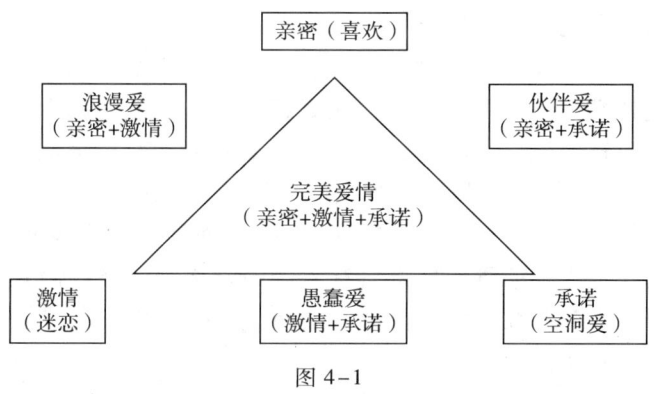

图4-1

1. 激情

"激情"最明显的特质是具有强烈的情感表现，许多人希望能与对方朝夕相处、形影不离，并有着发生亲密行为的持续欲望。在激情关系中，人们全身心地投入，经常会有不计后果的冲动行为。古往今来那些动人的爱情故事无一不呈现出"问世间情为何物，直叫人生死相许"的激情。许多一见钟情的故事，本质上也是彼此的强烈吸引。

2. 亲密

"亲密"是指双方对彼此坦诚而信任，有着足够的安全感，可以与对方分享喜怒哀乐。彼此真正喜欢对方并渴望和对方在未来一起建立更有凝聚力的和谐关系，这一切则是需要信任、耐心以及一定的宽容作为基础的。有亲密感的情侣会渐渐熟悉对方的脾气和喜好，尽管在早期这些看起来不尽如人意的性格缺陷常常会被忽略，但仍能够善待对方，互相关心，满足彼此的需要和欲望。亲密虽然没有激情强烈，但能促进人们相互亲近，让人们产生人际交往的温暖，它更能使爱情得以长久。

3. 承诺

"承诺"是指伴侣双方生活在稳定、持续和确定的情感气氛中，将对方带进入自己的圈子，努力巩固彼此相守的联盟。即使生活中的冲突在所难免，两人也尽量不伤害对方的尊严，彼此相互信任、尊重隐私并通过协商解决分歧。信任与奉献是承诺不可缺少的，彼此相约相守，不离不弃。即便是美丽的爱情故事，离开了承诺也是不完整的。

斯腾伯格认为，爱情是以激情、亲密和承诺为三个边组成的完美的三角形框架。但这只是一种理想，现实中的情感历程往往是难以完美获得的，而且大部分是有缺陷的。斯腾伯格的爱情三角形理论给予我们更多的是一种启示——告诉我们什么是理想的爱情。其更大的意义是让那些陷入情感困惑的人审视自己的情感生活，究竟少了些什么。

按照斯腾伯格的理论，在现实生活中，激情、亲密和承诺的不同组合，呈现出不同的爱情类型。如果只有一种元素，如激情，爱情就会像疯狂的火焰，来势迅猛不可阻挡，但盲目而又短暂，带有深深的伤痛。斯腾伯格将此称之为"糊涂的爱"，"一夜情"就属于这种类型。如果只有亲密，则仅仅只能称之为喜欢，没有激情与诺言，伴侣之间或许有朋友般的默契，但没有兴致时也可能随时丢弃或易于他人。斯腾伯格将只有承诺的爱称为"空洞的爱"，双方既无生理的吸引，又缺乏相互了解，仅由于某种承诺结合在一起，这样的爱情没有灵魂，不过是行尸走肉罢了。

如果爱情中仅有两种元素，构成的是一个夹角，而不是三角形，延伸出的则是爱情无限的不确定性。例如，斯腾伯格把没有承诺的爱称为"浪漫的爱"，这样的爱情给予双方的可能仅仅只是一段浪漫的旅程，不求天长地久，只在乎曾经拥有，这样的爱情观在现代青年中不在少数。

没有激情的爱被称为"伴侣之爱"，多数中国老一代人就是过着这样的婚姻生活，只依靠亲密和承诺走完人生的漫漫征程。有人也许会因今生有一位忠贞的伴侣而感到欣慰，但也可能会觉得这样的爱隐隐有些缺失。许多年来，老一辈中国人遵从"父母之命，媒妁之言婚姻"，觉得没有爱情也可相安过一辈子，只有连亲密也丧失，人们才会觉得悲哀。难怪有人同意"婚姻是爱情的坟墓"的观点。没有亲密的爱则犹如无水之源，无木之根，是愚昧的爱，而对于没有激情的承诺，谁也无法预料这样的爱会走多远。

斯腾伯格认为不同的爱情可以表现为不同大小、不同形状的三角形。三角形面积的大小代表的是爱情的多少，三角形的形状呈现的是爱情三种成分之间的关系。不等边三角形代表不平衡的爱情，顶点到三角形的重心的距离长短，决定了爱情中的主导成分，最长的那条代表最多的成分，最短的那条表明爱情中该成分的缺失。近些年我国的离婚率在不断上升，这些破裂的婚姻往往有着爱情某种成分的缺失或不平衡。而找"小三"等现象或者离婚再婚，实质上是在原有的爱情三角形之外寻找另外一个三角形，这些人可能在潜意识里总是希望得到一个完美的正三角形，但现实中找到的却只是三角形的一个边或两个边。

知识链接——爱情态度量表

加拿大社会学家约翰·李（John Alan Lee）提出六种风格的爱情：激情、游戏、同伴、现实、占有和奉献，而埃里克森夫妇则在此基础之上编制了爱情态度量表（Love Attitude Scale，LAS），这一量表已被多国的研究者使用，用以测量人们对爱情所持有的价值观，具有良好的信效度。本书根据大学生的实际生活情况做了少许修改，题目中的"他/她"是指目前与你密切交往或想象中的男/女朋友，请针对每一题项所叙述的情形，诚实做题，在你认为最能反映你实际状况的数字的空格里打"√"。

1：完全不同意；2：比较不同意；3：不确定；4：比较同意；5：完全同意

题　项	1	2	3	4	5
1. 很难确切地说明我和对方是何时从友情进展到爱情的					
2. 真诚的爱情首先必须具备一段时间的关心和喜欢					
3. 我能和曾经拥有过爱情关系的人保持良好的友谊关系					
4. 最佳的爱情产生于长久的友谊					
5. 很难确切地说明我和我的伴侣是在何时坠入爱河的					
6. 爱情的确是一种深厚的友谊关系，而非一种神秘的情绪					
7. 我最满意的爱情关系是由友谊发展而来					
8. 我对我的伴侣保持一种不确定且模糊的承诺					
9. 我相信自己不被伴侣了解的部分，将会伤害到他/她					
10. 我会及时避免两个同时与我交往的伴侣去查明对方					
11. 我可以相当容易且快速地遗忘自己的风流韵事					
12. 如果我的伴侣知道了某些我和别人做过的事，他/她将会觉得难过苦恼					
13. 如果我的伴侣对我太过依赖，我会做出稍许的退缩					

续表

题 项	1	2	3	4	5
14. 我享受着与数个不同的对象进行爱情游戏					
15. 在将自己托付给对方之前，我会先仔细思考这个逐渐进入我生命的人是怎样的一个人					
16. 在选择恋爱对象之前，我会先试着仔细的去规划我的生活					
17. 爱上一个和自己生活背景相似的人是件最好的事					
18. 对方如何看待我的家人，是选择恋爱对象时的一项主要考量					
19. 对方是否可以成为一个好的父母，是选择伴侣的一件重要因素					
20. 对方如何看待我的职业，是选择伴侣时的考量之一					
21. 在和任何人相爱之前，我会先描绘出假使我们拥有孩子时，对方和我的基因兼容性如何					
22. 当我的伴侣和我之间的关系发生问题时，我会感到十分不适					
23. 当我失恋时，会变得十分沮丧，甚至会有自杀的念头产生					
24. 有时会因为想到自己正身处爱情之中，而兴奋得睡不着觉					
25. 当我的伴侣不再注意我时，我会感到浑身不适					
26. 当我在恋爱的时候，会很难集中注意力在其他事物上					
27. 当我怀疑我的伴侣正和某人在一起时，我会无法放松自己					
28. 当我的伴侣有一段时间忽略我时，我会做出一些蠢事去引起他/她的注意					
29. 我会试着去付出我拥有的能力，帮助我的伴侣渡过艰难时刻					
30. 与其让我的伴侣承受苦痛，不如由我自己来承受					
31. 除非我的伴侣比我先得到快乐，不然我不会感到快乐					
32. 我常愿意牺牲自己的愿望来让我的伴侣达成他/她所想要的					
33. 我的任何东西，都可以让我的伴侣依照他/她的挑选自行取用					

续表

题 项	1	2	3	4	5
34. 即使我的伴侣对我发怒，我依然全心全意、无条件地爱他/她					
35. 为了我的伴侣的利益，我愿意忍受任何事情					
36. 我的伴侣和我第一次见面时，就立刻被彼此吸引					
37. 我的伴侣和我之间总能被对方的外貌、身材等深深吸引					
38. 我们之间的性行为是十分激情且满足的					
39. 我感到我的伴侣和我是被彼此选定的					
40. 我的伴侣和我之间的激情总能迅速被点燃					
41. 我的伴侣和我十分地了解彼此					
42. 我的伴侣十分符合我对外貌的理想标准					

计分说明： 这42个项目分别测出你对六种爱情类型的不同价值观。第1～7题测的是友情之爱；第8～14题是游戏之爱；第15～21题是现实之爱；第22～28题是激情之爱；第29～35题是奉献之爱；第36～42题是情欲之爱。把每个爱情类型上所有项目的得分相加，即为相应爱情类型的得分。每个爱情类型上的总得分是在7分到35分之间，得分最高的爱情类型反映了现阶段你的爱情观，而得分最低的爱情类型则最不能反映你对爱情的态度。

（三）爱情的类型

加拿大社会学家约翰·李将男女之间的爱情分成友情之爱、游戏之爱、现实之爱、激情之爱、奉献之爱和情欲之爱这六种类型，主要是基于人们在爱情中的不同行为表现。

1. 友情之爱

这是一种发展缓慢、恋爱关系是从友情中慢慢演变而来的爱情。这种伴侣相似性成分较高，比较缺乏激情成分，主要以情感亲密为发展恋情的重点。这类爱情通常由平淡的友情开始，经过长期的交往彼此逐渐了解，相互帮忙、呵护，逐渐由友情不知不觉地转化为爱情，他们很难明确说出自己是从何时开始喜欢对方，但他们相信深入了解对方、共同的经历和相似的脾性是可以相互扶持过一辈子的。

2. 游戏之爱

这种爱情是承诺缺失的另一种表现。这种爱情类型的人从不把爱情当做严肃的事情。他们将爱情视为一场游戏，视自己为这场爱情游戏的高手，"百花丛中过，片片不沾身"是对他们的准确写照。虽然他们并不想给别人造成伤害，但事实上却往往如此。游戏式的爱情不会对伴侣做出未来的承诺，只有短暂的爱情关系。游戏式爱情的人只把爱情当做一种满足自我成就的刺激游戏，常同时游走于不同的恋人之间，并且认为这样很好。但持这种爱情观念的人在转换不同伴侣的过程中失去的是体会圆满爱情的机会。

3. 现实之爱

此类爱情总是站在现实的角度上，是十分讲求实际的爱情类型。这类人会选择最符合自己需求条件的情人，包括家世、学历、能力等。此类型的爱情常以现实条件考量彼此在一起的合适性，因此是一种较缺乏感情因素的爱情。例如，在认识对方时会先探听对方的身高、年纪是否合适，家世是否清白，经济水平如何，是否有稳定的工作，学历多高，甚至是否有独立的房产等。他们绝不会盲目地被爱情冲昏头脑，相信爱情与面包相比还是面包比较重要。现实之爱的另一种体现是：许多到了适婚年龄着急要进入婚姻的人，常常就通过相亲的方式来寻求另一半，因为缺乏感情基础，因此用外在的标准来判断其与自己的匹配性。

4. 激情之爱

此类伴侣对情人有着强烈的依赖感和占有欲。他们的情绪常是处于两个极端，很容易被对方的喜怒哀乐而牵动变化着。占有式的爱情非常在乎自己在对方心目中的地位，希望对方能够全心全意地关注自己，不能疏忽自己的感受。同时这类爱情类型的人在恋爱时眼中也只有对方，容易忽略身旁其他重要的事务，如果对方不是这种类型的伴侣，常常会感觉巨大的压力。由于强烈的依赖感和占有欲，使得背叛或分手对于这一类型的人来说，是无法忍受的痛苦与折磨。在失去理智和冲动之下，这类人会以自伤或伤害对方来发泄或威胁对方，以达到不让对方离开自己的目的。

5. 奉献之爱

这是一种无私的，只求付出不求收获的爱情类型。这种伴侣视爱情付出为理所应当，永远把对方的快乐幸福放在自己的需求前。奉献式爱情的人会无怨无悔地竭尽全力只为伴侣开心，因为对方能够幸福快乐对于他们来说就是最大的满足。在这种爱情关系下，这种爱情类型者容易失去自我，且处在一种双方不平等的交往中，过犹不及的做法也容易让对方产生压力，但这种类型的人即便是遭遇分手，也仍会觉得自己为对方做得还不够。

6. 情欲之爱

也称浪漫之爱，在爱情三角论中我们曾做过探讨，是一种缺失承诺的情感。一见钟情式的爱情很容易发生在这种类型中。情欲之爱者非常注重外表的吸引力，用现在的话说就是"外貌协会"的会员，在外在的吸引下能很快进入爱情。这种形式的爱情重视的是恋爱过程中的强烈感受，情绪也容易随着感情变化而强烈起伏，由于情感强烈，也就容易发展出激情的肉体关系。然而，在一段强烈的肉欲激情消退之后，爱恋的感觉也在减退，较难长期维持爱情关系。

爱情本来就会希望独占排他，也会渴求激情，情到深处必然无私奉献。人对自己的情感亲密需要了解，但也不能缺乏理智分析，如果全部极端地偏向一边，虽然暂时满足了自己的心理需求，也容易出现问题导致爱情变质。当大家在寻觅合适爱情对象时，也应尝试深入了解对方的爱情类型是否也让自己认可，否则一旦盲目投入爱情关系，激情过后只会为彼此带来更多伤害。

二、大学生恋爱的心理误区

（一）究竟为何而"爱"

大学里常常存在一种现象，宿舍中一个同学恋爱了，往往不久后整个宿舍的同学都恋爱了。而有些宿舍大学四年一个恋爱的人都没有。这是为什么呢？下面一份关于大学生爱情观调查的数据可能会引发我们一些思考。在"你为什么要谈恋爱"这个问题上，接近60%的同学选择了"大学生活很无聊，又不想好好学习，就谈下恋爱"这个选项；近30%的同学选择了"周围人都在谈，而我不谈，人家肯定会觉得我这人有点怪或者觉得我没有人喜欢"。还有小部分同学则认为找到一个"女神"或"高富帅"是一件值得夸耀的事。

错误的恋爱观是造成大学生恋爱失败的重要原因。一些大学生恋爱并非发自内心地被对方深层次因素所吸引，而是处于其他原因去"爱"，如弥补感情空虚、从众心理、虚荣心理、干得好不如嫁得好等这些外在而功利的需求。这种不以真挚情感为基础的爱情不过是空中楼阁，难以带来持久的幸福。

（二）把恋爱当成生活的全部

由于大学生青春期的心理特点，加之在校学习期间对于自己和未来没有明确的目标，一些大学生将恋爱视为生活的主要目标，终日沉溺于卿卿我我之中，失去自我，在对方身上寻求存在感和价值感，对恋爱以外的事情都不感兴趣，甚至荒废了学业，疏远了同学间的友谊。恋爱虽是人生的重要组成部分，但绝不是人生的全部，生活中还有很多事物和路程等待我们去尝试和经历，人生还有更重要的目标需要我们去追求。大学生如果一味沉溺于爱情，过分看重爱情在人生中的地位，一旦失恋，就很容易产生心理危机，甚至出现自暴自弃、自伤自杀等人生悲剧。爱情不是生活的全部，大学生一定要摆正爱情的位置，正确处理恋爱与学业、与人际交往的并列关系，做到既拥有甜蜜的爱情，又拥有丰富的人生。

（三）轻率地对待性行为

恋爱中的两情相悦和渴望产生亲昵行为是正常的心理现象。但由于大学生的心理仍未完全成熟，情感及职业等极具不稳定性，恋爱的成功率不高，故不宜过早发生性行为。如果恋爱中的大学生因轻率而盲目尝试性行为，恋爱关系一旦不能保持或处理不好，将对日后的家庭生活以及情感产生负面影响。受性解放思潮的影响，目前对性行为持较开放态度的大学生呈上升趋势，校园同居行为也不罕见。恋爱中的大学生应严肃对待性行为，增强道德责任感，正确处理情感与理智的关系，把恋爱行为限制在社会规范之内。

三、如何经营爱情

（一）女孩究竟想要什么

网络上盛传的一篇文章《那个和你一起吃路边摊的姑娘，为什么没有陪你走到最后》，讲了一个故事，主角是一对很普通的青年男女D小姐和S君，他俩毕业后在一个办公室里工作并且恋爱了。S君提出想到别的城市去闯荡一番，D小姐二话没说就跟着他走了。几年过去，他们发展得并不好，于是又回到了原来的城市。但不久后，两人分手了。一个偶然的机会，有人问起两人分手的原因，跟大多数男同胞一样，男主角将分手的原因归结为经济问题。而D小姐的回答则是，由于自己家里突遭巨大变故，S君表现得比较孩子气，总是她一个人独自回家面对和解决。再加上之后发生的一些类似的事，D小姐太伤心，最后下决心离开。故事的最后，老朋友们一起聚会，一桌子的人开始数落起S君，女生说D小姐不是那种人，男生说肯定不是钱的事儿。一个老大哥一语中的，他说我不知道你们之间交往的那些细节，但是一个姑娘，把她最好的几年都给了你，跟你去流浪，当初你穷，人家也跟你了，最后跟你分手，你如果还认为是经济问题，那就是你有问题了！

的确，现在现实型的姑娘有不少，但依然有很多姑娘还是愿意和你在自行车后座上说笑的。就像文中的 D 小姐，大概 23 岁的时候跟着 S 君，奔走天涯，漂泊异乡，租小破房子住，S 君偶尔失业的时候，也义无反顾地赚钱养家，到分手的时候，历经四五年，她已经快 30 岁了。如果说分手是为了要坐"宝马"，的确很难解释得通。

试想，是否周围也有着许多像 S 君这样的男孩子。当姑娘在外受到无理责难需要安慰的时候，在业务上遇到难题犹豫不决需要意见的时候，当辛苦了一天拖着疲惫身子回到家的时候，当给你发短信说感冒生病的时候……这些男性朋友在干什么呢？他们只会安慰说，哎呀，小事情，乖，想开一点嘛，然后继续专心看他的英超联赛。或者只会说，人都是这个样子嘛，累一点多正常。忍一忍就好了。听你的，你的选择一定是对的，然后转过身专心玩他的 dota（一种游戏）。要么对你说："老婆，你昨天做的那个菜很好吃，今天再给我做一个吧"。病了？宝贝，多喝点儿热水，然后继续冲着电脑，身子也不挪一下。

如果遇到一个人，他在姑娘辛苦了一天疲惫不堪的时候，对她说："累了一天了，走！今天咱们出去吃，好好犒劳你一下"。在姑娘面临选择犹豫不决需要意见的时候，沉静地听你倾诉，温和、理性地给出自己的意见，即使可能最后还是得姑娘自己拿主意。在姑娘受到外面的委屈需要安慰的时候，给她一个温暖的拥抱，一个可以依靠的肩膀。此时，姑娘会有什么样的感受，什么样的选择呢？

经营好爱情需要智慧和人格魅力。聪明、有趣、沉稳、淡定、知识面广、懂生活、有品位的男生，他们体贴、理性，最重要的是他们发自内心地尊重女性。这才能赢得女生芳心。

（二）该爱一个什么样的人

该爱一个什么样的人？一位母亲回答："在很遥远的某一天，当我的孩子仰头向我提出这个问题，我会微笑地回答他/她：去爱一个能够给你正面能量的人。"每个人的生活都一样，都是在细看是碎片远看是长河的时间中，间接地寻找着幸福，直接地寻找着能够让自己幸福的一切事物，如物质、荣誉、成就、爱情、青春、阳光或者回忆。

既然你想幸福，那就去找一个能够让你感到幸福的人吧。但在寻找幸福的过程中要注意以下几点：

第一，不要找一个没有激情、没有好奇心的人过日子。因为他们只会和你窝在家里唉声叹气地抱怨生活真没劲，只会打开电视，翻来覆去的调转频道，好像除了看电视再也想不出其他的娱乐项目。他的人生就是在没完没了的工作

第四章 恋爱与性：走出爱之迷雾

和一样没完没了的电视节目中渡过的。拥有正面能量的人，对很多事情充满好奇，无论遇到什么样的新鲜事物都想尝试一下，会带你去尝试一家新的餐厅，带你去看一场口碑不错的电影，带你去体验新推出的娱乐节目，带你去下一个陌生的城市旅行。你会发现世界很大，值得用尽一生去不断尝试。

第二，不要找一个没有安全感的人过日子。因为他们一直在排查可能的不幸和焦虑未来的灾难，一直在想该怎么办，一直担心祸事即将降临。他们将自己命名为救火队员，每天扑向那些或有或无、或虚或实的灾情，不停算计、紧张和忧愁。拥有正面能量的人，会对生活乐观，对自己信任。他们知道生活本来就悲喜交加，所以已经学会坦然面对。当快乐来临时，他们会尽情享受；当烦扰来袭时，他们会理性解决。他们相信人定胜天，确实无法获胜时，就坦然接受。他们能够正确认识自己，有自知之明，不会自我贬损，也不会自我膨胀，他们在该独立的时候独立，该求助的时候求助。在他们的乐观和自信后面，深藏着对人生的豁达与包容。

第三，不要找一个无知的人过日子。因为他们没有树立起完整的人生观，或者对事物价值的判断缺乏基准线。他们常会做出匪夷所思的决定，不能独立思考或者过于固执己见。他们优柔寡断或专横无礼，他们扭捏作态或者刻板无情。不是因为别的，正是因为无知。拥有正面能量的人，拥有大智慧，他们分得清世界的黑白曲直，不会在人生的道路上跑偏，也不会随波逐流。他们不会扭曲事物的本质，不会夸大事情的不利面。他们知道世界运作的原理，明白人人都有阴晴圆缺。他们在你需要时给你最中肯的建议，有原则却又求新求变，有主见却又听得进劝。

第四，不要找一个容易放弃的人过日子。因为他们得过且过地一直安于现状。他们既没有信仰，也没有梦想。他们遇到挫折的第一反应和最终反应都是逃避，为了抵挡失败或者因为怕麻烦，他们可以放弃整个世界。拥有正面能量的人，会坚定自己的信念，拥有人生的目标，知道自己的所需并为之不断努力。他们欢迎变化也制造进步。当困难来临时，他们不嫌麻烦，不贪图安逸，他们知道山丘后面会有道更美丽的风景。

去爱一个拥有正面能量的人吧！他们会让你觉得人生有意思，会让你觉得世界色彩斑斓。他们会给你惊喜，同时也会带给你感悟。他们会让你把路走直，戒断所有扭曲的价值观。如果你本身就不是一个拥有足够正面能量的人，那么就请你一定要爱一个拥有正面能量的人。在这道数学题里，负负并不能得正，另一个同样具有负面能量的人会把你的人生拖垮，不同空间的畸形与病态会让你过得一团糟。让这样具有正面能量的人导正你的灵魂和行为吧，潜移默化中，你会变得更加开朗和幸福。这一定比任何财富更能长久的滋养你的心灵①。

四、童年经历影响成年性格与恋爱方式

　　亲爱的，外面没有别人，只有你自己。所有的人和事物都是你内在的投射，就像镜子一样反映你的内在。当外境有任何东西触动你的时候，记得要往内看，看看自己哪个地方的旧伤又被触碰了，看看自己有哪些阴影还没有整理好。不要将能量浪费在那些外在的、不可改变、不可抗拒的东西上。先在内在层面做一个调整和整理，然后再集中精力去应付外在可以改变的部分。

　　转载和整理灵修大师张德芬的这段话，不是为了批判自己父母对自己的影响，而是首先要弄清楚自己的问题所在，找到和自己最匹配的另一半。希望大家在寻找伴侣的时候，都能有一颗包容理解的心。

　　中国民间早就有"三岁看大，七岁看老"的说法，这与西方近代心理学的一些理论惊人的相似。让我们具体地看一看早期经历是如何影响人的一生，特别是人的择偶和婚姻关系。

　　依恋理论认为，早期孩子与照顾者（通常是母亲）的互动模式和亲子经验形成了人的"内部工作模式"，这种模式扎根于人的潜意识，决定了对他人的预期，在成长过程中逐渐决定了人的处世方式。这种内部工作模式会在以后的其他关系，特别是成年以后与他人的亲密关系和婚恋关系上起到重要作用。

（一）遗弃恐惧与依恋型人格

　　一些母亲在孩子0—18个月期间，对幼儿的需要没有及时反应，难以满足孩子的需要，导致孩子不能建立起一个稳定的安全感。幼儿在这种照看过程中要使出全身解数哭闹，才能吸引母亲的注意，使自己的需要得到满足，但在这一过程中常常伴有愤怒。他在生理和情感体验上的愉快、满足与愤怒、伤心交替出现，从而形成了他对照顾者爱与恨并存的矛盾情感。

　　如果这种类型的孩子的处境没有在成长阶段得到改善，那么他们没有正常得到的需要将会成为其基本人格特征而伴随终生。当他们与别人建立了一个亲密关系时，这种依恋需要就会突显出来。他们对亲密要求似乎永无止境，他们

---

① 张薇薇. 去爱一个能够给你正面能量的人. 祝你幸福（午后），2011，12.

常常对伴侣的感觉是"当我需要你的时候,你却总是不在。"每当他们认为自己被对方忽视的时候,便会产生被遗弃、愤怒、恐惧的情绪。他们表现出强烈的占有欲,要求对方时时刻刻关注自己,不能容忍丝毫的忽视和冷遇,并总是试图用生气、吵闹和威胁等手段来迫使对方关心自己,满足自己的心理需要。这与他们小时候用哭闹的方式吸引照顾者的注意如出一辙。由于强烈的不安和对遗弃的恐惧,他们心中充满了嫉妒和猜疑,无论对方如何解释,还是难以信任对方。他们的爱往往是以生气、哭闹、吵架、猜疑嫉妒的形式表现,约翰·李的爱情类型中的激情之爱就属于这个类型。这源自于他们早年对母亲怀有的爱与恨的矛盾情感。

(二)拒绝恐惧与孤独型人格

在婴幼儿期间,如果照顾者非常冷漠,他们出于种种原因不喜欢孩子,甚至很少愿意去抱孩子,打骂孩子却是家常便饭,这种环境下成长的孩子常常成为孤独儿童。

这种儿童的内心其实非常需要妈妈的爱护,但由于每次对母亲依恋的渴望和要求都会导致心理上的痛苦,因此他构造了一个不真实的自我。他们看起来很独立,实际上否定真实自我的需要,惧怕亲密接触,其目的只是为了回避由此可能带来的痛苦。照顾者为孩子早早就表现出来的"独立性"而感到骄傲,并且这种所谓的"独立性"在日后也许会受到社会的赞许,也许孩童本身也会因这一特性而引以为豪,但在婚姻生活里他们将会是痛苦的。成人后的他们如同在幼年一样,否认自己的情感甚至物质需要。事实上他不是没有亲密的需要,而是在幼年时期因为绝望而把这种需要放弃了。他们的性格通常表现为冷漠甚至冷酷,对生活缺乏兴趣和追求。

很有意思的是,孤独型的人往往选择依恋型的人作为自己的伴侣,原因很简单:依恋型的人的主动热情及过渡的依恋,弥补了孤独型的人冷漠的缺陷,亲密关系反而得以建立。当然,孤独型的人在恋爱初期也会表现出一定的热情,但当亲密关系确立之后,他们的冷漠特质又会显现出来,因为他们本质上仍然认为过多的亲近仍然是痛苦和恐惧的。

(三)控制恐惧与回避型人格

18个月到3岁之间是孩童成长的探索阶段。这一阶段孩子要尝试离开母亲来证实自己的独立性,但这对于他们来说是冒险,所以掺杂着对未知的恐惧及失去呵护的不安全感的矛盾心理。溺爱孩子的母亲可能在孩子的第一阶段(0—18个月)做得很好,能较好地满足孩子对依恋的需要。但在孩子的探索阶段，过分呵护关闭了孩子通往外面精彩世界之路。她们总是在冲着孩子嚷嚷这里不能去，那里危险。生怕孩子出现意外而过多地限制孩子的行动。孩子可能会有两种反应：一种是拒绝或逃离，另一种则是在情感上保持距离。

这样的儿童长大以后容易成为回避型人格。人际关系疏远，他们通过各种方法来回避家庭生活，喜欢经常出差的工作和参加各种室外活动，长时间忙于工作。独立型人格需要自己的空间，配偶的亲密表示往往使他们浑身不自在。即便在家里，也总是埋头忙于各种事情，不愿多坐下来陪陪自己的配偶。他们经常发出的抱怨是"你太粘人了"、"你总是在控制我"等。他们与孤立型人格最大的区别是，回避型的人未必会否认对亲密的需求，他们喜欢来去自由的关系，当他们对亲密有需要时，会频频示好，取悦对方。当他们的需要得到满足后，不管对方多么希望保持这种亲密状态，他们都会立即退缩，并且用生气迫使对方离开自己。等他们有亲密需求的时候，他们会"忘记"与对方之间的不愉快，还会奇怪对方为什么如此不高兴。伴侣对他的感觉就是反复无常，捉摸不透。

如果一个母亲在孩子的依恋期不能满足他对母亲的依恋要求，又在孩子的探索期严重地限制了他对独立和探索的需求，那么就很可能培养出一个用情不专的"花花公子"。就像小时候需要不断地吸引父母的注意力一样，他们需要不断地吸引异性的注意力，但是又不能保持亲密关系。他们总是想方设法来虏获对方的爱，可是一旦进入一段稳定的关系，又会感到被控制的威胁，于是就又想方设法摆脱和终止这个关系。同时他们仍存在对依恋的需要，于是又开始一段新恋情。对他们而言感情是矛盾的，既有对依恋的需求和对被遗弃的恐惧，也有对独立的需求和对被控制的恐惧。

每个人的成长都是一段历史，没有办法再来一遍，但是认识是改变的第一步，更是宽容自省的基础，你只有认识自己，把自己变成对的人，你才能遇见另一个对的人。

知识拓展——美文欣赏

故 事 一

他21岁那年，一场炽烈的爱情，排山倒海地就来了，来得毫无征兆。在他们认识的那个酒吧里，他给我看了她的照片。其实算不上是大美人，但身材十分匀称，笑容亲切而温暖，让人感觉很舒服。

那是个非常有趣的女孩，给了他许许多多的惊喜。她最喜欢的作家跟他的一样，最喜欢的食物跟他的一样，甚至最喜欢的球队也跟他的一样。她还会画画儿，为他画的一幅素描，他小心翼翼地保存至今。但两人在一起没多久，就

第四章 恋爱与性：走出爱之迷雾

面临着分离。她只是来北京做一个 NGO 的项目。她走的那天晚上，他去机场送她后，独自伤心地回到住所。半睡半醒间，有人来敲门。他开门，她站在门外。简直就像梦一样。用他的话来说，他就算见到上帝都不会那么激动。幸运的是，那不是梦，那是事实，她真的站在那里，冲着他笑，他却哭了。那是他第一次，因为幸福而哭。不幸的是，她只在北京多待了一晚上。她回来只是因为航班变动。

他们躺在一起，一边亲吻，一边倾诉，谁都不舍得睡觉。那天晚上，她告诉他："你是我第一个爱上的人。"

她走后，他在日记中写道："对于我这个记性很差的人来说，每天都不会忘记的事情就是：想你。""对不起，有时候生活太忙碌，我会偶尔忘记想你。但当我再次想起你时，我就很庆幸自己认识你，忍不住对着空气微笑，仿佛你随时都会出现在我面前。"

再后来，日记的味道由甜蜜变成了苦涩。他开始伤心，开始流泪。因为他明白，他们结束了。但他仍然向朋友们讲起她，向母亲讲起她。以至于他家乡的朋友们，包括他的母亲，在很长一段时间里都以为，她一直留在北京，跟他一起。直到他开始向母亲讲起另一个女人……

故 事 二

上面那个故事我为什么知道得这么清楚？因为我就是那"另一个"女人。女人发起神经来，挖内幕的本事远超过狗仔队。其实 H 先生跟我相处得一直很愉快，我也能感觉到他真的很爱我，直到某一天我发神经，翻出了他的日记。我很年轻的时候，偷看别人日记这件事应该能进到贱事 Top3 里。交往半年之后，在我的逼问下，H 先生告诉了我他和 A 小姐的这个故事。末了他说："我深爱过一个女人，但这不代表我会一辈子爱她。我现在爱的是你。"

他说那句话的时候，非常诚恳。但从此以后，我就觉得，我们中间横着一个人。只要有一方心里堵着个东西，两人的矛盾自然而然跟着就来了。成熟的人，会想办法解决矛盾，但不成熟的人，只会把矛盾越搞越大。两人就这样互相折磨，但又离不开对方。他说："我们的爱就像鸦片，明明知道它在吞噬我，压垮我，但我却戒不掉。"

最终我还是决定分手，不是因为我不爱他了，而是因为我觉得这段爱情把我变成了一个自己讨厌的人——多疑、敏感、坏脾气，让我不再爱自己了。

爱情就像一面放大镜，把你最好和最坏的部分都放大了摊在你前面：希望、奉献、战栗、信任、占有欲、恐惧、嫉妒和疯狂等。关键是你好的那部分打败了坏的那部分，还是坏的那部分赢了好的那部分。那时候，我好的那些东西彻底被我坏的那些东西给打败了。

四、童年经历影响成年性格与恋爱方式

如果换成现在,我根本不会惊慌。谁没些过去呀?但既然没在一起,只能说爱得不够。如果真的是真爱,两人拼了命都要在一起,不是吗?

后来,我在日记里写道:"我明白了,爱一个人,就应该允许他的心里留点位置给别人。爱一个人,就不应该去抹杀他心底那些美好的回忆。我相信,那些你记住的女孩,都是特别的女孩。而我心中的那些男孩,也都是特别的男孩。"

那段话的意思是说:凡是我们爱过的人,就算分了手,都会再想起的。你不能去阻止他去想起别人,当然,他自己也阻止不了。这种回忆有时候是很自然的。将心比心地想一下,比如,我现在已经有爱人了,但我听到别人讲个笑话,会不自觉地想:哦,这是H先生讲过的。然后当初他讲笑话时候的场景和他的笑脸不自觉地浮现。但"想起"不是"想念"。我想起他,但我再也不想跟他谈恋爱了,就是这个意思。我说"应该允许他的心里留点位置给别人",就是允许他想起她。但如果达到"想念",甚至想复合的程度了,那这样的男人,肯定是不能要的。

我知道A小姐带给H先生的感觉是不可替代的,但我们跟不同的人谈恋爱,只要是自己真心爱过的,每个人给我们的感觉都是不同的,不可复制的。一个人在不同的年纪,对爱情的感受是不一样的。例如,我在年轻时候,觉得自己可以为了一个男孩去死,但现在我无论如何都不会为了自己的男人去死,但这不能说明我就更爱当初那个男孩。我无法替代她,她也无法替代我。多年后,他跟友人讲起这两段故事,他说:A小姐让他知道什么是心痛,而路路让他明白什么是心碎。

故　事　三

第一次见到A小姐的时候,我就认出了她——H先生照片中的女孩。人生就是这么奇怪。当初对她嫉妒得发狂,一直想见她,她在世界的另一边。现在完全放下了那段往事,却在很多年后,离我家不到一千米的一位朋友的家里见到了她。大家一起喝酒聊天,很愉快。我突然问她,你还记得H吗?她说:H?那表情,真的是在努力回忆。过了一会儿,她说:"啊,很多年前,跟我暧昧过的一个男孩子。你怎么知道我认识他?"

一是由于酒精作用,二是由于我觉得也没啥好隐瞒的,所以我把故事一详细地讲给她听了。她听完以后,很震惊。

她问我是怎么知道的,我又简单地讲了讲故事二。

我问她:"你想见见H吗?"

她说:"还是算了。说实话,今天你不提起他,这个人我都快忘得一干二净了。一见面,他心中那个自己一手塑造起来的童话会被打碎。他当初爱的也未必是我，而是自己全心投入时候的感觉。他为自己设定了一个 Dream Girl，然后把他梦中情人的所有光环都往我身上套。他只是爱着那个幻象，而不是真实的我。我们在一起不过两个月，他怎么可能看清真实的我。为什么我们的故事，从他口里讲出来，那么美好。那是他将回忆里最美好的部分全部提炼出来了。其实当初我们相处的时候，也有很多不好的成分，但都被他过滤掉了。那是沉浸在自我的世界里的爱，其实跟我这个人，毫无相干。"

我还是有点不甘心。我深爱过的男人深爱过的姑娘，最后告诉我一个这样的结果。我说："你不是说过，他是你第一个爱上的男人吗？"

她笑了，说："你想一想。你第一次觉得自己爱上一个人，是什么时候？现在你觉得那是真爱吗？只是当时那么浪漫的氛围，让我在一瞬间觉得，哇，我想我爱他。真正的爱不是这样的，真正的爱是持续的、长久的。就算一个人惹你生气，你对他破口大骂的时候，你也很清楚，我是爱这个人的。这才是爱。

"当初我给他发了封邮件，说自己受不了这么远的距离，很痛苦，执意跟他断了联系。其实就是个不想伤害他的借口而已。我受不了他时不时地给我打电话，发邮件，尤其是我在约会的时候。真爱一个人，而且知道对方也爱你的情况下，怎么舍得断了联系？再痛苦都舍不得。"

"爱的第一个人，多半不是最深的那个。我们爱第一个人的时候，往往还根本不懂爱。最初那个人，听起来很美好，其实那个人就是踏脚石而已，从他身上踏过去，让我们更好地爱下一个人。除非最初那个人也是最后那个人。我们一次次地去爱，一次次地进步与成长。只有最终那个人才是 The One。之前一切的爱恨情仇都是在为最后那个人做准备而已。

A 小姐一边说，我一边点头，想想自己，也是这样一路走下来的。但并不是说，恋爱谈得越多，你就能越来越好，越来越强大。我的理解是，每次恋爱都像位老师，帮助我们成长，但到底能不能成长，还是得看本人有没有那个天赋和意愿。

其实当初我一直幻想着能抓到一个可以痛击 H 先生的东西，狠狠报复他一下。那时我坚信把我折磨得要死要活的是他，现在明白了，当初折磨我的，一直是自己的心魔而已。故事三真的发生了，我却只为他感到同情。其实也没什么好同情的，至少他从那次经历中，体会出了许许多多美妙的感觉，拥有了那么多属于自己的迷人回忆。现在，我对 H 先生更多的是感激。感谢他让我看到自己身上的很多毛病，也明白了许多事情。如果不经历他，我也许也不会收获现在的爱情。

有时候，一个人心中的真爱，在对方那里也许就是一个 Crush（迷恋）而已，甚至连 Crush 都算不上。也有很多人一次又一次地错把 Crush 当成爱情，甚至真爱，把爱情最初那让人眩晕的颤动当成了爱情的全部。那么真爱到底是什么呢？这个问题，想必不同的人有不同的答案，或者完全没有答案。我觉得自己没有权利替别人回答这个问题，我只能说说以自己目前的经历，对"真爱"的理解是什么。

爱情像放大镜，把好的那个你和坏的那个你同时放大了摆在你面前。而真爱，就是帮助好的那个你最终战胜坏的那个你的那种爱情。真爱会让你成为一个更宽容、更自信、更强大也更幸福的人。而且真爱应该是双方的，把你变得更好的同时，也把对方变得更好。真爱是长久的、持续的，它的光辉会伴你一生，而不是昙花一现。

（毛路．爱情 vs Crush. http://www.douban.com/note/245420727/）

五、性的含义

爱情是人类精神活动中一种最深沉的冲动，也是人与人之间最亲密的社会关系。我们在爱情中迷惘痛苦，也在爱情中跌撞成长。性是爱情的动力，也是人类繁衍种族的本能，我们需要性就像我们需要空气和食物一般，性让人愉悦幸福，也体现了一个人的修养和一个社会的文明程度。

（一）定义

性行为是指着为满足性欲和获得性快感而出现的动作和活动。仅把性行为认为是性器官的结合是一种狭隘的理解方式。性行为并不只意味着性交，自慰、观看色情节目、阅读色情小说、接吻等也属于性行为。

（二）性的本质

1. 性的自然属性

人的本能表现是性的自然属性，而人类性本能包含遗传和社会学习两个方面。通过遗传和基因控制，人类生命可以表现为出生、性成熟、性繁衍等过程。这种自然属性在受生物本能的制约上与动物无异，但又有别于生物的一般本性。自人类从进行社会性的生产劳动开始，其繁衍后代就有了明确的目的性。我们难以离开人的社会性去单纯理解人类性活动的自然属性。

2. 性的社会属性

社会属性是性的本质属性。人在性活动中的一切表现方式都是通过社会活动表现出来的，如性观念、性习俗、性文化等。人的性行为已不是专为性欲的需要而发生，而是性欲与情感的结合、爱意的沟通、情感的流露，性的冲动更多的是一种心情的表达，人类的性活动更属于情感生活的一部分。人类性行为在不同的时代受到不同的道德观念、规范和法律的制约。

（三）分类

性行为的含义要比性交广泛得多，一般说来可分为以下几种：

（1）以性交为目的的性行为。性交是性行为的直接目的和最高体现。一般说来，自慰也属于性行为。

（2）性交前和性交后的亲吻、爱抚等动作，称为过程性性行为。

（3）范围广泛的边缘性性行为，即不以性交为目的的爱情的自然流露。边缘性性行为有时很隐晦，如微笑、眉目传情等，只有当事人感觉到，其他人毫不知情。不过，当拥抱、亲吻作为一般见面的礼仪时，因与爱情全无关，所以不属于性行为。

六、弗洛伊德的性心理理论

精神分析学派认为力比多（libido）即性驱动力是人格发展的主要动力。这种原始的生殖本能在社会法律和道德文明的压制之下，进入人的潜意识，在社会允许的形式下表现出来。弗洛伊德对性的定义不是指生理上的性，而是指一切身体器官的快感。在他的理论中，人的一切冲动和行为都因性而驱动，在性驱动下人格的发展分为以下几个时期：口唇期（0~1岁）、肛门期（1~3岁）、性器期（3~5岁）、潜伏期（6岁至青春期）、生殖期（青春期至成年）。他认为性器期是人格发展的关键时期。

（一）口唇期

0~1岁的婴幼儿对性的需求来源于吮吸、吞咽奶水等口腔活动。在断奶期间，如果没有奶嘴的话，幼儿会吸吮自己的手指头来替代母亲的乳头。甚至还会将所有他能接触到的物体放入嘴中吸吮。强制性剥脱他们的吸吮物会让他们焦虑不安，缺失安全感。如果这个时期的性需求没有得到满足，他们在成长过程中容易出现喜欢咬笔头、吃零食等习惯。成人焦虑时期渴望抽烟，除了有对尼古丁的需求，也有对口欲的满足和安抚的功能。

（二）肛门期

2~3岁的孩童将排泄机能视为自己性快感的主要目标，他们会从排泄活动中得到极大的快乐和满足。这一时期是培养幼儿自我控制能力的绝好时期。通过对孩童按时大小便的训练，孩子们逐渐学会独立，发展自信，首次有肮脏的意识。如果在这一阶段，家长的训练过于严格，强迫孩子学习发展，容易导致性心理发生冲突，就可能会造成肛门期停滞人格。这种人极度吝啬、保守。而且过分控制"规律排便"可能产生两种相反的人格类型：过分守时，或者总是拖延。过分强调卫生则可能致使强迫型人格障碍的产生，如孩子长大之后容易焦虑、紧张和有强迫洗手等行为，因为在他们的潜意识里觉得自己很肮脏。

（三）性器期

4~5岁的孩童与以上两个阶段的不同在于将力比多转移至外部世界，对生殖器官表现出极大的兴趣，此阶段的性需求集中在性器官本身。他们不仅会长时间研究把玩自己的生殖器官，还会通过想象获得满足。由于异性父母是最频繁接触的对象，所以他恋的对象首先是家庭里的异性父母。弗洛伊德根据古希腊神话中俄狄浦斯娶母弑父的传说将此命名为俄狄浦斯情结（又名恋母情结）。这个时期女孩对父亲的爱慕则成为恋父情结。弗洛伊德认为这种情结在儿童性心理发展过程中是普遍存在的，这种情结如果被过分压抑于潜意识内，孩童成人后不但会演化为乱伦，而且还可能成为各类精神疾病的心理根源。中国学者认为，反相的俄狄浦斯是导致婆媳不和的心理根源之一。由于婆婆潜意识中要独霸对儿子的爱，是导致封建社会中"孔雀东南飞"与"钗头凤"这类悲剧的主要原因。

（四）潜伏期

从6~7岁至11~12岁，在解决了俄狄浦斯情结后，孩童进入潜伏期。弗洛伊德认为性欲并不是完全顺利地发展，其在急速形成之后会有一段时间的停滞。在潜伏期阶段，性心理就比较平静，没有上述各时期复杂激烈的矛盾冲突。这段时期就会出现有的学者所谓的"同性恋"现象：男孩喜欢与男孩做伴，从事某些比较剧烈与冒险的游戏；而女孩则喜欢女孩一起进行比较温和的游戏，男孩与女孩之间仿佛有一条泾渭分明的线。这种假性"同性恋"不具有成人的性意识与欲念。但是在日后，如果性心理发展遇到挫折，性心理就有可能退行到该阶段，这也许是构成同性恋心理的根源性原因。例如，一个女孩在恋爱时受到男性极大的伤害，就有可能退化到这一阶段，将恋爱对象指向同性。潜伏期的儿童对性不感兴趣，而将兴趣转向外部，开始学习为应付环境所需要的知识和技能，这也正是儿童进入初等教育的最好时期。

（五）生殖期

在潜伏期，性欲被压抑了，而进入青春期后，性欲被重新激发，集中在男女各自的性器官上，形成了以性器官的结合为目的的性器官性欲，这就是生殖期。生殖期是人格发展的最后时期，在此阶段，人的兴趣从对外部环境的探索和知识的掌握逐渐转变为与异性关系的建立与满足，亦称为两性期。人在这个时期从一个追求快感的儿童成长为生活化的、具有异性性爱权利的人。弗洛伊德认为这一时期若不能顺利渡过，后期可能会产生性倒错、不良性癖好、性犯罪等问题，严重者甚至患上精神分裂。

七、我们常见的性困惑

（一）性生理困惑

1. 体像

进入青春期后，男生和女生的身体发生了很大的变化。很本能的，男生希望自己身材高大魁梧，体力充沛，能够吸引女生；女生则希望自己容貌秀美，体态苗条，乳房丰满，富有女性魅力，以吸引男性。然而当他们的体态特征不符合自己的预期时，常常出现烦恼和焦虑。在心理咨询中常见到一些男生因为自己的个子矮而烦恼，一些女生因为体态胖而自卑，也有大学生对自己的阴茎长短或乳房大小程度等生理发育不满意而感到焦虑。阴茎的长度，大小与种族、遗传等因素有关，每个人之间都有一定程度的差异。据统计，中国青壮年男性阴茎在松弛状态时的平均长度为 4.3 ± 1.14 厘米，勃起之后的平均长度 13.07 ± 1.12 厘米。性能力与阴茎长短并无太大关联，一般勃起后 8 厘米在性行为中就能够使异性达到高潮。

2. 遗精与月经

遗精是男子生殖器官发育成熟之后所出现的一种正常的生理现象，标志着男子生殖功能的成熟。俗语道："精满则溢。"体内的精液若储存过多，或性兴奋增强，加之再有其他刺激，如梦见异性、内衣太紧、被褥压迫等，都会发生遗精。精液并不那么珍贵，它与精囊、前列腺、尿道等器官的分泌物一样，制造多少，就排泄多少，不会有耗竭而影响健康的问题。相反，前列腺分泌物如果经久不排，蓄积浓缩，反而容易形成结晶或结石。遗精每次排出的精液为2~6毫升。精液的主要成分是水、占比很小的蛋白质和一些糖分。不少男孩子进入青春期，由于缺少相应的性知识，也大都不好意思与父母沟通，加之接受了一些不科学的传说以及不良书刊的相关暗示，会为遗精而感到羞涩、紧张和不安。甚至遗精后如果觉得身体有些不适，便会疑心是遗精造成的。这些都是不良暗示使人在心理上受到威胁性的刺激，引起精神负担，而并不是损失了精液所致。对遗精不了解所引起的精神负担比遗精本身造成的影响大得多。

与男子遗精相似，月经是女性生殖系统正常发育的标志，它表明生殖系统的成熟。女子进入青春期以后，每月都会有一次子宫出血现象，体内未受孕的卵子随着经血由阴道排出。第一次来月经，叫做月经初潮，月经初潮的时间因人而异，多数在11~13岁。由于环境污染与食品业滥用激素等问题，现代女子的月经初潮多有提前，甚至提前到8岁，也有人可推迟到18岁甚至更晚。如果身体和其他第二性征发育都正常，月经初潮早或迟并无大碍。规则的月经每月一次，每次3~5天。初潮后半年到一年内月经周期出现不大规则的现象很常见，两次月经相隔时间不确定，每次来月经的持续时间也可能时长时短，但如果月经周期延长到6个月以上或每次月经超过11天就属于不正常了，需要及时就医。

3. 受孕及避孕

精子和卵子结合叫做受孕或受精。通过性交行为，男方将精液射入女方的阴道，射出的精液中含有的数亿个精子依靠尾部摆动向子宫游动，但因阴道的酸性环境，大部分精子在游动过程中会失去活力或死亡，只有少量存活的精子进入输卵管。如果女方正巧从卵巢中排出卵子，就会游离至输卵管与幸存的精子相遇，此时只有最强壮最幸运的精子才能与卵子结合，成为受精卵。受精卵一旦形成就开始成倍发育，在输卵管里停留3~5天就会游向子宫，在受精7~8天后着床，植入子宫内膜里开始吸取母体营养，进而发育为胎儿。受孕后最明显的特征就是停经，月经因为健康因素或生理因素推迟的现象很正常，但一般不超过7天，若无其他原因莫名停经10天以上，处于育龄期且有过性行为的女性则很有可能怀孕了。

从避孕方面考虑，可以将女性的每个月经周期分为月经期、排卵期和安全期。精子在进入女性阴道后，可以存活3~5天，最长可达7天。卵子的寿命为12~24小时，精子在存活期间如果遇到排卵，就会受孕。女性排卵日期一般在下次月经来潮前的14天左右，排卵日的前5天与后4天加在一起为排卵期。若排出的卵子没有遇到精子便会衰亡，然后随着剥落的子宫内膜通过阴道排出体外,这种周期性的子宫出血现象就是月经。除去排卵期和月经期就是安全期,在此期间性交受孕的几率比较小。由于精子的存活时间较长,所以排卵期如果没有采用避孕措施,受孕几率比较高。避孕措施常用药物避孕或器具避孕,如最常用的避孕套。药物避孕对身体的伤害比较大,安全套的避孕率可以达到99%以上,也能在一定程度上阻隔疾病的传染,是最方便实用的避孕器具。一些男性会采用体外射精的方式避孕,但这种方法的避孕效果难以保障,因为在性兴奋的时候流出的前列腺液中已带有精子,并且,在射精高潮的时候,往往很难及时将精液完全射在体外。

(二) 性心理困惑

　　大学生处于性敏感时期,一般很少与父母沟通交流,又由于传统教育特点使得他们在性知识方面略显苍白,加之忙于课业或因感到羞涩,大学生们较少主动接触正规的性知识,许多大学生对性的了解和观摩多来自日本或欧美的舶来品,这些成人影像粗暴而直接的画面满足了大学生偷窥与好奇的欲望,但往往也在潜意识中植下了错误的性观念。许多成人情色影像制品出于商业目的,画面情节多有违反禁忌或不道德的情节,大学生应予以区分和辨别,明白现实与虚构的情节有着天壤之别。

　　不少同学在浓情蜜意的恋爱中感觉难以把持,行为不知不觉开始有些越轨,对于不少处于热恋中的青年男女来说,该不该发生婚前性行为是很多人在甜蜜之余忧心的事。此时,由于生理的原因,男性较为主动,女性略为犹豫和踟躇。婚前性行为可不可以有呢?答案由当事人自己定夺。但前提是你是否做好准备。这个准备包括你是否具备良好的性知识基础,你是否能够承担婚前性行为的后果,你是否有独立而完善的人格,等等。爱的结合不仅是身体上的交流,还有亲密关系、决定上层建筑的经济基础以及社会因素等。一些大学生也许觉得用性行为可以建立起牢固的亲密关系,牢牢拴住一个人的心。殊不知性行为无法创造之前就不存在的爱情,也难以挽救濒临破碎的感情。2010年,美国爱荷华大学的安东尼·佩克教授调查了642位异性恋成人,发现56%的人是在双方认真交往很长一段时间后才与伴侣发生性关系,许多被调查者认为和另一半相处最美好的时候是"表现出状态时",而并非"发生性行为"时。调查同时发现和另一半先行"巫山云雨"的人对关系的满意度和期望值都很低,也很少产生真爱。当然,调查报告中也有一见钟情身心俱付仍走在一起的情侣,只是这种机会犹如买彩票,你确定你能中头奖吗?

　　结合我国著名的性学教授史成礼的观点,婚前性行为的缺点在于以下几点:冲动之下的性交环境差,心情紧张易导致性功能障碍;受色情影片的误导，导致不正确的性动作容易引起性器官损伤；不懂得性行为中的防范和保护，可能导致性疾病的传播；有可能导致早孕、早婚，给职业规划与发展带来阻碍；不符合社会道德规范，给自己带来沉重的心理负担。婚前性行为的弊大于利，每一位大学生尤其是女大学生都值得思考，由于生理和社会的原因，女大学生婚前性行为的成本远大于男大学生，所以对于每一位男生来说，如果你不能为她披上嫁衣，就请停止解下她的内衣。而每一位女孩请认真思考，对方究竟是不是你值得托付终身的人。

八、性健康维护与调节

（一）正确对待性幻想、性梦与自慰

1. 性幻想

性幻想也是人类常见的性现象，通常指人在清醒状态下对难以实现的与性有关事件的想象，几乎每一个人都会有各式各样的性幻想，但在出现频率、内容及态度上存在一定差异。处在青春期的青年男女，即便产生对异性强烈的爱慕之心，也难以与心上人发生性行为以满足自己的性欲望，于是会通过想象力将以往所接受的媒体信息，如电影、书籍等看过的故事情节进行重组，虚构出以自己和爱慕对象为主人公的故事。这种性幻想多产生于睡眠前后的闲暇放松时间，在这种白日梦之中，每个人都是自己的导演，可将梦演绎到自己满意满足为止。在进入自己编纂的故事角色之后，常还伴有情绪反应甚至导致性兴奋，男性表现为勃起，女性表现为性器官充血，有时性幻想还伴随自慰行为。性幻想只是想象而已，对于成熟的人来说，能够很好地区分现实和幻想的区别，这种性幻想是正常而健康的。例如，夫妻之间的性幻想还能促进双方的性兴奋水平，是有一定益处的。但对于某些想象力过于发达、自控力也不好的青少年来说，可能会让自己乐此不疲，过分依赖这种精神刺激而干扰正常的学习和生活，如果发展到"强迫性幻想"的程度，则需要正向引导和及时就医。

2. 性梦

性梦是指在睡梦中与他人发生性行为，达到性满足的现象。性梦是青春期成熟的正常心理现象。在弗洛伊德的精神分析学派的解释中，梦是通往潜意识的康庄大道，性是本能和欲望的动机，而性梦恰恰就是被压抑的冲动的再现，是一个将不符合社会规范的欲望表达发泄出来的过程。近年来，睡眠研究工作者大多用脑成像和统计数据来进行研究。明尼苏达区域的睡眠障碍中心专家卡

洛斯·申克曾收集1905年至2006年间有关性梦的研究，发现人群中有11种和性相关的睡眠障碍。还有一项有219人参与的调查发现92%的人经历过不同类型的性梦。2009年，西英格兰大学的研究者杰尼·帕克收集论证资料发现男人和女人都会做性梦，男人的比例略高，男性多发于青春期，女性多发于青春后期。在这些做性梦的人群中甚至还有4%的人声称达到了高潮。对于那些性梦非常丰富的人来说，这也许是一件好事，因为他也许比别人体验到了更丰富的人生乐趣。如果性的对象和场景只在梦中，现实中并无付诸行动，在科学家的范畴里这并不涉及心理健康问题。

3. 自慰

自慰（亦称手淫）是人有意识地通过手或其他器具自我抚弄或刺激性器官来寻求性兴奋或性高潮的一种性行为。个体自慰行为所引发的性反应过程，与正常性交完全相同，同样能达到宣泄性冲动和释放性张力的作用。正常的性欲是人类繁衍后代的基本生理要求，是很正常的现象。随着现代社会的发展，人从性成熟到通过结婚来合法地满足性要求，一般要等待10年左右，而这段时间的性需求往往最高，积累下许多未释放的性欲。在这种情况下自慰是最方便且安全的办法。因为自慰不会向内外传染任何性病，也不会涉及伦理道德，更不会涉及感情纠葛，与性攻击甚至性犯罪无关。因此，自慰作为一种合理的释放性欲的方式，能够规避部分由性问题而引发的道德问题和社会问题。

在过去，自慰曾被当成是不道德的自我虐待，认为会引起自责、恐惧、焦虑、精神异常、阳痿和体力衰退等后果，但自从20世纪50年代后期金赛研究了16 000例美国男女的性行为，指出92%的男性和58%的女性有性自慰行为，且没有产生恶劣后果以后，才改变了自慰有害的错误看法。1991年6月12日，在荷兰首都阿姆斯特丹召开了第10届性科学领域最高规格的大型国际会议——世界性科学大会，荷兰卫生文化和社会福利部部长在开幕式上讲到：自慰以前曾被认为是一种病态，但现在则被看做无害，甚至是健康的行为。如果某人有性问题，而他又不是手淫者，也许恰恰是因为他不能手淫。

还有一种说法：自慰会影响性生活。这也是一种误导，精子是由睾丸产生，精子的质量和数量由基因决定，与自慰无关。自慰也不会影响日后的性生活，相反还会对以后的性生活有帮助。因为自慰能够帮助每个人了解自己的身体，是一种正常和健康的事情。自慰可以说是性生活的实习，对男女掌握性技巧，提高性爱满意度都是有好处的。女性阴道炎、输卵管炎、子宫内膜炎及其他女性疾病引起的原因之一就是没有充分感受性爱。在性兴奋时，血液大量涌向性器官，就像通过阴道壁的血管渗出血浆一样，产生黏液，如果女人在同房时得不到满足就可能造成小骨盆淤血，导致一些妇科疾病，从这一角度，自慰作为感受性爱的方式之一对女性也是有益的。

自慰是能够释放性能量和缓和性心理紧张的一种措施。但物极必反，过度手淫就像性爱过度一样也是不利的。现实生活中确有一些青少年因精神无所追求或好奇等原因，无节制地进行自慰，造成精神萎靡，身体健康受损，这就涉及一些心理问题。而且过度的手淫会使身体的性兴奋和性高潮在无须异性的正常性行为下就得以满足，会对今后正常的异性爱产生一些消极影响。我们难以笼统地界定自慰健康与危害的量度，一切尽在同学们自己的把握。在大学期间，多彩的大学生活动和紧凑的课业学习能够很好地转移注意力，缓解性紧张问题，自慰是正常的生理心理现象，适当适度是不会影响正常的身心健康发展的。

（二）调控性冲动

青年男女在步入青春期以后，性器官日趋成熟，青年人有性冲动、性紧张等现象是很正常的。在性激素调节作用下，青年男女很自然地会产生爱慕异性的情感，这种情感在视觉、听觉和触觉等性刺激之下，容易引起性的冲动和欲望。例如，所中意的异性外貌、与异性无意中的肌肤接触，甚至温婉的语言、秀丽的文字都能成为诱导因素，引起性冲动。青年男女只要身体健康，神经系统运作正常，大多会有正常的性欲，只是强弱不同而已，一般男性比女性要强，也容易外显。由于社会属性是性的本质属性，性受到社会的道德观念和法制观念的制约，人的理智即便在性要求非常强烈时也能起到调控作用，不会让它任意发泄。

那么我们应当如何更好地调节性冲动呢？第一，要养成良好的生活习惯，注意外生殖器的卫生，勤洗勤换内衣裤，尽量形成有规律的作息，早睡早起。睡觉时穿宽松的内衣裤，减少对外生殖器的压迫和摩擦，多采用侧卧睡姿，以保证血液顺畅流通。第二，要多参与各种社团集体活动，积极锻炼身体，转移注意力。不观看有刺激性的电影和书刊。第三，如果在不恰当的场合意识到自己有性冲动时，尽量改变场景或进行自我调节与控制，提醒自己冷静处理。第四，要恰当释放，对于积压已久的性需求，可通过自慰等方式适当释放，但不要因为好奇或追求快感而频繁手淫。

（三）必要时寻求心理咨询

有些大学生遭遇性困惑或在性问题方面难于向身边的人启齿，此时大家可以寻求心理咨询师的帮助。咨询师会在安全保密的环境中真诚地与来访者沟通，认真听其倾诉，同时用专业的知识来判断来访者的性认知是否正确，是否有非正常倾向,并对来访者的心理问题进行诊断与评估,为你放下心里的包袱。某些性偏好并不就是道德的沦丧,很可能是人的某些遗传因素或因童年时期的经历决定的。在意识到自己可能在性方面有问题时,尽早接受心理咨询才能尽快地恢复身心健康。同时在咨询时要诚实地与心理咨询师交流,这样才能让心理咨询师明白真正的问题出在哪里,使自己的问题得到正确的疏导与治疗。

第五章

学习心理：遨游书山学海

一、我们会遇到什么样的学习心理问题
 （一）学习动机不当
 （二）学习疲劳倦怠
 （三）考试过度焦虑
 （四）专业认同偏差
二、如何更好地学习——全面开启学霸模式
 （一）有目标的学习更成功
  知识链接——提高目标凝聚力：注意力训练
 （二）神奇的内部学习动机
 （三）组块的力量和"7"的魔力
 （四）掌握记忆的规律
 （五）高效学习的小窍门
 （六）放松身心的小技巧

很多人认为中国的大学是严进宽出的，高考前，学习是天大的任务；上了大学后，学习再也不是主要任务了，可以将大部分的时间和精力用在休息、娱乐和发展个人兴趣爱好上。学不在深，抄上则灵；分不在高，及格就行。斯是教室，唯有闲情；小说读得勤，寻思看电影，无书声之乱耳，无复习之劳形。寻思上网吧，打牌下象棋，心里曰"混文凭!"其结果是不少同学学习成绩一团糟，甚至有部分学生考试成绩经常是"大红灯笼高高挂"，严重的还会被劝退学。据统计，大学一年级已成为考试不及格的重灾区。

实际上，与高中相比，大学的学习并非想象的那么简单。有人描述大学的学习让人找不到北：老师讲课的速度奇快，一不留神，再也跟不上了。有些内容书上没有，也听不懂。上课的时间也是七零八散，有时一天很闲，有时又从早忙到晚。没课的时候不知道要干些什么，常常不知不觉在电脑前一坐就是一天。从中学升入大学后，角色和环境的变化，使不少大学生还会在学习方面产生适应不良，甚至心理方面的问题。

一、我们会遇到什么样的学习心理问题

（一）学习动机不当

传统的教育心理学把学习动机定义为激发与维持人从事学习活动的原因，但现代教育心理学赋予这一概念更多的含义。正如沃尔福克（A. E. Woolfolk，2001）所说："学习动机不只是涉及学生要学或想学，还涉及更多含义，包括计划、目标导向、对所要学习与如何学习的任务的反省认知意识、主动寻求新信息、对反馈的清晰知觉、对成就的自豪与满意和不怕失败"，并把学习动机定义为"寻求学习活动的意义并努力从这些活动中获得益处的倾向"。①

学习动机不仅对学习行为起着激发、定向、维持的功能，而且还直接关系到学习的效果。学习动机不足或者过强都属于学习动机不当，二者都会影响大学生的学业效能感，即影响大学生对自我学业的评价和满意度。学习动机不足的主要表现为：无明确的学习目标，为学习而学习，甚至厌倦学习和逃避学习；学习动机过强的主要表现为：成就动机过强，奖励动机过强，学习强度过大。

---

① 皮连生，王小明，庞维国，林颖：《教育心理学》（第三版），上海教育出版社2004年8月出版。

案例:"我不想学习了"!

小林以前是个勤奋刻苦、成绩优异的好学生。刚上大学时,他很有雄心壮志,立志一定要在大学里混出个样儿来,但具体要怎么混,他还真说不出来。小林报的专业是经过自己和家人讨论后慎重选择的,按照社会的标准来看,是个热门的专业。小林渐渐发现大一的课程没有想象中实用、好玩,不说专业课程繁多、难度大,老师一节课能把书本的内容讲几十页,本来就没有预习的小林这下更是听得云里雾里。时间一长,小林就没心思了,觉得特别没劲,上课也开始玩手机,看电子书,甚至有时候打瞌睡。没有了学习热情的小林,都不知道要干什么,整天无所事事,后来干脆逃课在宿舍睡懒觉。

案例分析:小林出现的问题是学习动力不足。一些大学生无法直视现实中大学生活和理想中的落差,缺乏学习兴趣和目标,对学习的期望不高,学习态度不端正,学习效率下降。许多人想,等我有空再学习吧,等我有时间再好好看看书吧,等我精神好的时候再认真思考这个问题吧。于是,日子便在等待中流逝,而他们也永远不会"有空"、"有时间"、"精神好"。

与学习动机不足相伴随的学业拖延症在大学生当中也较为普遍。学业拖延症是一种学习者明知任务紧迫却推后完成任务的非理性行为。必须满足以下 3 个条件才能称为学业拖延:

(1) 自愿:首先,拖延行为是学生本身自愿推迟完成任务。

(2) 回避:学生对厌恶的任务或对因害怕完成任务后导致的成功或失败而产生回避的倾向。

(3) 非理性:明知任务该完成,却不能合理看待和行动。

曾经有研究发现,近一半的大学生存在学习拖延现象,特别是在需要自主安排的学习任务中更明显。学业拖延不仅会对学习方面造成不良影响,加拿大卡尔加里大学(University of Calgary)的心理学家皮尔斯·斯蒂尔(Piers Steel)指出,喜欢拖延的人往往混得不如旁人,苦恼更多、健康状况也差,并且在面对重要抉择时更犹豫不决。

学习动机强度过低很难产生高的学习效率是显而易见的。那么,是不是动机强度越高,学习效率也就越高呢?心理学家耶基斯和多德森的研究发现,动机强度和学习效率之间并不是简单的线性关系,而是倒"U"形曲线关系。中等难度的学习课题,中等强度的动机水平最佳,学习效率最高。当动机强度在中等强度以下时,随其强度的增加,学习效率不断提高;而动机强度超过中等程度时,随其强度的增加,学习效率反而不断下降。因此,我们得知学习动机过强与学习动机过低一样会降低学生的学习效率。可以这样理解,在动机过分强烈的状态下,焦虑水平也会过高,个人的注意力和知觉范围会变得过分狭窄，思维效率降低，因此，正常的学习活动受到限制，学习效率下降。

动机的最佳水平与学习课题的难易程度有关。难易程度中等的课题，最佳水平为中等动机强度。比较容易或简单的学习课题，其最佳水平为较高的动机强度。比较复杂或困难的课题，其最佳水平为较低的动机强度。

（二）学习疲劳倦怠

在学习过程中，学业压力等因素容易导致学习者情绪枯竭、自我怀疑及缺乏成就感，从而对学习失去兴趣，感到身心俱疲，这种心理状态称为学习疲劳倦怠。这是一种需要暂停学习，进行调节休息的警示信号。

某大学会计学专业的一名大二学生小芳，因为担心未来严峻的就业形势，为了多积累几块"敲门砖"，她早早就开始了考证生涯，英语四六级、计算机一二级、剑桥商务英语、注册会计师几个证书就使她忙得团团转。尽管如此，小芳还是很不放心，据说近期又准备考取营养师、心理咨询师的证书。如此繁多的证书考试，加上专业课程的压力，小芳渐渐心有余而力不足，一看到课本就开始发困，想睡觉，甚至经常感觉厌倦、烦恼、疲累，心情也时常低落、沮丧，总是感觉自己没有精神。

大学里，像小芳这样的考证族并不少见，他们天天奔波于各自习室和图书馆之间，晚睡、饮食不规律更是常有的事。长期如此，就会出现学习疲劳倦怠，对自己的身体健康和智力水平产生不良影响。

日本有一位心理学家曾做过一个著名的实验，他自己作为实验的被试，连续做了4天的乘法心算，采用的题目是4位数乘以4位数，每4题一组，每天做17组，共68题，每组做完后间隔1~2分钟。结果，他做第一组题时用了20分钟，而做最后一组题时却用了47.1分钟。可见，长时间高强度的脑力劳动，竟导致开始时的工作效率与最后的工作效率竟相差近2.4倍。严重的心理疲劳大大降低了大脑活动的效率，大脑会出现严重的抑制现象。

即使没有长时间、高强度的学习活动导致的学习倦怠，我们的学习过程也不是一路直线上升的。心理学研究表明，我们的能力和水平的发展在学习过程中要经历以下四个阶段：

（1）开始阶段：学习刚开始时，我们要了解新事物、熟悉新规律，此阶段学习比较费劲，提高很慢。

（2）提高阶段：在初步掌握了知识、技能的重要规律后或找到了"窍门"后，成绩明显提高，这会给我们带来极大的鼓励和信心。

（3）高原阶段：这时我们已经掌握了一定的知识，也具备了一定的能力和水平，但是开始进步速度缓慢，甚至处于停滞状态，有时成绩还会下降，虽然很用心努力去学习，但成效不明显，这是学习上的一个学习高原现象，是正常的，也是很多学习中不可避免的阶段。有关研究发现，大学新生在心理上有一段空白期，第一学年的学习有一种莫名的迷惘和不知所措，容易对教学内容、目标、学习方法的调整失去目标，这是典型的学习高原现象。大家可以回想一下，在学习英语的过程中你是否有过同样的停滞不前的经历呢？研究发现，词汇量的多少明显影响我们阅读能力的高低。但是当掌握的词汇量达到3 500～4 500个时，就会出现第一次高原现象，平均持续时间为8个月左右；达到6 500～7 500个时，出现第二次高原现象，平均持续时间为12个月左右；当词汇量达到了9 500～10 500时，第三次高原现象就出现了，平均持续约18个月。

（4）克服阶段：面对高原现象，坚持学习，不断探索和改进学习方法，克服了学习上的困难，掌握了新的规律或技巧后，学习成绩又会开始逐步上升，学习能力和水平又会达到新的高度。

那么，怎么才能克服学习高原现象呢？具体方法主要有以下几种：

（1）变换学习方法。学习开始阶段所用的方法到了高原期不一定合理，所以到了高原期过后，要尽快探索适应该阶段的学习方法。另外，学习方法在使用过程中会不断暴露缺点，有必要不断改进学习方法，克服原有缺点。

（2）提高学习能力。学习能力差，学习质量不高，更容易产生学习停滞现象。传统的"填鸭式"训练使许多同学的学习能力不全面，形成不良的思维定势，影响思维方式的变化与转换，因而要克服高原现象，我们还要提高自己的学习能力，用大脑琢磨学习规律，用心去思考，而不是被动地接受。

（3）增强学习意志。学到一定程度时，会感觉非常疲劳，学习动机也会下降，这时就需要大家再坚持一下，保持强大的内在动力。遇到困境时，不仅要具有攻关精神和百折不挠的勇气，还要有顽强的意志力，才能克服高原现象。

（4）丰富知识基础。知识基础差的学生很容易遇到高原现象。由于知识基础不牢，会导致学习上"欠债"太多，因而克服高原现象的一个重要方法就是丰富自己的各种知识，打下坚实的知识基础。

（5）提高心理素质。有些同学在困难面前容易失去信心，因对自己的能力估计不足而灰心，进而影响学习进步，所以应注意培养自己的心理素质，如增强意志力和耐挫能力等，以一个良好的学习心态去克服高原现象。

（三）考试过度焦虑

你身边有没有这样的同学，考试对他来说就是一场灾难。考试前的那几天简直度日度年，白天心情烦躁、情绪紧张、不能平心静气地复习；晚上入睡困难、多梦易醒。临考时头晕目眩、心跳加快、小便频繁，紧张到无以复加，硬着头皮应试。

这种情况是典型的考试焦虑。这是一种比较复杂的心理现象，是学生意识到考试环境对自己具有某种潜在威胁时，在考前预感到威胁或在应试情景的激发下引起的一种紧张不安、忧虑、恐惧甚至逃避的心理状态，这种心理状态和学生自身对考试的认知和评价有关。考试焦虑是大学生最普遍的学习心理障碍之一，大学生群体中大约有10%~15%的人存在不同程度的考试焦虑，特别是那些学习基础不太好、曾经考试失败过、学习方法刻板、性格不够外向的大学生最容易产生考试焦虑症状，有的大学生还伴有失眠、神经衰弱等症状。

考试焦虑的具体表现主要有4个方面：一是在情绪上，如焦虑、烦恼、担忧、不安；二是在认知上，如注意力不集中、记忆力下降、学习效率低、思维不够灵活；三是在行为上，如坐立不安、手足无措；四是在身体上，如头痛头晕、食欲下降、恶心、心慌、多汗、睡眠不好等。严重的患者还会在考前出现明显的身心反应，如食欲减退、腹泻、发烧、失眠；临考时呼吸急促、心急气短、发抖、手足出汗、频频上厕所、思维浮浅、判断力下降、大脑一片空白；个别学生应试时还会出现视动障碍，如看不清题目、看错题目、漏题丢题、手指僵硬、不听使唤、出现笔误等。

心理学研究表明，适度的焦虑会产生积极的效果，使应试者较好地发挥水平，但焦虑程度过高或过弱都会降低学习效率。心理学界的研究证明，在学习和考试的过程中，维持一定程度的紧张和焦虑是有益的。考试焦虑和学习效率之间呈倒"U"形曲线关系，焦虑水平过低不能唤起学生对学习的重视，无法激起学习的积极性，学习效率在一定范围内随着焦虑的增强而提高，过高的焦虑和紧张反而会降低学习效率，无法正常应付考试。考试焦虑处于中等程度时，学习效率最高，考试效果最好。一位美国心理学家曾说过："焦虑本身毫无可怕之处，可怕的在于我们对它的态度。"

（四）专业认同偏差

"如果不学新闻，我想做个理发师；如果不学生物，我想当个赛车手；如果不学金融，我想做个心理咨询师……"近日，一位名叫袁琳的大学生在人人网、微博发表一条"如果不学体"的网帖，很快吸引近10万网友的疯狂转发。随后，"如果不学体"在微博、QQ、论坛等各种网络平台上掀起了一股大学生"吐槽风"。而许多已毕业的大学生也纷纷参与到该风潮中，以"如果不学……，我想……"的句式道出自己的梦想与现实的差距。

一、我们会遇到什么样的学习心理问题

针对大学生们的专业选择问题,华中师范大学武汉传媒学院的大学生对武汉大学、华中科技大学、华中师范大学、湖北大学等5所高校的100名学生做了随机问卷调查。调查显示,60%的大学生对自己现在所学的专业不满意,25%的学生感到无所谓,只有15%的大学生表示所学专业与个人兴趣相符。而在导致大学生对自己专业不满意的主要原因中,排在首位的是不感兴趣;排在第二位的则是专业的行业发展前景不好,与报考前想象的不同;排在第三位的是就业困难,竞争压力大①。研究表明,专业认同度低是造成大学新生学习适应困难的一个重要原因。

大学与中学的学习明显不同。中学的学习内容不分专业,具有基础性和同一性特征,学生对开设的各门课程都必须学习。大学则不同,学习的专业化程度较高,职业定向性较强,大学生的学习活动实质上是一种"学习—职业"活动。对专业的认同程度极大地影响了大学生对学习的满意程度和倦怠程度。当大学生对自己和专业抱有怀疑态度时,认为不理想或者不确定自己是否适合就读目前的专业,学习的热情必会大大降低,很难真正地进入学习状态,效果也不佳,反过来又进一步降低专业认同度。专业认同偏差还可能给大学生的精神和心灵带来耗竭和痛苦。

那么,存在专业认同偏差的大学生该怎么办呢?具体方法主要有以下几种:

(1)需要改变认知。有时候一些同学认为自己的专业和自身性格、兴趣不相符,其实问题不一定那么严重。大一的同学往往对自己的心理特点和能力倾向认识还不够全面,不要轻易下结论,可以通过职业心理测试、360评估、专业咨询等各种渠道加深对自我特点和长处的了解。

(2)全面理解专业。除了找老师、学长、学姐了解本专业的具体情况和发展前景外,还应该多接触专业的相关资料,阅读与专业有关的书籍或名人传记,最好能多参加与专业有关的社会实践。有这样一个心理学实验:请两组大学生分别评价一项工作的好坏,一组大学生只是凭一些书面介绍,而另一组则要亲自参加这一项工作,结果第二组对这项工作的评价明显要比第一组高。可见,当我们全身心投入专业学习和专业实践中时,会重新发现它的重要性和价值所在,增强对专业的认同感。

(3)考虑重新选择专业。虽然通过学校的正式途径来实现专业转换比较困难,但很多高校都允许入学新生在经过一年的原专业学习后重新选择专业,

---

① 赵飞,陈思捷,吕欢. "如果不学体"风靡武汉 六成大学生不满意本专业[N]. 楚天金报(第18版),2012-5-9.

不过这种转专业的方式需要大一一年良好的学习成绩作为铺垫。有打算转专业的同学要向辅导员打听或者通过阅读学生手册等方式了解本校转专业的相关规定,提前做好准备。如果转专业失败,也可以修读自己感兴趣的第二学位。另外,将来在准备考研的时候,也还有机会选择自己喜欢的专业。所以即使专业不理想,我们依然还有很多机会,不能过于悲观。

二、如何更好地学习——全面开启学霸模式

2012 年,清华大学"学霸姐妹花"马冬晗、马冬昕的故事曝光网络。两姐妹大学期间学习十分勤奋刻苦,每天 6 点半起床,7 点进教室,总是坐在第一排,大学四年每周都要制作学习计划表,周一到周日,每个小时都做了非常明确的安排,学习任务、学生工作等每件事情都精确到了分钟。她俩以优异的成绩获得清华大学特等奖学金,在社会实践和学生工作方面也很出众。无独有偶,天津大学学生苏亚鹏对自己的学习生活也做了详细的规划。从大一开始,他一直坚持做学习规划,在他的规划表上,时间被利用到了极致,具体到每一分钟该做什么他都详细列出,甚至寒暑假也从未间断。例如,他的学习规划表上这样记录着:7:30 起床,8:00—8:45 复习,8:50—9:35 背一组单词,9:45—10:30 看生化章节……中间空出的 5 分钟、10 分钟是他的休息时间。苏亚鹏表示大学里想做的事情太多,如果不做学习规划,恐怕忙不过来。在大学的前三年,苏亚鹏修了 199 个学分,这已经比一般大学生四年所修的学分还要多。学霸们的共同特点是,除了学习刻苦,成绩优异,科研出色,而且个个不是书呆子,兴趣爱好广泛,积极参与学生工作和社会实践,并有不俗的表现。

学霸的最大特点是他们懂得怎么学习。那么,大一的学生怎样才能构建自己的学霸模式呢?具体方法主要有以下几种:

(一)有目标的学习更成功

有一个人问路:"先生,你能告诉我该怎么走吗?"路人感到非常疑惑,说:"你要去哪里?"他回答道:"我也不知道去哪里。"路人说:"如果你不知道要去哪,那走哪条路都行!"这看起来是个笑话,但是在现实生活中这样的人并不少。

哈佛大学有一个非常著名的关于目标对人生影响的跟踪调查。调查的对象是一群智力、学历、环境等条件差不多的年轻人。调查结果发现,27% 的人没

有目标，60%的人目标模糊，10%的人有清晰但比较短期的目标，3%的人有清晰且长期的目标。

25年的跟踪研究结果显示，他们的状况及分布现象十分有意思。那些有清晰且长期目标的人，25年来他们都朝着同一方向不懈地努力，25年后，他们几乎都成了社会各界的顶尖成功人士。他们中不乏白手创业者、行业领袖、社会精英。那些有清晰短期目标者大都在社会的中上层。他们的共同特点是，短期目标不断被达成，状态稳步上升，成为各行各业不可或缺的专业人士，如医生、律师、工程师、高级主管等。而那些有模糊目标者，几乎都在社会的中下层面，他们能安稳地工作，但都没有什么特别的成绩。剩下的是那些25年来都没有目标的人，他们很多都是失败者。

中国社科院研究生院副院长邹东涛认为，人才可以分为4种：第一种是"一"字形，这种人才的知识面宽泛，涉猎较多，但是研究不深入；第二种是"1"字形，这种人才在某一方面的知识领域研究深入，但知识面狭窄，不会将各领域知识融会贯通；第三种是"T"字形，这种人才不仅知识面比较宽，而且在某一知识点上还研究得比较深入，但是还不够冒尖，没有创新性的成果；第四种是"十"字形，这种人才既有较宽的知识面，又在某一点上有比较深入的研究，更重要的是他们敢于冒尖，有独到的创新思想。亲爱的同学们，你们想要成为哪种人才呢？

孔子教育学生说："取乎其上，得乎其中；取乎其中，得乎其下；取乎其下，则无所得矣"。我们可以这样理解，当一个人有了比较高的目标之后，即使最后可能达不到目标，他也会收获到比目标低一点的回报，也可以说凡事要做最充分的准备，要付出高于目标的努力来达到目标。

有人说，大学生差别最小的是智力，差别最大的是毅力。因此学习目标的制定对大学生来说至关重要。学习目标具有指引学习的动机作用。在学习的各个环节都要向自己提出明确而具体的目标要求。目标的高低要尽力与个人的学习能力相一致。

大学生确定学习目标时应注意以下4个方面：

第一，学习目标要符合自身特点和发展方向。制订学习目标时，首先必须了解学校制定的专业培养方案，了解本专业必须具备的基础知识和基本技能，了解本专业的课程安排和考核方法，了解本专业的培养方向和培养方法。在此基础上，对自己各方面的能力、兴趣、性格特点进行正确的评估，了解自己的特点、特长、兴趣所在，决定自己将向哪方面发展。

第二，学习目标要长短结合。学习目标要既有远期宏大的目标，也要有近期具体的目标。近期目标是在远期目标的基础上制订出来的，通过一个个近期目标的实现，可以体验到实现目标的喜悦，鼓足干劲去追求更高层次的学习目标，进而可以循序渐进地接近远期目标。例如，大学生可以制定一份大学四年的总学习目标，在此基础上设定每学年和每学期的学习目标，最终细化到每个月、每周的具体学习规划上。

第三，学习目标的确立应符合社会发展的需要。学习的最终目的是将来为社会服务，使自己的学识得到社会的认可。因此，大学生学习的知识和技能应该是实在、实用、实际的，要适应时代的发展，为社会所需要。基于这一点，在制定学习目标时，要立足于当前，着眼于未来，精心构建自己的知识和能力体系。

第四，设定的目标要与自己的能力一致。目标过高，与本身的能力差距太大，可望而不可及，对自己不仅没有激励作用，而且容易使自己产生无力感；目标过低，缺乏挑战性，即使成功，强化作用也不大。正所谓的"跳一跳，够得着"，既有挑战性，又有可实现性才是最合理的目标，才能有最佳的动机激发作用。

在实现阶段性目标后，要有相应的奖励来对前一阶段的学习予以奖赏，以巩固学习的热情，小进步小奖励，大进步大奖励。行为科学实验证明：一个人在没有受到激励的情况下，他的能力仅能发挥20%～30%，如果受到正确而充分的激励，能力就有可能发挥到80%～90%，充分适当运用奖励手段是促进目标实现的重要举措。此外，自我反馈也是促进目标实现的重要手段。自我反馈是对学习过程和结果的自我评价，反馈本身就是一种有效的激励因素。通过对结果的反馈，我们会知道，我们学了什么，目标实现了哪些，下一阶段目标是什么；通过对过程的反馈，我们会知道，我们哪些学习策略对实现学习目标有帮助，哪些学习过程需要完善和改正。

知识链接——提高目标凝聚力：注意力训练[①]

很多同学说，在实现目标的过程中，无法静下心来集中精力，全身心地投入其中，那么下面的练习你可以看看。

找一面空白的墙壁，坐在它的前面。在意念中画一条大约6英寸（约15厘米）长的黑色水平线，试着看清这条线，就像画在墙上一样。接着再用意念画出两条垂直的线，与前面的那条水平线的两端相连。然后再画一条水平线，把这两条垂直的线连接起来，形成一个正方形。试着看清楚这个正方形。

---

① 皮连生，王小明，庞维国，林颖. 教育心理学（第三版），上海教育出版社，2004，8.

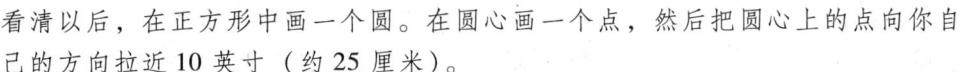

看清以后，在正方形中画一个圆。在圆心画一个点，然后把圆心上的点向你自己的方向拉近10英寸（约25厘米）。

现在，你在一个正方形的底面上做成了一个圆锥；你应该能记住这个圆锥是黑色的，再把它变成红色、白色、黄色。假如你能够做到的话，那么你已经取得了很了不起的进步。

实际上，这样做的目的是为了训练我们集中注意力，坚持下去，过不了多久你就可以做到在心中所想的任何一件事情上都能全神贯注、集中精力。可以想象，倘若一个目标已在思想中极其清楚地成形了，那么离实现它的日子就不远了。

（二）神奇的内部学习动机

一个独居在家的老人，突然有一天家门前来了一群孩子嬉闹，声音比较吵，影响了老人的正常休息。几天的嬉闹，老人难以忍受。于是，他出来给了每个孩子25美分，并对他们说："你们让这儿变得很热闹，我觉得自己年轻了不少，这点钱表示谢意。"孩子们很高兴，第二天仍然来了，一如既往地嬉闹。老人再出来，给了每个孩子15美分。他解释说，自己没有收入，只能少给一些。15美分也还可以吧，孩子仍然兴高采烈地走了。第三天，老人只给了每个孩子5美分。孩子们很生气，"一天才5美分，知不知道我们多辛苦，真不值得！"他们向老人发誓，他们再也不会为他玩了！

这个故事中的老人巧妙地应用了孩子们的内部动机。

学习动机分为两类：一是内部动机，即由个体内在的兴趣、好奇心或成就需要等内部原因引起的动机。例如，有的大学生对哲学感兴趣，一有空就读相关的著作，从中不仅获得知识，而且也获得宁静的内心世界。由内部动机激起的学习活动的满足在于学习过程本身，而不在学习活动之外的奖赏或分数，可以说是乐在其中。

另一种是外部动机，是指由外在的奖惩或害怕考试不及格等活动之外的原因激起的动机。学生努力学习，其满足不在活动过程本身，而在学习活动之外。例如，大学考试前，因为怕考试挂科，让父母失望，于是临时抱佛脚，熬夜通宵复习，这样的学习行为就是受外部动机驱使的。如果按照内部动机去行动，我们就是自己的主人。如果驱使我们的是外部动机，我们就会被外部因素所左右，成为它的奴隶。

故事中，老人将孩子们最开始为自己开心而玩的内部动机转变成为老人而玩的外部动机，通过操作外部因素，使得孩子们的外部动机不断减弱，最终停止了嬉闹行为，重新恢复了平静。

同样的规律在心理学家德西（Deci）的实验里也得到了验证。德西对外部奖励、外部动机与内在动机之间的复杂关系进行了实验研究。1971年，他在实验中发现，大学生本来可以兴趣盎然地进行某项学习活动，但是如果在他们学习时给予一定的报酬，那么后来在得不到报酬时，他们对这项学习就不那么感兴趣了。在实验中，德西让大学生用"索马"（SOMA）立方块摆成各种规定的图形。实验分3天进行，每天规定摆出4个图形，要求每个图形必须在13分钟内摆完。德西把参加实验的大学生分为实验组和对照组。两组的区别是：实验的第二天，实验组的被试每摆出一个图形，便会得到1美元的报酬，而对照组不进行任何改变。结果发现，本来两组的大学生对这种游戏都很感兴趣，即内在动机很强，但是实验组的大学生由于内在动机激励下从事智力游戏的同时得到了外部强化——1美元奖励，他们在第三天的内在动机明显低于第一天。对照组由于一直是在内在动机的激励下做智力游戏，他们则没有出现这种情况。德西据此得出结论：第二天的外部强化降低了大学生做智力游戏的内在动机。他认为，外部奖励使人感到自己的行为受到外部力量的控制，因而降低了自信感，而自信感是与内在动机相连的一种内部奖励，如此就导致了内部动机的削弱。

四川大学锦城学院学生工作部的一次大学生学习状况调查显示，大学生的学习目的与动机相对实际、实用。学生进入大学学习的目的位居前两位的依次是"找到理想的职业或为了进一步深造"（占42.8%）、"充实自我、发展自我"（占33.9%）。51.2%的同学表示认真学习的最大动力来自"自己的前途和未来"，33.9%的同学表示学习的主要动力来自家庭的压力和对奖学金的期待；有14.9%则需要他人（家人、老师）的督促才能获得学习的积极性。研究结果和实践经验都证明了内部动机和外部动机对大学生的学习和将来工作都具有重要的意义，只有将两者结合起来才能起到更积极有效的作用。

学习不像游戏，有的学习可能使人感到愉快，有的学习让人感到痛苦。例如，要背诵大量的英语单词，还要经常复习，同遗忘作斗争；要使知识转化为熟练的技能等都需要进行大量的重复性练习；有的学习内容枯燥难懂，需要一遍一遍地琢磨、思索才有顿悟那一刻。没有一定的学习技巧，没有掌握学习的规律和特点，单纯靠个人兴趣或者意志力坚定是不可能获得成功的。

（三）组块的力量和"7"的魔力

人的大脑有1 000亿个脑细胞，每一个细胞伸出两万个分支与一千个神经细胞连接，每个脑细胞每秒放电约200次，构成一张无限量的通信网络，信息的河流永远填不满大脑这片海洋。有人推估，一个正常人的脑记忆储存量是目前世界上最快速电脑的一百万倍,有记忆一亿本书的容量。但即使世界上记忆最好的人尚未达到自己记忆力的1/10。大家一定看过那些下棋高手的表演,他们对棋子的位置记忆力超强,甚至能下盲棋、快棋(10秒走一步)或同时与50个人对弈。他们怎么能那么神呢?他们的脑子究竟与我们的有什么不同呢?心理学的研究能帮我们解决这个疑问。

1965年,丹麦心理学家和象棋大师迪古特通过真假棋局揭开了这个秘密。在实验中,研究者要求象棋大师和新手都看棋局5秒,然后将棋子移开,并要求他们复盘。你可能会认为新手怎么都不会是大师的对手,可是结果却不全是这样。当象棋大师和新手都看一个真实的棋局时,象棋大师在第一次复盘时就可以达到90%的正确率,新手仅能达到40%。可如果是任意放置的棋子,他们的复盘的正确率就没有什么差异了。

专家和新手在真实棋局的扫描上花的时间相差无几,那么象棋大师所用的复盘时间显著地快于新手的原因又是什么呢?研究者经过分析发现,象棋大师在各次实验中的平均组块数为7.7,而新手只有5.3。不仅如此,象棋大师平均每个记忆组块中包含的棋子数也多于新手。这就是说,象棋大师是运用了他丰富的棋局知识进行组块,获得神奇的效果。在某一个给定的时间内,象棋大师利用记忆组块获得和记住了更多的信息。而当他们与新手面临的都是假棋局时,棋子之间没有固定的规律可循,他们同样没办法调用先前知识,组块的优势荡然无存。

可见,专家们的头脑中储存着大量的棋局,他们在工作记忆中调用了更多的相关组块,才达到了这样的成就。象棋专家的记忆优势在于他们的头脑中关于布局的知识多,但他们面对随机放置的棋局或是别的领域,他们的优势就不复存在了,让这样的人记古文或数学公式,显然不及擅长古文或数学的人。这就意味着,工作记忆中的组块与人的知识经验相关。数字知识越多的人,记数字越容易;对数理化公式记得越多的人,记数理化公式越容易;对古文记得越多的人,记忆古文的能力越强;对英语单词记得越多的人,记忆单词的能力就越强;物理专家有更多灵活的物理知识,化学专家对化学知识耳熟能详。一个人是否是"专家",不是看他(她)的基本能力或素质如何,而是根据他(她)是否具备该行业或领域所需的专业知识或特殊能力;至于自己领域外的活动,专家与常人的表现从本质上说无异。总之,只有获得了该领域大量的专业知识,并能在处理问题时随时调用,才能过目不忘。①

---

① 刘儒德. 教育中的心理效应. 华东师范大学出版社,上海:2006,4.

把一定的记忆材料分成适当的组块或类别的方法都叫做组块分类记忆法。组块分类法有两种情况，一种是意义材料的组块分类，一种是无意义材料的组块分类。

意义材料在这里是指材料本身具有一定的内在规律。在识记的时候通过分析找出其内在联系，然后分成一定的组或类，记忆的效率就会大大提高。例如，记忆一组 17 位数字：81624324048566472，你如果不加思索地反复背读，要用不少时间才能记住；但是你若从 8 以后两个一组划分，你就会发现它们是按顺序排列的 8 的倍数，一下就能记住了。

再如以下一些词：馒头、记者、老鼠、王芳、油条、大象、张军、小狗、莉莉、医生、月饼、会计，如何才能快速记住它们呢？如果你仔细分析一下，就会发现它们可以分为 4 类——食物、职业、动物和人名，而且每类恰好由 3 个词组成，这样一来记住它们就很容易了。

对于那些没有内部规律的零散材料，我们就不好运用正常的分组分类法。一般来说有这样两个原则需要注意：一是组块划分不能过大，最好不要超过 7 个单位。例如，地理三字经和历史三字经就是运用三字一组法编写，简明易记。再如，记忆化学元素周期表的前 20 位元素名称时，可采用 5 个一组的分组法：氢氦锂铍硼，碳氮氧氟氖，钠镁铝硅磷，硫氯氩钾钙。其中"氖"和"钙"正好押韵。这种方法也叫口诀法，我们自己也可编。编的时候，有时是为了工整、押韵，自己可以填上几个辅助字词，或换上个别谐音字，只要不造成误解就行。二是分组要使划分后的组块便于形象化、意义化，以帮助记忆。三是利用"7±2 效应"。1887 年，心理学家雅各布斯通过实验发现，对于无序的数字，人们能够回忆出的数量约为 7±2 个。后来人们发现，不管用数字、单词、字母还是无意义音节作为各种实验材料，得到的结果都基本一致。1956 年，著名心理学家米勒教授发表了一篇重要的论文，《神奇的数字 7±2：我们加工信息能力的某些限制》。他认为，短时记忆的容量为 7±2，在这里所说的容量"7±2"是以组块来计算的，一个组块可以是一个数字、字母、音节，也可以是一组单词、短语或句子。也就是说，如果你每个组块里面组合的内容越多，那么你记住的信息量就越大。

举一个例子，"宏观经济学"这 5 个字对于不懂经济学的人来说是 5 个组块，即"宏"、"观"、"经"、"济"、"学"；对稍懂经济学的人来说则是 2 个组块，即"宏观"和"经济学"；而对财经专业的学生、经济学家来说，这 5 个字就只有 1 个组块，即"宏观经济学"。但不论人们储存的组块里面是什么内容，短时记忆的容量都是 7±2 个组块。在大学学习中，不管是英语，还是高数以及专业复习，需要记忆的知识点和信息量都很多，如果能够运用组块原则抓住知识点之间的内部联系,将相互联系的部分组合成块,无疑会减轻记忆负担,提高复习效率。也就是说,如果你没有组合成块,每次只能记住 5~9 个单词,而如果你将有联系的三个单词组成一个块,那么每次你记住的单词量会是 15~27 个。大家有没有过这样的经历,背诵一篇字数很多的文章时,是不是经常先把这篇文章拆成几个段落,背好第一段落的内容,然后再背下一个段落的内容,直到最后背出整篇文章,这也运用到了组块原理。

(四)掌握记忆的规律

学习过程一般分为感知、理解、巩固和应用四个阶段,巩固的核心是记忆。学习活动能否有一个好的效果,记忆是很重要的因素。保持记忆的最大敌人是遗忘。遗忘是识记的内容不能再认或不能回忆。

有的同学学习某些知识一段时间后,会发现自己忘记了当初记忆的内容,于是就感叹自己记忆力太差,自己太笨,总是记不住,明明看过的内容,怎么就记不起来了呢?其实这不是自己笨,也不是记性不好。德国著名心理学家艾宾浩斯选用一些无意义的音节,即那些不能拼出单词的众多字母的组合(如 asww、cfhhj、ijikmb、rfyjbc 等)做了记忆研究。经过实验测试,得到一些记忆规律的数据(图 5-1)。他发现,随着时间间隔的延长,记忆量不断下降,而且具有先快后慢的规律(表 5-1)。

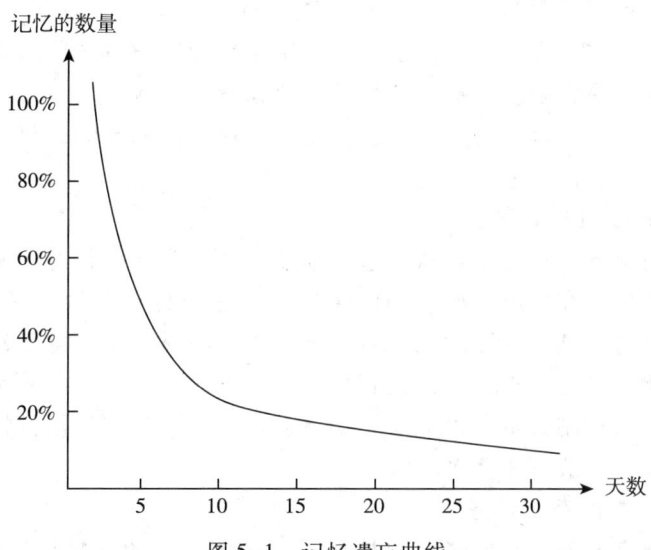

图 5-1 记忆遗忘曲线

(摘自:陈光. 改变学习方式,改变一生. 北京:中国戏剧出版社,2010,12)

表 5-1 不同时间间隔后的记忆保持量

时间间隔	记忆保持量
刚刚记忆完毕	100%
20 分钟之后	58.2%
1 小时之后	44.2%
8～9 小时之后	35.8%
1 天后	33.7%
2 天后	27.8%
6 天后	25.4%
一个月后	21.1%

观察上面的曲线和表格，大家会发现，学得的知识在一天后，如果不抓紧复习，就只剩下原来的 1/3 左右。大概在初次学习之后的 8～9 小时、1 天、2 天、6 天、30 天以及半年，分别是遗忘的关键期。也就是说，如果你在这些时间点里再复习，效率是最高的，所付出的劳动也是最有价值的。有人做过一个实验，让两组学生学习同一段课文，对照组的同学在学习后不复习，一天后记忆率只有 36%，一周后只剩 13%。实验组的同学按照艾宾浩斯记忆规律复习，一天后还能保持记忆率 98%，一周后还能保持 86%。

因此，我们在学习中要及时复习，特别是在初次学习之后的几个关键点抓紧复习，以便能最大限度地提高记忆量，增强学习的效果。

遗忘不仅受时间因素的影响，还会受到其他因素的影响，归纳起来主要有以下几方面：

1. 材料的性质与数量

在一般情况下，有意义材料的遗忘速度要比无意义材料慢，形象材料比抽象材料遗忘得慢；在学习程度相同的情况下，识记材料数量越多，忘得越快，材料越少，则遗忘越慢。因此，学习时要尽可能将材料赋予意义，将它们形象化，同时不能一味贪多求快，识记有意义的材料可以数量多些，而识记无意义的材料就要适当控制数量，以免遗忘得更多。另外，还应根据材料的性质来确定学习的数量，一般不要贪多求快。

2. 识记材料的系列位置

心理学研究发现，在回忆系列材料时，不同顺序的材料识记效果不一样。举个简单的例子，我们小时候学习英语的 26 个英文字母时，一般以开头的字母如 ABC 记得最牢固，最后的几个字母 XYZ 记得也很深，字母表的中间部分最容易遗忘。心理学家曾做过这样一个研究，要求被试学习32个数字，并要求他们在学习后一一回忆，可以不按数字原来的顺序回忆。结果发现，被试最先回忆起来的是最后呈现的那些数字，然后是最先呈现的那些数字，而最后回忆起来的是中间部分的数字。在回忆的正确率上，最后呈现的数字遗忘得最少，其次是最先呈现的数字，遗忘最多的是中间部分。这种在回忆系列材料时发生的遗忘现象叫系列位置效应。最后呈现的材料最易回忆，遗忘最少，叫近因效应。最先呈现的材料比较容易回忆，遗忘较少，叫首因效应。因此，在学习时，可以把比较重要的知识内容安排在学习活动的最先环节或最后环节，以加深记忆的效果。

3. 学习者的态度

学习者对识记材料的态度、需要、兴趣等，对遗忘的快慢也有一定的影响。研究发现，在人们的生活中不占主要地位的、不引起人们兴趣的、不符合一个人需要的事情，首先被遗忘，而人们需要的、感兴趣的、具有积极情绪作用的事物，则遗忘得较慢。例如，我们总是特别容易记住那些我们感兴趣的内容，而对我们不感兴趣的内容，不但不容易引起我们的注意，还经常被遗忘。

（五）高效学习的小窍门

1. 集中与分散复习法

集中复习是将要学习的内容集中在一段时间里多次重复识记。很多大学生平时不认真学习，等到期末考试才临时抱佛脚、开夜车，"考前背背背，考后忘忘忘"。相信大家有这样的体会，考前突击一阵，考完之后，什么都记不住，全部还给老师了，这是因为短期的集中复习后，遗忘量很大。而分散复习是将要学习的内容每隔一段时间重复识记。心理学研究证明，分散复习的记忆效果不论在持久性上还是在精确性上都比集中复习的效果要好。分散复习时间间隔的长短，要根据材料的数量、性质、识记已经达到的水平等确定。通常来说，刚开始复习，时间间隔要短，以后可以长一些。

2. 整体与部分学习法

整体学习是把所学知识看作一个单元，一遍一遍地学习，直到学会为止；部分学习是把所学知识分成若干部分，逐段学习，学会第一部分后，再学第二部分，以此类推，最后把已学会的各部分再综合起来。这两种方法使用起来各有利弊。整体学习法能使学习者比较容易把握学习材料的全貌，但对具体的内容就可能掌握不好；而部分学习法则能使我们较好地掌握每一个具体部分，但却难以对材料全貌形成一个总体印象，从而无法把具体学习的各部分内容融会贯通起来。要使这两种方法最好地发挥作用，可以将二者结合起来使用，采取整体学习—部分学习—整体学习的方法。首先，采用整体学习法，对所学材料先初步"扫描"，有一个大概的了解，在头脑中形成一个较为清晰的轮廓。接着，采用部分学习法，对学习材料实行"分点击破"，并重点学习那些较难或较重要的问题。最后，再采用整体法，将已仔细学习过的各部分材料作为一个整体重新复习一遍，让各部分的具体内容前后联系起来，在头脑中形成一个更为清晰全面的印象。

3. 过度学习法

所谓的过度学习，是指在学习、记忆一段材料，已经恰恰能达到无误背诵的程度后，还继续学习一段时间。但如果没有一次能达到无误背诵的程度，称为低度学习。研究证明，低度学习的材料容易遗忘，而过度学习比恰能背诵的记忆效果要好一些。在适当范围内，过度学习的程度和记忆保持量之间呈正相关。但是，也不是越多越好。研究表明，150%的过度学习效果最好，超过200%的过度学习反而会出现"报酬递减"现象，也就是说过量的超额学习不仅达不到增效的目的，反而会降低学习效果。心理学家克鲁格做过这样一个实验，三组被试分别学习同样的12个单词，学习程度分别为100%、150%、200%，实验结果发现，学习程度在150%的被试组记忆保持效果最好。因此，当我们学习时，不妨在已经能识记的基础再继续学习一段时间，过度学习量保持为50%左右。

4. 精加工学习法

在学习过程中，很多同学会使用各种各样的做笔记、划重点等方法，这个过程就是精加工学习的过程。精加工学习可以帮助我们把新知识和旧知识有效地联系起来，将新知识纳入已有的知识框架，形成自己的知识体系。精细加工越深入，记忆效果越好。常见的精加工学习法有以下几种：

（1）记号法。我们都有这样的经验，在阅读的时候在学习材料上画画涂涂，用各种标记或颜色在自己认为重要的或关键的字句下面画线、画圈。下次阅读时仿佛是跟老朋友见面，很亲切，而且能快速找到复习内容中相关的关键信息。当我们画画涂涂，决定每段材料中的哪一句话最重要的时候，已经对材料进行了较高水平的加工和处理。因此，如果学习时对一些重点的句子或字词做记号，能加深对句子的理解，记得更牢。做记号的方法有很多，如在重点词语下画线，在字词的周围划圆圈表示重点，有疑问的地方标上问号，也可以在画线的旁边写上注解或其他相关的知识点。

（2）笔记法。常言道："好记性不如烂笔头。"在上课听讲时，借助记笔记可以维持学习注意与兴趣，不容易走神。自己复习时，笔记可以有效地控制认知加工过程，也可以对新知识进行概括总结，建立新旧知识之间的联系。

（3）图表法。在学习过程中可将前后有关联、易混淆的内容用图表形式简要概括，简化记忆过程，加深理解和记忆。

（4）求同求异法。将有共同特点的学习材料进行归纳和总结，找出共同之处。将容易混淆的学习材料进行对比分析，找出差别之处。

（5）巩固记忆法。在第一遍复习的过程中，准备一个本子，记下尚未能识记精确的知识内容。第二遍复习时，可丢弃书本，只看这个本子里的内容，如果有尚未能识记的知识内容，再次记录一下，如此反复，直到全部记住。

（六）放松身心的小技巧

1. 注意劳逸结合

古人云："一张一弛，文武之道"。在持续一段时间的脑力活动之后，我们不妨休息一下，如散散步、打打球、爬爬山等。美国科学家在过去35年内对400名21～84岁的成年人进行了语言能力、感觉速度、空间定向及计算机思维等方面的测试研究。结果表明，常参加运动锻炼的人，在智力和反应方面明显高于不参加锻炼或极少参加锻炼的同龄人。[①] 所谓"磨刀不误砍柴工"，在紧张的学习过程中适当地穿插一些体育运动或者休息环节，不仅不会耽误学习，反而更能促进我们的学习效率。

2. 学会科学用脑

当我们在从事某种脑力劳动时，大脑皮层只有相关工作区的神经元处于激活状态，其他工作区的神经元则处于休息状态。当学习内容发生变化时，大脑皮层的激活区和休息区也跟着转换。大脑之所以能长时间工作不疲劳，激活区和休息区互相转换是一个非常重要的条件，可以使大脑皮层的各个工作区轮流休息，从而缓解疲劳，保证大脑的工作效率。因此，我们在学习的过程中可以交叉安排不同性质的学习内容。例如，学完高数看英语，背完英语单词做几道物理题，这样可以起到事半功倍的效果。

3. 顺应生物节律

一个高效的学习者应该是对自己学习特点非常了解的人，以便找到最适合自己的黄金学习时间。究竟什么时候学习效果最佳呢？这因人而异。有些人是"百灵鸟型"，清晨时分，情绪高涨，思维活跃，头脑清晰；有些人是"猫头鹰型"，每到深夜大脑就进入兴奋状态，精神饱满，注意力特别容易集中。然而我们大多数人属于"混合型"，即全天的学习效率差不多，但也有一定的规

---

① 林崇德，申继亮. 大学生心理健康读本. 北京：教育科学出版社，2008：90.

律：上午7—10点人体的生物机能处于上升状态，10点左右精力最充沛，是学习和工作的最佳时间，随后人的精力会逐渐下降，至下午5点后又再度回升，晚上9点达到最佳状态。因此，我们应摸清自己的生物节律，根据实际情况合理地安排作息和学习时间，在"学习黄金期"安排难度大的学习内容，避免过度疲劳。

4. 呼吸放松训练

（1）穿着舒适宽松的衣服，将身上的眼镜、首饰等先摘下放在一边，找个舒服的位置，保持舒适的躺姿，两脚向两边自然张开，一只手臂放在上腹，另一只手臂自然地放在身体一侧。

（2）缓慢地通过鼻孔呼吸，感觉吸入的气体有点凉凉的，呼出的气息有点暖。吸气和呼气的同时，感觉腹部的涨落运动。

（3）保持深而慢的呼吸，吸气和呼气的中间有一个短暂的停顿。

（4）几分钟过后，坐直，一只手放在小腹，另一只手放在胸前，注意两手在吸气和呼气时的运动，判断哪一只手活动更明显。如果放在胸部的手的运动比另一只手更明显，这意味着我们采用得更多的是胸式呼吸而非腹式呼吸。做呼吸放松训练时应采用腹式呼吸。同时提示自己身上哪些部位还紧张，想象气体从那些部位流过，带走了紧张，进而达到放松的状态。

5. 肌肉放松训练

选择一间安静的房间，躺在床上或坐在沙发上，按照以下步骤进行放松训练：

（1）宽松衣服，调整姿态，尽量舒服些。

（2）使右脚和右脚腕肌肉紧张，扭动脚趾，体会此时的感觉，然后收紧肌肉，再放松，反复做几次，记住紧张和放松时不同的感觉。

（3）左脚和左脚腕重复同样的练习。

（4）收紧小腿肌肉，先右后左，重复紧张和放松。

（5）收紧大腿肌肉，先右后左，体会大腿紧张是怎样影响膝盖和膝关节的。

（6）再移到臀部和腰部，注意紧张和松弛两种状态的不同感觉。

（7）向上练习腹部、胸部、背部、肩膀的肌肉。

（8）练习前臂与手，抬起放下，握拳放松，先右后左，反复练习。

（9）最后到脖颈、面部、前额和头皮。

6. 冥想放松训练

选一个安静的房间，平躺在床上或坐在沙发上，按照以下步骤进行冥想训练：

（1）闭上双眼，想象放松每部分紧张的肌肉。

（2）想象一个你熟悉的、令人高兴的、具有快乐联想的景致，或是校园或是公园。

（3）仔细看着它，寻找细致之处。如果是花园，找到花坛、树林的位置，看着它们的颜色和形状，尽量准确地观察。

（4）此时，敞开想象的翅膀，幻想你来到一个海滩（或草原），你躺在海边，周围风平浪静，波光熠熠，一望无际，使你心旷神怡，内心充满宁静、祥和。

（5）随着景象越来越清晰，幻想自己越来越轻柔，飘飘悠悠离开躺着的地方，融入环境之中，阳光、微风轻拂着你，你已成为景象的一部分，没有事要做，没有压力，只有宁静和轻松。

（6）在这种状态下停留一会儿，然后想象自己慢慢地又躺回海边，景象渐渐离你而去。再躺一会儿，周围是蓝天白云，碧涛沙滩。然后做好准备，睁开眼睛，回到现实。此时，头脑平静，全身轻松，非常舒服。

第六章

应对压力：书写动力篇章

一、**什么是压力**
　　（一）压力的含义
　　（二）压力分类
　　（三）如何识别过度压力
二、**大学生心理压力与管理**
　　（一）大学生常见的心理压力
　　（二）心理压力对大学生的影响
　　（三）大学生对心理压力的管理
　　　　 与应对
三、**什么是挫折**
　　（一）大学生常见的挫折
　　（二）大学生对挫折反应的特点
四、**大学生产生挫折的原因**
　　（一）挫折的产生
　　（二）挫折的转化
　　（三）对挫折的承受力
　　（四）产生挫折的原因
五、**应对挫折的策略与方式**
　　（一）挫折防卫机制
　　（二）挫折防卫机制的合理运用

请举起一杯水,你认为这杯水有多重?对大部分人而言,这杯水没有什么重量。其实这杯水的重量并不重要,关键是你能拿多久?1分钟、1小时、1天,还是1周、1个月、1年?随着时间的延长,这杯水的重量是不是也会发生变化?一杯水的重量是不变的,但你举的时间越久,就越觉得沉重。这就像日常生活中我们承担的压力,如果压力一直伴随着我们,慢慢地我们会发现压力竟然变得越来越重,甚至难以承担。因此,我们必须看到压力对人的影响,并且学会及时放下压力。例如,休息一下,然后再举起来,这样才能举得更久。

一、什么是压力

在物理领域,压力是个具有客观属性的物理量,指垂直作用于物体表面上的力,这种物理作用力能使物体发生形变。让我们做个类比,把作用的客体从物体替换成人,便有了现在意义上的压力。例如,作为父母有养育子女的经济压力,作为学生有考试找工作的压力,作为教师有教学和科研的压力,年轻人还有结婚买房的压力,压力就像我们身边的空气一样无处不在。

(一)压力的含义

压力(stress)也叫应激,有3种不同的含义。第一种含义是指那些令人感到紧张的事件或环境刺激,当刺激事件打破了有机体的平衡和负荷能力,或者超过了个体的能力所及,人就会体会到压力。这些刺激事件包括各种外界和内部的情形,称为压力源。第二种含义是指人对应激源的一种主观心理反应,是一种内部的心理状态,这个意义上的压力是内部的,如某位同学接到导师的短信"中午来办公室找我",去做什么没有说。这是一种不确定状态,如果把它解释为是因为你表现出色得到导师的赞许,那么你会轻松和高兴;如果把它理解为是自己什么地方出错了,那么带来的就是紧张和焦虑。所以压力也是一种对未知事件悲观解释的应对过程。第三种含义是指人体对出乎意料的紧迫或危险情况而产生的高度紧张的情绪状态和生理反应。

压力的这三种含义有不同的侧重之处。心理反应与生理反应常常相生相伴,不可能单独出现,所以说压力实际上是一种在外部刺激下产生的身心状态。压力反应既包括生理反应,如心跳加快、血压上升、手脚心出汗等;又包括心理反应,如兴奋、焦虑、抑郁、恐惧等。

（二）压力分类

压力可以分为以下几种类型：

1. 预期压力

预期压力主要是由对未来的忧虑引起的。你有没有这样的感受：毕业后在理想的城市里找不到工作怎么办？我还有助学贷款要还。诸如这些因对未来不确定性的担忧而产生的压力，叫预期压力。

2. 情境压力

情境压力是现在的压力，是由于情景环境而导致的压力，是一种立即的威胁、挑战或骚动，需要马上留意。例如，很多人日常生活中能够侃侃而谈，可一旦站到台上，在无数目光的注视下，就会感到一种莫名的压力。这是一种对现实的反应，这就是由于情景环境而导致的压力。要克服和改变这种压力比较困难，你所能做的就是调节这种反应的幅度。与其说情境压力是一种反应，不如说它是一种反射。

3. 慢性压力

慢性压力是长时间积累的压力，它源自一些你无法控制，只能忍耐和接受的经验，或者是从你平常可能感受不到的一些细微事件沉积下来的。例如，有的人从小学开始对考试就一直是一种忍耐，直到上大学以后在他心里还有一种非常大的压力，怕犯错或考试失败。这就是慢性压力。

4. 残留压力

残留压力是过去的压力，主要表现为经历过挫折失败后不能将过去的伤痛或不好的记忆抹去。这种压力会在特定的场合爆发。例如，有的人在发布会上将一句台词念错了，事后，他自认为已经忘掉了此事，可在特定的场景下潜意识又会马上爆发出来，他会莫名其妙地发憷，将会念的台词念错。

（三）如何识别过度压力

一位哲人说过："影响我们前进步伐的因素不是遥不可及的目标，而是我们鞋中的那些小石粒"。在日常工作和生活中，给我们造成巨大压力的并不是那些大事件，而恰恰是那些看上去并不重要的小事件。这是因为大事件出现的几率其实很低，而那些看似渺小的压力事件却具有持久性的特点，小事件日积月累往往会发展成为巨大的压力源。

压力的形成可分为4个步骤：刺激出现，即压力源一旦出现失衡，就会导致刺激出现，表现为外在环境与内在心理历程的关联；感受刺激，即刺激一旦出现，个体就会感受到刺激的威胁，这是在生理上的一种条件反射；认知刺激，即个体感受到刺激后，体会和认知到刺激与其价值观、需求、动机等之间的相互矛盾；行为反应，即个体体会和认知刺激后，在心理、生理和行动上出现一系列压力征兆。

请找出自己常见的身体问题，而且要特别关注那些在医院检查没有躯体病变，但是却能感受到疼痛的情况，如头疼、胃疼、肚子疼、肩背疼等。个体压力过大通常会表现出一系列征兆。这些征兆可以作为压力的早期预警信号，它们会提醒你注意身体和精神上所承载的紧张和疲惫，可以判断你是否正在遭受压力的困扰。压力的征兆主要有以下几个方面：

1. 生理征兆

生理征兆主要有：头痛的频率和程度不断增加；头部、颈部、肩部和背部的肌肉紧张；皮肤干燥、有斑点和刺痛感；女性压力太大，痛经风险会翻倍；人紧张时会牙关紧咬或者睡觉时磨牙，这会造成颚部肌肉过紧，下巴疼痛；压力大会降低免疫力，使口腔细菌增多，导致牙龈炎；产生消化系统问题，如胃痛、消化不良或胃溃疡；心悸和胸部疼痛。

2. 情绪征兆

情绪征兆主要有：容易烦躁或喜怒无常；消沉和经常性的忧愁；丧失信心和自暴自弃；感觉精力枯竭且缺乏积极性；有疏远感。

3. 精神征兆

精神征兆主要有：注意力不集中；优柔寡断，难以迅速做出决定；目光短浅，决定草率；记忆力减退，易忘事，长期压力大会改变大脑神经细胞结构，损害记忆；判断力差，导致做出错误决定；对自己及周围环境保持消极态度。

4. 行为征兆

行为征兆主要有：逃学、破坏、攻击、向周围人发泄情绪、酗酒、吸烟；睡眠质量差，做怪梦；与朋友、家庭、同学疏远；经常烦躁和坐立不安；滥用药物，家庭暴力等；重者轻生。

二、大学生心理压力与管理

随着高等教育的大众化，大学生"天之骄子"的优势已经淡化。今天的大学生，在面对自己、面对社会、面向未来所产生的各种交织在一起的压力时，必须学会应对和调试，才能让自己拥有快乐的人生。

第六章 应对压力：书写动力篇章

（一）大学生常见的心理压力

1. 学习压力

在经历了高考的"黑色"星期天，走过了万马穿行的独木桥，多多少少会感觉大学应该是一个自由轻松的象牙塔，可是上了大学随之而来的英语四、六级考试和计算机等级考试，以及方兴未艾的考研热、考博热、考公务员热、出国热等，这些大小不一的考试让大学生又回到了为考试而奔波的时代。特别是如今学分制的普遍施行，重修以及随之而来的重修费用也成为一些学生必须面对的问题。学习好的学生还能争取高额奖学金，学习成绩已成为影响大学生情绪波动的重要因素之一，学习压力也是大学生最常见的压力。此外，大学生的学习压力相当一部分来自所学专业非所爱，这使他们长期处于冲突与痛苦之中；课程负担过重、学习方法不当、精神长期过度紧张等也会带来压力。

2. 交往压力

人际交往是大学生活的一个重要方面，良好的人际关系能使人的学习和生活各个方面都如鱼得水、左右逢源；相反，没有一个良好的人际关系则常常让人感到局促不安、不自信甚至自责，愈是这样就愈容易退缩以致进入一种恶性循环而不能自拔。在大学生人际交往中，如何处理好室友关系是构成交往压力的重要因素之一。大学生宿舍是一个集体生活的场所，来自大江南北的人聚集在一起，由于地域、风俗、生活习惯甚至语言的差异，在日常的相处中小矛盾在所难免，如何能够平衡这种每天都要面对的关系，使不少大学生着实感到有压力。另外，结交新朋友、与异性交往、建立好师生关系等也是大学生承担人际交往压力的重要方面。

3. 发展压力

近些年的不少研究显示，在大学生的各种压力感中，自我发展和就业是第一压力源。包括生源地或非生源地学生的就业，所学专业将来的发展空间、机会，感觉缺乏社会经验，家庭的社会资源缺乏等。学生的这些压力受到家长、学校、社会多重因素的综合影响。近些年本科生、研究生的不断扩招，企事业单位精简人员，下岗失业现象不断，往年待就业和新毕业的大学生蜂拥人才市场，用人单位不断抬高招聘要求，公务员考试千里挑一等现象，使大学生对未来自我发展的不确定而充满心理压力。

4. 生活压力

大学生的生活压力包括经济压力、日常生活习惯、健康、情绪等。尽管目前中国大学生没有经济收入，主要花费靠家里供给，但不断上涨的生活费、学费、人际交往等费用，让许多大学生感到了经济压力。特别是男生，在观念中强烈认同传统的"男性承担养家糊口责任"的性别差异观,在经济上希望独立的愿望更为迫切,因此,他们比女生更容易感到经济上的压力。另外,上大学后生活环境的变化,让不少大学生感到大学和原来的生活存在巨大差异,独立安排生活的心理和能力准备得还不足,难免有种不知所措的感觉,无形之中产生了一种压力。

5. 自我认知压力

最了解自己的人应该是自己,可最不了解自己的人也是自己,这是个矛盾的命题。站在自我的角度看待自身难免会有失偏颇,感情与理性到底谁占上风就因人而异了,而要客观地给自己一个准确的自我定位不是一件容易的事情。大学生在刚进入大学的时候,普遍会对自己有个过高的估计,一旦在学习、社交、展示自我,以及面临考研、就业等问题时,就会感到明显的实力不足,这种落差多少会造成心理上的紧张。

(二)心理压力对大学生的影响

林肯少年时和他的兄弟在肯塔基老家的一个农场里犁玉米地,林肯吆马,他兄弟扶犁,而那匹马很懒,慢慢腾腾,走走停停,可是有一段时间马走得飞快。林肯感到奇怪,到了地头,他发现有一只很大的马蝇叮在马身上,他就把马蝇打落了。看到马蝇被打落了,他兄弟就抱怨说:"哎呀,你为什么要打掉它,正是那家伙使马跑起来的!"没有马蝇叮咬,马慢慢腾腾,走走停停;有马蝇叮咬,马不敢怠慢,跑得飞快。这就是马蝇效应。马蝇效应给我们的启示是:一个人只有被叮着咬着,他才不敢松懈,才会努力拼搏,不断进步。

往往一提到压力人们就容易联想到它的负面作用,最常用的说法是要"消除压力"。其实压力本身应该是一个比较中性的字眼,它有消极的一面,同样也有积极的一面。

那么,压力到底有哪些积极效应呢?

1. 动力作用

俗话说有压力才有动力,正确地对待压力,常常会把压力转化为动力。童话故事中狮子教育下一代时这样说:"孩子,你必须跑得再快一点,再快一点,你要是跑不过最慢的羚羊,你就会活活饿死。"其实,人类的教育和现代管理也常常这样,制定的目标和任务既是压力,也会变成激励人们把学习和工作做得更好的动力。

2. 压力能带来精力充沛的感觉

压力能够刺激人的身体和头脑,产生一系列影响。适当的压力会使你感到精力充沛,并能保持较长一段时间。如果压力很好地保持在一定的可控制的水平，它将刺激你在较长的时间里做出高质量的工作。

3. 压力能带来挑战感和兴奋感

压力产生后会导致生理上的变化，如增加肾上腺素的分泌量，以刺激交感神经，使得心跳加快、肌肉紧绷、代谢率提高等，从而使人产生兴奋感。当压力在人的承受范围之内时，这种兴奋会令人感到刺激，并调动全身的潜能以应对挑战。

加拿大的汉斯·塞莱（Hans Selye）说过这样一句话："压力是生活的调味品。"调味品能使你的饭菜可口诱人，但若是放少了，饭菜就会索然无味；而放多了，不仅会让饭菜难以下咽，还会让你的肚子难受。压力对生活的调剂也在于压力的程度，一个人长期处于压力之下而得不到缓解，也会带来一些消极效应。例如，会造成生理和心理上的疾病和行为失常，导致个人健康严重受损，严重影响生活和工作，造成无谓的人际冲突，做出让自己后悔的冲动行为，不佳的业绩表现，家庭危机等。

（三）大学生对心理压力的管理与应对

对心理压力的管理与应对可分成两部分：第一是针对压力源造成的问题本身去处理；第二是处理压力所造成的反应，即情绪、行为及生理等方面的缓解。

1. 敢于接受压力

一个人能接受多大的压力？让我们先看一个与此相关的实验。美国麻省的艾摩斯特学院曾做过一个测试南瓜承受压力的实验：在一个南瓜成长的过程中，用不同的铁圈把它整个箍住，以观察南瓜成长过程中能否承受铁圈的压力。实验的第一个月，南瓜承受了 500 磅的压力；实验的第二个月，南瓜承受了 1 500 磅的压力；当它承受到 2 000 磅压力时，研究人员必须把铁圈捆得更牢，以免南瓜把铁圈撑开。最后整个南瓜承受了超过 5 000 磅的压力，瓜皮才产生破裂。实验人员打开破裂的南瓜后，发现它已经不能吃了，本该是果肉的地方都变成了坚韧牢固的层层纤维，这是因为在成长的过程中，它吸收了所有的养分，以突破限制它成长的铁圈。它的根向不同的方向全方位地伸展，遍布了整个培植园的土壤。

这个南瓜承压的能力令人吃惊，其应对压力的杰出表现也令人赞叹。我们很难像做南瓜承压实验那样，来做一个实验测试人类在逆境下能够承受多大的压力。但是，人在成长过程中会遇到多少压力也是可想而知的。很小的时候就开始面临各级竞赛，小升初、初升高、考大学各类升学的压力接踵而至，之后恋爱、就业、买房、家庭等。如果一个人生活在流动的、不停变化的压力丛中,他不仅可以是健康的,也可以练就饱满的能量。压力过小的生活会让人消沉,昏昏欲睡,机体懈怠,思维变慢。所以,一般情况下人要敢于接受压力,因为大多数人能够承受的压力往往超过自己的预期。

2. 解决而不是抱怨问题

有一天某农夫的一头驴,不小心掉进一口枯井里,农夫绞尽脑汁想办法救出驴,但几个小时过去了,驴还在井里痛苦地哀嚎着。最后,农夫决定放弃,他想这头驴年纪大了,不值得大费周折去救它,不过无论如何,这口井还是得填起来。于是农夫便请来左邻右舍帮忙一起将井中的驴埋了,以免除它的痛苦。农夫的邻居们人手一把铲子,开始将泥土铲进枯井中。当这头驴了解到自己的处境时,刚开始哭得很凄惨。但出人意料的是,一会儿之后这头驴就安静下来了。农夫好奇地探头往井底一看,出现在眼前的景象令他大吃一惊:当铲进井里的泥土落在驴的背部时,驴机敏地将泥土抖落,然后站到泥土上面。就这样,驴子很快便得意地上升到井口,然后在众人惊讶的表情中快步地跑开了!

事实上,我们在生活中所遭遇的种种困难挫折就是加在我们身上的"泥沙"。然而,换个角度看,它们也是一块块垫脚石,只要我们锲而不舍地将它们抖落掉,然后站上去,那么即使是掉落到最深的井里,我们也能安然地脱困。本来看似要活埋驴的举动,由于驴处理厄境的态度不同,实际上却帮助了它,这也是改变命运的要素之一。一切都取决于我们自己,如果我们以肯定、沉着、理性的态度面对困境,助力往往就潜藏在困境中。学习放下一切得失,勇往直前地迈向理想吧!

很多人面临压力的时候,不是想办法解决问题,而是抱怨周围的一切,如抱怨环境、抱怨给自己压力的上司、抱怨不给力的同学……唯独不冷静去思考解决的办法。其实抱怨不仅解决不了问题,还会使情况更糟糕。

3. 冷静梳理混乱思绪

一个城市里的有钱人到乡下收田租,到了佃农的谷仓,有钱人东看看,西看看,不知何时把心爱的怀表弄丢了。有钱人心急如焚,佃农也不知如何是好,只好去把村里所有人找来寻找怀表。翻遍谷仓,但是怀表依然不见踪影。

天色渐渐晚了,有钱人一脸失望的神情,村里的人也一个个回家去了,但是有个人留了下来。"我有把握找到你心爱的怀表",这人告诉有钱人,信心十足。

"好吧!那就麻烦你,找到了我会奖赏你的。"

只见这个人再走入谷仓,找定位置后,静静地坐了下来。一切都安静了,悄然无声,但是有个小小的声音从谷仓的右后方角落传来:"滴答,滴答,滴答……"这人像猫一样,轻轻地踏着几乎无声的脚步,寻声走向右后方角落。到了附近,这人伏身下来,耳朵贴地,在一堆稻草中找到了怀表,走出谷仓,露出得意的微笑,朝有钱人走去。

人生会遭遇许多事,其中很多是难以解决的,这时心中被盘根错节的烦恼纠缠住,茫茫然不知如何面对,如果能静下心来思考,往往会恍然大悟。心静则一切豁然开朗。

4. 培养良好的心理素质

其实,人在压力面前输掉的往往是不敢"亮剑"的心理素质。20世纪60年代澳大利亚著名的长跑选手克拉克,曾19次打破男子5 000米和10 000米的世界纪录,然而却在两届奥运会上遭遇"滑铁卢",仅获得一枚铜牌,他也因此被称为"伟大的失败者"。"克拉克现象"绝非个例,据说历届奥运会中,有1/3以上大家公认的实力最强者并未登上冠军领奖台。

"克拉克现象"实质上是一种心理素质的失败。研究表明,具备良好心理素质的人,往往能比同等条件的对手获得更多的机会。美国研究者曾经对75位事业有成的企业名流进行了研究,归纳出他们具备共同的"超强心理特征"。其中最重要的有:宠辱不惊、物我两忘;不喜形于色,极少在人前抱怨、发牢骚;遇到阻力,总是凭着坚韧不拔的意志摆脱困境,直至最后的胜利。

5. 倾诉,让别人帮助自己

一个人的关系网也在很大程度上能缓解个人压力。遇到压力时,向自己的亲人、朋友、同学、老师敞开心扉,将自己面临的压力说给他们听。社会支持网络可以提供感情安慰、行动建议,帮助我们渡过难关。

6. 减轻心理负担的技巧

压力就像是生活中遮住阳光的那一抹云彩,或鞋子里面的一粒细沙,使我们的生活变得无趣,变得身心交瘁。在这种情况下,如何缓解心理压力呢?下面给大家介绍几种技巧:

(1)松弛技巧

方法一:渐进式肌肉松弛法

有些人可能不容易放松自己。如果你一直很紧张,而又不确定到底怎样的感觉才叫松弛的时候,怎么办呢?渐进式肌肉松弛法可以帮助你感受紧绷与松弛之间的差异。该方法是一种三阶段技巧。

首先,以轻松的方式坐下来,先将两手臂平行抬高至胸前,握紧拳头,绷紧手部的肌肉,直到不能再用力为止,注意有什么感觉;你的肌肉会纠结紧绷,手部甚至可能会轻微地颤抖,你可能会感受到手部、腕部及下臂的张力;

维持这种紧绷的状况几秒钟，然后突然松开拳头，并抛开紧绷的感觉，你可能会感觉到你的手突然变轻松了，感受到腕部及前臂压力疏解的感觉。

注意你的手在紧绷时及压力放松时的感觉有什么不同。在放松的时候，你的手是感到刺痛还是温暖？在紧绷时所感觉到的震颤，在放松时是否消失了？尝试对你身体的主要肌肉群进行这种练习是极有帮助的。对每一组肌肉而言，基本的放松技巧都是一样的：绷紧肌肉，突然放松力量，然后感受其间的差异。你可以从手部开始，然后延伸到其他的肌肉；也可以从头部开始练习，紧绷脸部的肌肉，再放松，然后依序轮到肩膀、双臂、双手、胸部、背部、双腿及双脚至脚趾。

方法二：观想法

观想法也可以当做是一种"心灵假期"，也就是自由自在地做梦。只用你的想象力就能产生松弛的感觉。想象令你感觉很温暖、很平静、完全放松且吸引你的平静画面，想象其中所有的细节。例如，想象你躺在一个温暖的海滩上，阳光洒在你的背上，你听到海浪拍打沙滩的声音，微风吹过脸上的肌肤，空气中充满自由平静的味道，再想象水面上的浪花，点点的白帆……不管何时何地，只要你感到需要放松一下，享受你的生活，就可以运用你的想象力，想象或回忆生活经验中最舒服放松的一个画面，给自己的心灵放假。

（2）语言的力量：5个步骤清除困境心态

改变说话方式，可以改变人的内心状态。很多人内心的困境其实主要是由本人的一些错误信念造成的。下面的5个步骤，可以帮助我们运用语言将处于困境的心态改为积极进取的、更加清晰的行动目标和途径。例如，一个人说做不到某一件事：

① 困境：我做不到×。

② 改写：到现在为止，我尚未能做到×。

③ 因果：因为过去我不懂得-，所以到现在为止，尚未能做到×。

④ 假设：当我学懂-，我便能做到×。

⑤ 未来：我要去学-，我将会做到×。

注：第三步因果的"-"必须是某些本人能控制或有所行动的事。

"我做不到"事实上是描述一件过去的事实："在当时我没有这个能力"，或者"我不想去做"。但是在未来的岁月里，我们总想保留"做得到"，或者"想去做"的权利。

发生了的事无法改变，然而往事对我未来的影响却可以改变，因此"我做不到"不应成为一个包袱，阻碍我们向前走。上面的5个步骤，可以让我们放下过去的包袱，勇往直前。

三、什么是挫折

挫折是指人们在某种动机的推动下,在实现目标的活动过程中,遇到了无法克服或自以为无法克服的障碍和干扰,使其不能实现动机、不能满足需要时所产生的紧张状态和情绪反应,如大学生刘某英语四级考试失败后就产生了失眠、注意力不集中等紧张状态和懊悔、焦虑等情绪反应。

实践表明,人类在生活中会产生种种需要,而当这些需要得不到满足或目标无法实现时就会产生挫折。对于每个人来说,挫折的产生是必然的,也是普遍存在的,从某种意义上讲,挫折也是社会生活的组成部分,人们随时随地都可能遇到挫折。因此,认识挫折、适应挫折、学会理性地面对挫折和积极地化解挫折,是每个人终生的课题。

(一) 大学生常见的挫折

不同年龄段和不同类型的人群面对的挫折具有不同的特点。大学生遇到的挫折与大学生活环境和大学生自身特点密切相关,具有以下鲜明的特点:

(1) 大学生正处于人生发展阶段的重要时期,这是大学生自我意识形成的关键时期,也是性生理发育日趋成熟的时期。所以,大学生遇到的挫折常常与自我认识、自我定位、性心理、恋爱等方面有关。

(2) 大学是一个集体生活环境,同时也是一个学习压力大和竞争激烈的环境。很多大学生都是第一次离开父母和家庭开始独立生活,所以,大学生在人际交往、个人发展过程中经常遇到挫折。

(3) 大学是一个不同于中学的新的成长环境,大学生(特别是低年级学生)将面临大量的适应问题,在生活习惯、专业学习、人际关系、经济来源等方面经常会遇到各式各样的挫折。

(4) 大学是为未来职业生涯打基础的阶段,大学生(特别是高年级的学生)越来越关注就业问题,在求职择业过程中也常常会遇到这样或那样的挫折。

(二) 大学生对挫折反应的特点

人们对挫折的反应有着不同的情形,有的情绪反应强烈,有的则不明显;有的以各种偏激的行为表现出来,有的则以积极的方式来应对。一般来讲,人对挫折的反应主要表现在以下三个方面:

1. 情绪性反应

情绪性反应是指人在受到挫折时所产生的紧张、愤怒、焦虑等情绪，可能表现为强烈的内心体验，也可能表现为特定的表情或行为反应。情绪性反应多为消极性反应，主要表现为焦虑、冷漠、退化、幻想、逃避、固执、攻击，甚至想自杀等。

（1）焦虑是一种模糊的、紧张不安的综合性负性情绪，常常伴随焦急、忧虑、恐惧等感受，甚至可能会出现出冷汗、恶心、心悸、手颤、失眠等神经性生理反应。当人们面临心理冲突、情境压力或遇到挫折，或预感到某种不祥的事情或不良的后果将要发生，或感到需要付出努力的情境将要来临而又感到没有把握预防和解决时，一般都会产生焦虑情绪。挫折是引起焦虑的重要原因之一，人们遇到挫折时一般都会表现出不同程度的焦虑情绪。

（2）冷漠是指当一个人遇到挫折时，表现出的一种无动于衷和漠不关心的态度。这是一种复杂的挫折反应。表面上看，冷漠似乎是逆来顺受，毫无情绪反应，而事实上并不意味着当事人没有反应，只是他对挫折更加痛苦的内心体验被压抑或以间接的形式表现出来了。一般情况下，对挫折的冷漠反应是由于一个人长期遭受挫折或感到没有任何希望摆脱或消除困境时产生的。

（3）退化是指当人们受到挫折时所表现出的与自己年龄和身份不相称的幼稚行为。通常，不同年龄阶段的人有各自不同的情绪和行为模式。随着年龄的增长，在社会生活方方面面的影响下，人们的情绪和行为都会日益成熟起来，使自己逐渐学会控制自己，在适当的场合和适当的时候做出与自己年龄相符的情绪反应和行为表现。当人们遇到挫折后，一些人在一定程度上会失去对自己的控制，以低于自己年龄的简单、幼稚的方式应对挫折，以求得别人，有时是求得自己的同情和照顾。而这种情况当事人自己常常不能清醒地意识到。

（4）幻想是指一个人在遇到挫折时企图以自己想象的虚幻情境来应对挫折。任何人都有幻想，大学生又处在多幻想的年龄段，所以幻想特别多。通过幻想，人们可以暂时脱离现实，在自己想象的情境中满足一些自己的需要和欲望，从而获得一种愉快和满足的感觉。例如，有些学生在幻想中想象当自己在事业上获得了巨大成功，当自己处于很高的地位，当自己得到了意中人的青睐时，如何受到世人的敬仰和如何风流潇洒的情境。应该说，当人们遇到挫折时，暂时的幻想可以使人在一定程度上缓冲挫折情绪，偶尔为之，也是正常的。但如果用幻想来应对现实中的挫折，特别是长期处于幻想状态，或养成了从幻想中实现现实生活中无法实现的目标的习惯，就会使人降低对现实生活的适应能力和严重脱离现实生活，甚至可能导致精神疾病。

（5）逃避是指一个人在遇到挫折或感到可能面临挫折时，不能面对现实，正视挫折，而是以消极的态度躲开挫折和现实的一种挫折反应方式。例如，有些学生谈恋爱失败后就不敢再谈恋爱；有些学生当众演讲失败受到别人嘲笑后再也不参加集体活动等。逃避虽然可以使人们降低因挫折产生的紧张感，或者避免再次受到挫折的伤害，但当事人面对的现实问题并没有解决，而有些问题又是不能回避的，所以，逃避常常使人害怕困难，不求进取，长期下去将大大降低适应能力和自信力，甚至可能会导致适应不良。人们逃避挫折的方式多种多样，幻想也可以看作是一种典型的特殊的逃避方式。

（6）固执是指一个人在受到挫折后，尽管知道某些动作对达成目标和满足需要并无帮助，但仍采取刻板的方式盲目地反复做一些单调、机械的动作。固执通常是在一个人反复遭受挫折而又一时无法克服或回避的情况下产生的，过多、过严的惩罚和指责，或者当人处于惊慌失措的状态时也容易产生固执行为。固执行为的特点是呆板无弹性，具有很大的强制性，是在人们遇到挫折后感到无能为力和不知所措时产生的反应方式，所以这种挫折反应方式并不是不可改变的，当人们一旦获得了更适当的反应方式，就会取代固执行为。

（7）攻击是指当一个人受到挫折时，为了将愤怒的情绪发泄出来，或者对构成挫折的对象进行报复而产生的攻击性行为。攻击性行为的对象可能是构成挫折的人或物，也可能是其他替代物，还有可能是受挫者自身。攻击性行为的表现形式多种多样，一般分直接攻击和转向攻击两种。直接攻击是指受挫者将愤怒的情绪直接指向构成挫折的人或物，通过动作、表情、言语、文字等形式表现出来。转向攻击是指受挫者感到引起挫折的真正对象不能直接攻击或不便攻击，或者挫折的来源无法确定时，将愤怒的情绪发泄到其他人或物上的一种变相的攻击方式。例如，有些学生在比赛时没有获得期望中的名次，便乱砸乱摔东西等。

（8）自杀是一个人遭受挫折后的一种极端反应方式，也可以看做是受挫后针对自身的一种典型的特殊的攻击行为。当一个人受到突然而沉重的挫折打击，或者长期受到挫折的困扰和折磨，感到万念俱灰而不能自拔时，就可能产生自暴自弃、轻生厌世的想法。此时若得不到外力的帮助，受挫者就可能采取上吊、跳楼、投河、服毒等方式自杀。通常，自杀行为是在挫折的打击大大超出受挫者对挫折的承受能力的情况下发生的，特别是当受挫者将受挫的原因归结为自己，并对自己丧失信心，将自己作为迁怒的对象时更容易导致自杀行为。大学生是同龄人中的佼佼者，成长过程一般都比较顺利，很少遇到大的挫折，对挫折的承受能力普遍较低。同时大学生一般都自视较高傲、自尊心强，所以，当受到挫折的打击时，有时是很小的挫折，也会产生自杀行为。例如，某高校的一名学习成绩十分优秀的女生，得知自己有一门课考试不及格时就跳楼自杀；还有些学生失恋后不能自拔而自杀等。

2. 理智性反应

理智性反应是指人们在受到挫折后，采取积极进取的态度，在理智的控制下做出的反应。通常，人们在遭受挫折后都会出现紧张状态，都会在某种程度上做出某种情绪性反应。其中，有些人始终被情绪所控制不能摆脱，而有些人则能够及时调整，保持冷静，面对现实，审时度势，采取积极的态度和方式对待挫折。所以，理智性反应是对挫折的积极反应方式，主要表现在以下两个方面：

（1）坚持目标，逆境奋起，矢志不渝。遇到挫折后，首先能客观冷静地分析，若发现自己所追求的目标是现实的、正确的，而挫折只是暂时，就要设法排除障碍，克服困难，坚持不懈，朝着既定目标迈进，直至最终实现自己的愿望和目标。人类社会发展的历史证明，成功都是在十分艰苦的条件下，有时还冒着被攻击、迫害甚至生命的危险，经过多次失败，几经努力才获得的。面对各种各样困难的挑战和考验，是大学生成长过程中的必然，没有这个经历，也很难变成一个坚强、成熟的人。通过培养顽强拼搏的毅力和敢于面对和战胜困难的勇气，不断提高自己的意志力，困难和挑战就是不可多得的财富。

（2）调整目标，循序渐进，不断努力。如果由于自身条件或社会因素的限制，人们的需要和目标不能满足和实现，或者在目前条件下不能满足和实现，就要冷静下来，认真客观地分析导致失败的真正原因，并根据实际情况对自己的奋斗目标进行适当的调整。一方面，可能自己定的目标太高，不符合自己目前的实际情况。这就需要适当降低目标，或将目标分成几个阶段性目标，并根据实际情况适当变换实现目标的途径和方法，循序渐进，通过不断努力，逐步获得成功。另一方面，人们满足需要和实现愿望的途径和方式是多种多样的，一旦遇到挫折，发现原订的目标难以实现时，还可以改换目标，寻找新的能够实现的目标取而代之，同样可以达到满足自身需要的目的。

四、大学生产生挫折的原因

（一）挫折的产生

挫折的产生与以下五个方面有关：一是需要和由此产生的动机；二是在动机驱使下有目的的行为；三是使需要不能获得满足或目标不能实现的内外障碍或干扰的情境状态或情境条件，称为挫折情境，挫折情境可以是实际存在的，也可能是当事人想象中的；四是对挫折情境的知觉、认识和评价，称为挫折认知，挫折认知既可以是对实际遇到的挫折情境的认知，也可以是对想象中可能出现的挫折情境的认知；五是因受到挫折而产生的情绪和行为反应，称为挫折反应。

在以上五个方面中，挫折认知是产生挫折最重要的因素，因为只有在挫折情境被知觉后人们才会产生挫折感。否则，即使挫折情境实际存在，只要不被知觉，人们也不会有挫折感。所以，挫折感的实质是当事人的一种主观感受，当事人是否有挫折感和挫折反应的强弱，主要取决于当事人对挫折情境以及对自己的动机、目标与结果之间关系的知觉、认识和评价。不同的人，需要和动机的强度、对实现目标的评价标准、对自我的预期以及对挫折的归因等都不尽相同，所以，即使面对同样的挫折情境，不同的人会产生不同的挫折反应。例如，同样是考试不及格，有的学生痛不欲生，有的学生懊悔不已，有的学生则不以为然，这就是由于他们对考试不及格这一挫折情境的认知不同所造成的。

由于当事人对挫折及其意义的认识和评价受本人的信念、判断、价值观念等认知因素的影响，所以当事人在以往社会生活中所形成的固有的认知结构对挫折的产生以及挫折反应的强度具有重要作用。特别是在人们的认知结构中常常存在一些不合理的信念，这将会导致不适当、不适度的情绪和行为反应。

（二）挫折的转化

从挫折产生的基础和过程看，挫折是不可避免的和随时随地都可能发生的，所以，挫折具有必然性和普遍性。同时挫折还具有两面性：一方面，挫折具有消极性，使人失望、痛苦、沮丧、或引起粗暴的消极对抗行为，甚至导致攻击侵犯行为或失去对生活的追求，给自己和他人造成严重损失；另一方面，挫折又具有积极性，给人以教益，使人认识错误，接受教训，磨炼意志，使人更加成熟、坚强，在逆境中奋起，从而获得进一步的发展。

挫折的消极性和积极性都是相对的，也是可以转化的。挫折的转化是指当人们遇到挫折时，以积极的态度将挫折转化为动力，以顽强的毅力继续奋斗，或重新调整目标，从而使需要或动机获得新的满足的心理过程和实践过程，即减少挫折的消极因素，积极寻找挫折积极的一面，促使挫折产生的消极因素向积极方面转化。

（三）对挫折的承受力

对挫折的承受力是指人们在遇到挫折时，能够忍受和排解挫折的程度，也就是人们适应挫折、抵抗和应对挫折的能力。对挫折的承受力包括对挫折的耐受力和对挫折的排解力两个方面。对挫折的耐受力是指人们受到挫折时经受得起挫折的打击和压力，保持心理和行为正常的能力。对挫折的排解力是指人们受到挫折后，直接调整和转变挫折，积极改善挫折情境和解脱挫折状态的能力。

对挫折的耐受力和排解力是两个既有联系又有区别的概念。两者的联系在于它们都是对挫折的适应能力，共同组成为对挫折的承受力。耐受力是适应的前一阶段，是对挫折消极被动地适应，表现为对挫折的负荷能力，为排解力提供基础；排解力是适应的后一阶段，是对挫折的主动适应，表现为对挫折情境的改造能力，是对耐受力的进一步发展。耐受力是接受现实，能够减轻挫折情绪反应的强度；排解力是改变现状，促使需要的满足和目标的实现。

（四）产生挫折的原因

造成挫折的原因是多方面的和复杂的，挫折的形成与自然环境、社会环境、自身条件以及个人的动机冲突等多种因素有关。大学生处于人生发展的关键时期，一方面，他们的精力充沛，思想活跃，自我意识强，发展欲望强烈，需求广泛而执著，个人的理想抱负水平普遍较高；另一方面，他们的人格发展尚不够成熟，社会阅历浅，挫折经验不足，加上大学是一个竞争激烈的环境，因此，大学生遇到挫折是必然的，也是普遍的，甚至遭遇挫折的频度相对还会更高一些。

1. 构成挫折的外界因素

构成挫折的外界因素是指个人自身因素以外的自然因素和社会因素给人带来的限制与阻碍，使人的需要和目标不能满足和实现而产生挫折。

构成挫折的自然因素是指个人不能预料和控制的天灾人祸、时空限制、意外事件等，如地震、洪水、交通事故、疾病、死亡等。每个人随时都可能遇到自然因素造成的挫折，其后果可能很严重，对人的影响很大，如亲人去世、因交通事故致残等；也可能不严重，对人只产生暂时的影响，如有些学生刚入学时对当地的气候不适应、不习惯集体住宿等。

构成挫折的社会因素是指个人在社会生活中受到的各种人为因素的限制与阻碍，包括政治、经济、法律、道德、宗教、风俗习惯等方面。任何人都生活在一定的社会历史条件下，社会生活及其变化对人的影响和限制无处不在，所以人们因社会因素而产生的挫折也普遍存在。当前，随着科学技术的飞速发展，社会生活节奏不断加快，生存竞争日益加剧，使人们的紧张感和心理压力大大增加，挫折感不断增强。大学生进入大学以后，面临着一个全新的环境，他们不仅受到自然环境的影响，更多是受到大学社会环境的影响，如他们要面对繁重的学业和考试压力、人际关系冲突等。

2. 构成挫折的个人因素

构成挫折的个人因素是指由于个人在生理、心理以及知识、能力等方面的阻碍和限制，使人的需要和目标不能满足和实现而产生挫折，如身高、体形、容貌、知识结构、健康状况、表达能力、自我期望、经济条件等都可能是挫折源。大学生普遍自视较高，有强烈的自尊心，争强好胜和追求完美的心理较强，所以，大学生的挫折很多都是来自个人自身因素。

在构成挫折的个人因素中，大学生的自身条件和能力与自我期望之间的矛盾是造成挫折的重要因素。许多大学生往往过于自信，过高地估计自己的能力，对自我发展的预期和要求不是从客观实际情况出发，而是从主观愿望出发，常常对自己提出不切实际的要求，制定过高的甚至无法达到的目标和计划。一旦这些目标和计划因为自己的能力不及而无法实现，加上自己又不能清醒地认识到这一点时，就会产生强烈的挫折感。

3. 动机冲突

在现实生活中，人们的需要是多种多样的，常常会因多种需要而产生多个动机，并指向多个目标。当这些并存的动机相互排斥，或者由于种种条件的限制不可能全部实现而必须有所选择取舍时，就形成了动机冲突。动机冲突常常导致部分需要和目标不能满足和实现，于是就造成了挫折。动机冲突也是构成挫折的个人因素的一个方面。动机冲突在每个人的生活中是经常出现的，也是大学生的重要挫折源之一，其表现形式主要有双趋冲突、双避冲突、趋避冲突和双重趋避冲突。

（1）双趋冲突是指人们在有目的的活动中，同时有两个并存的具有同样吸引力的目标，而这两个目标因条件所限又无法同时实现，从而产生的难以取舍的冲突情境。例如，有些学生在谈恋爱期间同时对两个异性有好感，但只能选择其中的一个而放弃另一个；有些学生想做好社会工作，又想不影响学习。

（2）双避冲突是指人们同时遇到两个具有相同威胁性的目标，两者都想躲避，但因条件所限而必须选择其一，从而产生左右为难的冲突情境。例如，一个士兵深感战斗的疲劳、危险及战争的非正义性，总想从战场脱逃，但又怕被抓回来处以极刑；古语云："前有狼，后有虎"，这种心理矛盾就是双避冲突。

（3）趋避冲突是指人们在面对同一目标时产生的互相矛盾的心态，即这一目标既具有吸引力，能够满足某些需要，同时又具有排斥力，构成某些威胁。例如，考试时，有些学生因平时没有认真学习和复习而害怕考试不及格，于是就产生了作弊的想法，但又怕被监考老师发现受到校纪处分；有些学生想参加演讲比赛,但又怕失败有损自尊心。

(4) 双重趋避冲突是指当个体面临两个甚至两个以上目标而每个目标都有积极和消极两方面时便发生这类冲突情况。例如,某大四同学找到一份在异地有较高经济收入和良好住房条件的工作,但是女朋友在本地,而且习惯本地的生活和气候环境,各种利弊和得失就构成了多重趋避冲突。

五、应对挫折的策略与方式

(一) 挫折防卫机制

挫折防卫机制是指在人遇到挫折时,有意无意地寻求摆脱由挫折产生的心理压力、减轻精神痛苦、恢复正常情绪和心理平衡的自我调节和自我保护的方式。防卫挫折的方式是多种多样的,常见的有升华、补偿、认同、抵消、幽默、文饰(合理化)、压抑、投射、反向、幻想、否定、退化、移位等。

1. 升华

升华是指一个人在受到挫折后,将自己不为社会所认同的动机或欲望转变为符合社会要求的动机或欲望,或将自己的情感和精力转移到有益的活动中去,使低层次的需要和行为上升到高层次的需要和行为,从而将不良情绪和不为社会所允许的动机导向比较崇高的方面,以保持情绪稳定和心理平衡。升华的作用不仅可以使原来的动机冲突和受挫后的不良情绪得到化解和宣泄,而且能够促使人获得成功。历史上很多著名的科学家、艺术家和领袖人物,都是通过对挫折的升华取得辉煌成就的。

2. 补偿

补偿是指人们在实现目标的过程中受到挫折,或由于自身的某种缺陷而达不到既定目标时,以其他可能达到成功的活动或自己的特长来代替,通过新的满足来弥补原有欲望得不到满足和目标达不到所带来的痛苦。例如,有些学生学习成绩不高,但社会活动能力很强,同样也能得到一种心理上的平衡和满足感。

3. 认同

认同是指一个人在受到挫折后,效仿他人获得成功的经验和方法,使自己的思想、目标和言行更适应环境的要求;或者是把别人具有的、使自己感到羡慕的品质加在自己身上;或者是将自己与所崇拜的人视为一体,以提高自己的信心、声望、地位,从而减轻挫折感。

4. 抵消

抵消是指人们以某种象征性的活动或事情来抵消已经发生的不愉快的事情，以此取代心理上的不舒畅。

5. 幽默

幽默是指当一个人受到挫折，处境困难或尴尬时，用幽默的方式来化解困境，维持自己的心理平衡。

6. 文饰（合理化）

文饰是指当人们的行为未达到目标，或不符合社会规范时，为了减少或免除因挫折而产生的焦虑和痛苦，寻找种种理由或值得原谅的借口替自己辩护。文饰作用是人们在日常生活中使用最多的一种挫折防卫机制，通常的表现方式是"找借口"、"酸葡萄心理"和"甜柠檬心理"。

7. 压抑

压抑是指人们在受到挫折后，把意识所不能接受的、使人感到困扰或痛苦的思想、欲望、或体验压抑到潜意识中，不再想起、不去回忆、主动遗忘，以保持内心的安宁，使自己避免痛苦。

8. 投射

投射是指把自己的不当行为、失误或内心存在的不良动机和思想观念、欲望转移到别人身上，说别人也是如此，以此来减轻自己的内疚和焦虑，逃避心理上的不安。

9. 反向

反向是指为了防止自认为不好的动机外露，而采取与动机方向相反的行为表现出来。

10. 幻想

幻想是指当一个人的动机或欲望受到阻碍而无法实现时，以想象的方式使自己从现实中脱离出来，在空想中获得内心动机或欲望的满足。

11. 否定

否定是指对已发生的令人痛苦的事实加以"否定"，认为它根本没有发生过，以减轻或逃避心理上的痛苦。

12. 退化

退化是指一个人在受到挫折后，采取倒退到童年或低于现实水平的行为来取得别人的同情和关怀，从而避免紧张和焦虑。

13. 移位

移位是指将在一种情境下的危险情感或行为，不自觉地转移到另一种较为安全的情境下释放出来。例如，在工作中受到领导的批评，心中恼怒又不敢向领导发作，于是回到家就冲着孩子发火。

（二）挫折防卫机制的合理运用

挫折防卫机制是一种自发的心理调节机能，具有两面性：一方面，防卫挫折机制可以起到使人适应挫折、减轻精神痛苦、促进发展的作用；另一方面，它又会使人逃避现实，降低对生活的适应能力，从而导致更大挫折，甚至产生心理疾病的作用。

合理运用挫折防卫机制可以有效地缓解情绪上的痛苦，提高人对挫折的承受能力，为最终战胜挫折提供条件，特别是积极的挫折防卫机制的运用，还可以促使人们面对现实，积极进取，战胜挫折，获得进一步的发展。在上述各种挫折防卫机制中，升华是最具有积极性和建设性的挫折防卫机制，补偿、认同、抵消、幽默等挫折防卫机制在很大程度上也具有积极意义；文饰、反向等具有掩饰性，压抑、幻想、否定、退化等具有逃避性，移位、投射等具有攻击性，在某种程度上都不利于提高人们对挫折的适应能力。因此，挫折防卫机制虽然在一定程度上能够帮助人们提高和保持个人自尊，躲避或减轻焦虑情绪，缓解心理压力，但如果挫折防卫机制使用过度，或使用不当，不仅减轻不了紧张和焦虑的程度，反而可能破坏心理活动的平衡，妨碍个人的社会适应，甚至还可能造成心理异常和行为偏差。

第七章

掌控情绪：涂画彩虹心情

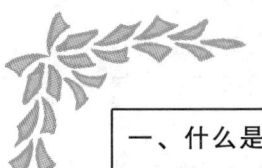

一、什么是情绪
 （一）基本情绪
 （二）情绪对大学生的影响
二、大学生的情绪特点
 （一）情绪的丰富性与复杂性
 （二）情绪的不稳定性与心境化
 （三）情绪的外显性与内隐性
 （四）情绪的两极性
 （五）情绪的理智性
三、大学生的主要情绪困扰
 （一）情绪反应过度造成的情绪困扰
 （二）情绪反应不足造成的情绪困扰
 （三）负性情绪持续时间过长或泛化引发的情绪困扰
 （四）不能接受或无法控制自己的情绪状态引发的情绪困扰
四、管理情绪
 （一）认识、识别自我的情绪
 （二）接受情绪，为自己的情绪负责
 （三）善于控制不良情绪
 知识链接——情绪管理三部曲
 （四）学会有效表达情绪

我们会因温暖的阳光而心情愉悦，因丝雨绵绵而心情阴霾，因临近考试而紧张焦虑、坐卧不安，因逃课成功而暗自高兴，因与朋友吵架而疯狂购物，恋爱让你情绪兴奋，失恋让你暗自悲伤……我们每个人都拥有它——情绪，情绪使我们的生活变得丰富多彩，生机盎然。

一、什么是情绪

情绪是人们在心理活动中对客观事物的态度体验，是人脑对客观事物与人的需要之间关系的反映。它具有主观体验形式（喜、怒、爱、惧等）、外部表现形式（面部表情、肢体表情）和生理基础（大脑皮层的活动）。人既有与生物需要相联系的情绪体验（如由疼痛引起的情绪），又有与社会文化相联系的高级情绪或社会情操（如道德感、审美感等）。

"不能说，不能笑，不能动，谁先动或者先笑就算输了"，小时候玩过"我们都是木头人"的游戏，总是有人保持不了同一个表情，忍不住笑出来。俗话说："人非草木，孰能无情。"丰富多彩的情绪世界就像万花筒一样无比灿烂。无论高兴也好，伤心也好，郁闷也好……都是自身发出的一种情绪信号。

（一）基本情绪

我国古代将人的情绪分为喜、怒、哀、乐、爱、恶、惧七种基本类型。现代心理学根据情绪的性质，一般将其分为快乐、愤怒、悲哀、恐惧四种基本类型。

1. 快乐

快乐是指一个人盼望和追求的目的达到后产生的情绪体验。由于需要得到满足，愿望得以实现，心理的急迫感和紧张感解除，快乐随之而生。快乐有强度的差异，从愉快、兴奋到狂喜，这种差异与所追求的目的对自身的意义以及实现的难易程度有关。

2. 愤怒

愤怒是指所追求的目的受到阻碍，愿望无法实现时产生的情绪体验。愤怒时紧张感增加，有时不能自我控制，甚至出现攻击行为。愤怒也有程度上的区别，一般的愿望无法实现时，只会感到不快或生气，但当遇到不合理的阻碍或恶意的破坏时，愤怒会急剧爆发。这种情绪对人的身心的伤害也是明显的。

3. 恐惧

恐惧是企图摆脱和逃避某种危险情境而又无力应付时产生的情绪体验。所

第七章 掌控情绪：涂画彩虹心情

以，恐惧的产生不仅仅由于危险情境的存在，还与个人排除危险的能力和应付危险的手段有关。一个初次出海的人遇到惊涛骇浪或者鲨鱼袭击会感到恐惧无比，而一个经验丰富的水手对此可能已经司空见惯，泰然自若。

4. 悲哀

悲哀是指失去心爱的事物时，或理想和愿望破灭时产生的情绪体验。悲哀的程度取决于所失去的事物对自己的重要性和价值。悲哀时带来的紧张的释放，会导致哭泣。当然，悲哀并不总是消极的，它有时能够转化为前进的动力。

人类这些最基本的情绪与动物的情绪表现有本质的不同。因为即使是人的生理性需要也打上了社会的烙印，人们不再茹毛饮血，为满足吃、喝、住、穿的需要也会考虑适当的方式和现有的社会条件。

人的一切心理活动都带有情绪色彩，大学生情绪的表现形式是多种多样的。根据情绪的状态（如强度、持续状况等），又可将其分为心境、激情和应激三类。

1. 心境

心境是一种比较微弱而持久的情绪状态。它具有弥漫性的特点，往往影响着人的整个精神状态，并且在一段时间内会使周围的事物染上同样的情绪色彩。例如，喜悦的心情往往会使人感到心情舒畅，万事如意，办任何事情都顺利；而悲伤的心情则会使人感到凡事枯燥乏味，悲凉忧伤。所谓"忧者见之则忧，喜者见之则喜"，就是指人的心境。

心境的持续时间有很大差别，从几个小时到几周、几个月或者更长时间，这主要是取决于心境的各种刺激的特点与每个人的个性差异，如亲人去世往往会使人处于较长时间的悲伤和郁闷心境。个性差异对心境的持续时间也会带来不同的影响。性格内向的人会助长这种郁闷的心境，而性格开朗的人可能会缩短或减缓这种心境。

引起心境的原因是多方面的，如工作失败、人际关系变化、生活起伏、个人健康以及自然环境变化、对过去生活的回忆等。心境对人的工作、生活、学习以及健康都有很大影响。积极、良好的心境会使人振奋、提高效率、有益于健康，而消极、不良的心境则会使人颓丧、降低活动效率、有损健康。例如，林黛玉处在"一年三百六十日，风刀霜剑严相逼"的凄凉心境中，使她感情苦闷和身体病弱日益加重。

2. 激情

激情是一种强烈的、短暂的、爆发性的情绪状态，如狂喜、绝望、暴怒等。在激情爆发时，常常会伴有明显的外部表现，如咬牙切齿、面红耳赤、顿足捶胸、拍案叫骂等。有时候甚至会出现痉挛性的动作或者言语混乱。激情的发生主要是由生活中具有重要意义的事件引起的。此外，过度的抑制和兴奋，或者相互对立的意向或愿望的冲突也容易引起激情的状态。激情有积极与消极之分，积极的激情会成为激发人正确行动的巨大动力；而消极的激情常常对机体活动具有抑制作用，或者引起过分的冲动，做出不适当的行为。

3. 应激

应激是指在出乎意料的情况下所引起的情绪状态。例如，人们遇到突然发生的火灾、水灾、地震等自然灾害时，飞行员在执行任务中突然遇到恶劣天气，在旅途中突然遭到歹徒的抢劫等，无论天灾还是人祸，这些突发事件常常使人们心理上高度警醒和紧张，并产生相应的反应，这都是应激的表现。

在应激状态中，人们应迅速地判断情况，瞬间做出选择，同时还会使机体产生一系列明显的生理变化，如心跳、血压、呼吸、腺体活动以及紧张度等都会发生变化。适当的应激状态会使人处于警觉状态之中，并通过神经内分泌系统的调节，使内脏器官、肌肉、骨骼系统的生理、生化过程加强，并促使机体能量的释放，提高活动效能。而过度或者长期处于应激状态之中，则会过多地消耗掉身体的能量，以致引起疾病和导致死亡。

人处在应激状态时，一般会出现两种不同的表现：一种是情急生智，沉着镇定；另一种是手足无措，呆若木鸡。有些人甚至会发生临时性休克等症状。人在应激状态下会出现何种行为反应与每个人的个性特征、知识经验以及意志品质等密切相关。

（二）情绪对大学生的影响

情绪不仅与大学生的身心健康有关，而且与大学生的潜能开发、工作效率有关。良好的情绪情感往往能使大学生乐于行动，有兴趣学习、工作和活动，有助于开阔思路，集中注意力和富有创造性。我们可以从以下几个方面来看看情绪对大学生学习和生活的影响：

1. 情绪对大学生身体的影响

美国生理学家爱尔马曾做过一项实验，当一个人心平气和时，他呼出的气变成水后是澄清透明、无杂质、无色的；而悲痛时，水中有白色沉淀；悔恨时，有蛋白色沉淀；生气时，有紫色沉淀。随后，爱尔马将人在生气时呼出的"生气水"注射到大白鼠身上，几分钟后，大白鼠竟然死了。因此，爱尔马认为，人生气时会分泌出毒素。现代医学研究证明，在人们的生理疾病中，70%同时伴有心理上的病因。《黄帝内经》中"怒伤肝、喜伤心、思伤脾、忧伤肺、恐伤肾"也不无道理。在大学生中，长期的学习压力，造成一些学生的失眠、紧张、神经性头痛、消化系统疾病等，大都是因为情绪状态没能得到很好的调整。因此，保持良好的情绪状态，是大学生心理健康的重要标志。

2. 情绪对大学生学习的影响

请同学们回忆一下，你处于积极情绪和消极情绪状态时的学习状态一样吗？

心理学家在研究情绪与学习成绩的关系时，对某学校的两个在背诵一篇外语课文的班级进行了对比实验。要求两个班级的同学在一节课内背诵课文。中间检查时两个班级都有一部分学生背诵不出来。其中一个班的老师对背下来的同学给予表扬，同时对没有背下来的同学也作了恰如其分的肯定和鼓励，结果全班在预定时间内都完成了任务。另一个班的老师却不分青红皂白，对全班学生发了一通脾气，并提出背不下来就不下课。结果拖延半小时，仍然有同学没有完全将课文背下来。实验证明，情绪低落时，人几乎会忘掉记忆内容的1/4；情绪很好时，在相同的时间内仅忘掉1/20。因此，在相同的时间内，情绪好的学生学到的知识远远超过情绪不好的学生。

在生活中常有这种现象：有的大学生在考试时过分紧张，结果出现"晕场"现象；反之，有的学生对考试采取不以为然的态度，考试成绩也不高。焦虑程度与学习成绩的关系呈倒"U"形关系。适度的焦虑能使大学生取得最好的学习效率，焦虑程度过高或过低，均难以取得优异的学习成绩。

3. 情绪对大学生人际关系的影响

专门研究人类哭泣的美国瓦萨尔学院的心理学教授兰道夫·R·科奈利乌斯，把他搜集的来自世界各地的流泪人物照片分成两个版本：一个是原来的图片，人物的脸上挂着泪水；另一个则经过数字处理去掉了眼泪。实验发现，人们普遍认为泪眼蒙眬或泪流满面的人正经历着强烈的情感（大多数是悲伤的）。而看到被抹去眼泪的照片时，有人说那是悲伤，也有人说是恐惧或厌恶。大脑中与感情表达有关的区域以某种方式与眼睛上方的泪腺联系在一起，才赋予了肌肉的这种"交际功能"。

不仅我们的脸部肌肉具有交际功能，具有良好情绪特征的人，如乐观、热情、自尊、自信等，也能使彼此间心理距离缩短、情感融洽。而自卑、情绪压抑、爱发怒的人，往往不能与他人正常相处，使人与人之间难沟通、易疏远。

情绪具有感染性，正性情绪大于负性情绪的人，因为有良好的情绪和积极稳定、适度的情绪反应，在人群中更受欢迎，更容易获得别人的赞赏，容易形成良好的人际关系。一位大学生这样形容同宿舍的另一位同学：他的情绪正如六月的天，喜怒无常，无法把握，与他相处，有些如履薄冰，我们时刻要受他情绪的支配与感染。所以我们认为，他没有用坏情绪影响我们好心情的权力，因而我们选择逃避，尽量少与他交往。

4. 情绪对大学生行为目标的影响

积极的情绪体验对大学生的目标达成具有促进的作用。许多心理学实验结果表明，积极的情绪体验与积极的行为变化以及目标达成具有高度相关，当体验到的是积极的情绪，如感到高兴、亲切、安全、平静，大学生的行为目标也往往是积极、生动的，对新经验的接受和开放、对周围人的尊重和理解、对价值和长远目标的献身精神等，都有明显增强；当体验到的是痛苦、愤怒、紧张或受威胁等消极情绪时，一部分大学生的社会兴趣会下降，反社会行为增加，对新经验持审慎甚至闭锁的态度，另一些大学生的行为并没有向消极方面转化，而是汲取教训，准备再干。因此，在大学生活中要尽可能地保持稳定且良好的情绪状态，以便达成自己的奋斗目标。

二、大学生的情绪特点

大学阶段是人生的第二个"心理断乳期"，是一个非常关注自我、注重个性表达、情绪体验丰富、情绪波动起伏较大的时期。大学生常见的情绪有快乐、兴趣、羞愧、内疚、羞涩、悲伤、惊奇、敌意、愤怒、蔑视、厌恶、恐惧等。大学生情绪具有如下几个特点：

（一）情绪的丰富性与复杂性

青年时期是最有作为的时期，他们是"早晨八九点钟的太阳"，正处在人一生的黄金时代。处于青年中期的大学生，身心发展已经成熟或接近成熟，能独立地处理个人的生活和周围的事物，精力充沛，思想敏锐，敢想、敢说、敢为，最富有激情和创造性，情绪情感日益丰富。他们渴求知识，兴趣广泛，追求友谊和爱情，常对自己喜欢的对象、活动表现出热衷，对自己信服的人和关心自己的人表露出钦佩和羡慕。他们为学习、工作、爱情的成就而欢乐、自赏，由于挫折而苦恼或忧心忡忡。总之，会产生自尊、自信、自负、自卑等丰富而复杂的情绪体验，当然，这些情绪体验在不同的个体身上也存在着一定的差异。同时，他们还表现出既有儿童期残留下来的天真幼稚，又有成年期的深思熟虑。随着知识的增多、自我的成熟、实践的锻炼，他们会形成许多高尚的情操，如集体荣誉感、爱国主义情感，以及为真理和正义而献身的热忱等。

（二）情绪的不稳定性与心境化

大学生的情绪犹如疾风怒涛，表现出多变、不稳定的特点。他们容易兴奋、冲动、喜欢感情用事，情绪起伏较大。但大学生的情绪又不像儿童那样受制于外部刺激，没有情绪的积累。他们的情绪一旦被激起，即使刺激消失，也还会转化为心境。例如，由成功或满足带来的喜悦往往会持续一段时间，并扩散到其他事物上，有事事称心如意之感；相反，一旦染上消极忧愁的情绪，则可能闷闷不乐，即使对平时喜爱的活动也无兴趣。

常常会看到这样一些同学，对什么事情都表现出一副麻木不仁、无动于衷的态度。他们不爱学习、不爱上课、不爱与人交往、不爱体育锻炼，对很多事情提不起兴趣，好像感情枯竭了一样。他们只对电子游戏等娱乐活动感兴趣，心理学上称为"有选择性的退却反应"。一般认为，造成这种学习情绪减退的原因与学习竞争所带来的压力有关。

（三）情绪的外显性与内隐性

大学生对外部刺激反应迅速、敏感，喜怒哀乐表现得充分而具体，由情绪引起的内心变化与外部表现是一致的，具有外显性特点。例如，取得了好的成绩、获得了好的评价时，高兴之情会溢于言表。但大学生的外部表现与内心体验又并不完全一致，在某些状态下甚至会出现相反的表现。他们有时会有意识地掩饰自己内心的真实感受，如对于一些事物的看法、内心存在的秘密，是说还是不说，是多说还是少说，都要依时间、地点、条件为转移。尤其是在对异性的态度上，明明喜欢某个人，但却有意无意地表现出不关心和冷漠。

（四）情绪的两极性

大学生情绪的两极性依然存在，容易从一个极端跳到另一个极端，容易出现高度的兴奋、激动、热情或是极端的发怒、泄气和绝望。还可能因一时的成功而产生积极的、愉快的情绪体验，甚至骄傲自满，忘乎所以；也可能因一时的挫折、失败而低估自我，甚至悲观失望，如学习成绩的好坏、评奖学金或三好学生、与周围同学的关系等，都可能引起他们积极或消极的情绪。

（五）情绪的理智性

随着年龄的增长、年级的升高、社会经验和知识的积累，以及大学环境的熏陶，大学生的自身素质会不断得到提高，情绪的波动性、冲动性减少，表现出一定的理智因素。面对不良情绪时，能够主动积极地寻找引起不良情绪的原因，进行自我反省，不断调整自己的情绪状态，理智地自我调节与约束，尽可能地减少情绪所带来的消极影响。

三、大学生的主要情绪困扰

情绪困扰又称为情绪的适应不良，大学生中常见的情绪困扰具体表现在以下几个方面：

（一）情绪反应过度造成的情绪困扰

马某，是某大学三年级的学生，平时少言寡语，周围的同学能从他冷漠和充满敌意的目光中感到此人难以接近。一天，因一点小事与外班学生发生冲突，大打出手，还动用了凶器，使对方致残，被开除学籍。事后了解到，该生在中学期间曾受到过校园暴力的伤害，从那之后，他对任何人都抱有敌意，凡是他认为有意伤害他的人，他马上会产生企图报复的愤怒情绪，以致最终酿成恶果。

1. 愤怒

愤怒是人的基本情绪反应，从程度上可分为不满、气恼、愤怒、暴怒、狂怒等。上例中马某的行为表现已远远超出了引发愤怒形成的客观起因的强烈程度，面对自己的愤怒情绪无法自控，实际是过去经历中被伤害所遗留下来的仇恨和愤怒情绪的一种转移，也称为迁怒。结果伤害了别人，也伤害了自己。

2. 焦虑过度

考试前的焦虑几乎是每个学生都曾经历过的，焦虑情绪本身并非是一种情绪困扰。这里所说的是指自身的焦虑程度已经构成了对学习和生活的不良影响或干扰。应该说，适度焦虑有益于个人潜能的开发。如果一个人没有焦虑或是焦虑不足，就会导致注意力涣散和工作学习效率下降，所以，无论是听课还是课下自习，都需要保持一定的焦虑。但是过度的焦虑，往往又会使人过度紧张而产生注意力分散和工作学习效率降低。

3. 过度应激状态

应激状态是指当事者在某种环境刺激的作用下产生的一种适应环境的反应状态。在应激状态下，往往会伴随着多种负性情绪。例如，在应激产生的同时附带着恐惧、震惊、厌恶等；应激状态中还可能同时附加着痛苦、敌意、惧怕、失望等情绪感受，所以应激状态实际也是一种消极的不良情绪。

（二）情绪反应不足造成的情绪困扰

在课堂上，老师让每位学生写出近一周来自己每天的情绪状况，然后进行课堂小组的交流与讨论。讨论结束时，一名学生谈了自己上完此课的感受："我这一周情绪都特别不好，很郁闷；只有今天，我感到很轻松，因为我听到了小组中很多同学都和我同样郁闷，……"他的话还没讲完就引起了全班学生的哄笑。

大学生的情绪反应不足主要表现为以下两种：

1. 忧郁

忧郁是一种愁闷的心境，主要表现为没有激情、忧心忡忡、长吁短叹、话语减少、食欲不振等生理和心理反应。忧郁在大学生群体中表现较为普遍。例如，有些学生因为无法面对学业中的竞争和学习压力，或是对所学的专业不满意，而陷入忧郁的情绪状态，表现为对生活和学习失去兴趣，无法体验到快乐，行为活动水平下降，回避与人交往。严重者，还伴有心境恶劣、失眠，甚至有自杀倾向。

2. 冷漠

冷漠同样是一种情绪反应强度不足的表现，主要表现为对人对事漠不关心的消极状态。处于冷漠情绪状态的大学生，在行为上常表现为对生活没有热情和兴趣；对学习漠然置之，无精打采；对周围的同学冷漠无情，甚至对他人的冷暖无动于衷；对集体活动漠不关心，麻木不仁。

（三）负性情绪持续时间过长或泛化引发的情绪困扰

一位大学生一次在课堂上回答老师提问时，由于一时的紧张，出现了口误，引起班上同学的哄笑，老师也没有批评他。但是从这以后，每次听这位老师的课，他都感到极度的紧张和焦虑，尔后发展到恐惧。为此，每次上课他都坐在最后一排，但他还是恐惧老师注视他的目光，并逐渐严重到不敢进教室听课，后又发展到恐惧进教室和害怕所有上课教师的目光。

当偶然事件所引发的负性情绪的体验逐渐泛化到所有相似的情境之中时，容易造成学习和人际交往中的情绪障碍。情绪反应持续时间过长或者泛化会严重影响人的正常工作、学习和生活，而且会给人的身心带来严重的负面影响。

（四）不能接受或无法控制自己的情绪状态引发的情绪困扰

在日常生活中，大学生的情绪困扰有时还来自因不能接受或无法控制自己的情绪现状而产生的不适感。例如，一名大学生在平时学习时，常为自己头脑中闪现一些毫无意义的杂念而烦恼不已，本想将其克服，但没想到越是绞尽脑汁想将其克服，杂念不仅没有减少，反而越来越多。这位学生的情绪困扰来自他不能接受自己的情绪反应。前面我们曾经讲过，情绪是人的一种自然的和本能的感受，无论是否愿意，也无论情绪是否为负性情绪感受，都是不以人的意志为转移的，当我们对某一种情绪排斥或不接受时，实际却正在关注和强化它。

四、管理情绪

亚里士多德说："谁都会发火，这很容易。但要用合适的方式，为适合的目的，在合适的时候，以合适的程度，对合适的人发火，就不那么容易了。"一个人要成为自己情绪的主人，必须先觉察自我的情绪，并能理解他人的情绪，这样才能有效管理和合理表达自己的情绪。

（一）认识、识别自我的情绪

认识、识别自我的情绪是情绪管理的基石。只有在此基础上，才能对自身的情绪进行有效的表达和妥善的利用与管理。美国密歇根大学心理学家南迪·内森的一项研究发现，一般人的一生平均有3/10的时间处于情绪不佳的状态，所以当情绪不佳时，我们应能明确知道产生喜、怒、哀、惧的原因和与之相应的情绪类型。很多人不知道自己处于什么情绪状态。也有人认为，人不应该有情绪，所以不肯承认自己有负面情绪。要知道，人是一定会有情绪的。情绪变化往往会在我们的一些神经生理活动中表现出来。例如，当你听到自己失去了一次本应获得奖学金的机会时，你的大脑神经就会立刻刺激身体产生大量起兴奋作用的"去甲肾上腺素"，其结果是使你怒气冲冲，坐卧不安，随时准备找人评评理，或者"讨个说法"。学着体察自己的情绪，是情绪管理的第一步。

（二）接受情绪，为自己的情绪负责

当你能够立刻察觉自己的情绪时，问问自己，为什么生气？为什么难过？如果是自己的想法引起不快时，再问问自己，有没有其他替代想法？你也许不能控制引起你体验某种情绪的外在事件，但是你却能控制这些外在事件对你产生的影响。面临某件使你生气的事情，你会感觉气愤，但如果负性情绪一直围绕你，什么事情都不做，不如告诉自己要做情绪的主人，去做自己应该做的事情，即不让别人控制自己的情绪，但是同时也为自己的情绪负责。

（三）善于控制不良情绪

不良情绪会影响人的身心健康，因此心理学家积极主张对大学生不良情绪给予科学指导，并大力提倡大学生应学会自我调节和控制不良情绪。对不同情境中的负性情绪可以采取不同的方法予以自我调节和控制，常用的方法有以下几种：

1. 深度呼吸法

找一个让自己感到舒服的姿势坐好；让你的双脚微微打开与肩同宽。双掌轻轻放在肚脐上，五指并拢，掌心向下，闭上双目；把你的肺想象成一个气球，你的任务是将这个气球充满气。先用鼻子慢慢地吸足一口气，直到感到气球已经全部胀起，保持这个状态两秒钟；当你给气球充气时，会感觉到你的手朝离开身体的方向移动，这一向外的运动可以帮助你检查你是否已将空气送达肺的底部；现在，再慢慢、轻轻地吐气，感觉你的手向靠近身体的方向移动。反复多做几次，接下来再学习控制呼吸的速度。你可以在呼吸时数数，"1，2，3，4……"你要自己慢慢地均匀地数数，用四个节拍吸气，再用四个节拍吐气。如此循环，每次可以连续做4～10分钟，甚至更长的时间。经常这样做深呼吸对身心放松和缓解焦虑大有好处。

2. 积极的心理暗示法

心理暗示就是个人通过语言等方式，以隐含的方式来缓解压力和控制情绪，一般是用不出声的内部语言即默念的方法，可以采用自言自语等其他方式。心理暗示在日常生活中随时随地都可以看到。例如，上课时，一个人"打哈欠"，许多人往往也跟着"打哈欠"；有人咳嗽，你的喉咙也会发痒；看见别人赛跑，自己也不知不觉地动起脚来；刚刚学骑自行车的人骑车上街，心里特别紧张，怕撞到别人，心里越紧张，默念"别撞上、别撞上"，可结果却偏偏撞上；参加重大考试时，告诉自己"别紧张，别紧张"，可往往是脑中一片空白……这其实都是心理暗示的原因，告诉自己"别撞上"、"别紧张"的潜台词就是"一定会撞上，"、"我一定会紧张"，是自己在给自己消极的心理暗示。

心理学家马尔兹说："我们的神经系统是很'蠢'的，你用肉眼看到一件喜悦的事，它会做出喜悦的反应；看到忧愁的事，它会做出忧愁的反应。"当你习惯地想想快乐的事，你的神经系统便会习惯地令你处在一个快乐的心态。所以，我们要输入积极的语言，如"在我生活的每一方面，都一天天变得更美好"、"我的心情愉快"、"我一定能成功"等，暗示语句要简洁有力，不要含糊、脱离实际或与人攀比。

同时，还要排除他人对你的消极暗示。一次考试考差了，老师说你"真没用"，千万不要当真。曾有一位成绩不错的学生，考试时做错了一道简单的题目，老师讽刺道："这么容易的题都错，还怎能考上大学？"结果这个学生一蹶不振，真的名落孙山。在心理暗示中，永远记住，只有你才是你生命的主宰，只要你永远对自己充满信心，任何人都不能改变你。

3. 注意力转移法

注意力转移法就是把注意力从引起不良情绪反应的刺激情境转移到其他事物上去，或从事其他活动来自我调节的方法。例如，当人处于非常紧张状态的时候，人都会本能地去抑制紧张或逃离这种状态。但是紧张是不可控制的，越想控制紧张，反而会越紧张。

在心理困境中，人的大脑里往往形成一个较强的兴奋灶。当兴奋中心转移了，也就摆脱了心理困境。具体方法有消遣转移法，如散步、聊天等；繁忙转移法，即在心态不佳时，有意地安排一些学习任务，使注意力集中在该项任务上而忘却烦恼，或者说因为顾及学习而无暇忧虑不快的事情；开阔转移法，即使用能开阔个体心胸的方法以转移注意力，达到调整心态之目的；欢娱转移法，即个体通过参与所喜爱的娱乐活动，如下棋、画画、跳舞、打猎等，以转移注意力、忘却烦恼的一种方法；改变注意焦点，即当我们苦闷、烦恼时，将注意力转移到有兴趣的活动中，转移到使人心情愉悦的事情上，这样情绪就会慢慢好转，如吃喜欢的食物会使人觉得幸福高兴，恰好印证了"惟食忘忧"这句古语，可见美食也有转移注意力的作用；改变环境，即到自己想去的地方，如景色优美、令人心旷神怡的环境，或改变自己的居住环境等。另外，还可以试着交个新朋友，投入一种新的爱好等，往往能推陈出新，改变自我。

4. 适度宣泄法

情绪的宣泄是平衡心理、保持和增进心理健康的重要方法。过分压抑只会使情绪困扰加重，而适度宣泄则可以把不良情绪释放出来，从而使不良情绪得以缓解。具体方法有以下几种：向老师、家长或最信得过的朋友倾诉，把心中的不快、郁闷、愤怒、困惑等消极情绪讲出来；在镜子面前对着自己扮鬼脸，自己逗自己笑，不快的情绪也就不见了；大哭一场，痛哭是消极情绪积累到一定程度的大爆发，好比盛夏的暴雨，越是倾盆而下，天晴得也就越快；借物宣泄，如可以用力捶打你的被子、枕头，待捶打到疲乏时，心里会轻松许多；欣赏音乐或运动，情绪状态可以改变身体活动，身体活动也可以改变情绪状态，如走路时，昂首挺胸，加大步幅及双手摆动的幅度，提高步频走上几圈，或者通过跑步、干体力活等剧烈活动，可以把体内积聚的"能量"释放出来，使郁积的怒气和其他不愉快的情绪得到发泄，从而改变消极的情绪状态。

情绪宣泄应该遵循以下原则：

（1）情绪宣泄必须及时。在负性情绪产生后，应该及时宣泄。

（2）情绪宣泄应该适度。宣泄负性情绪的程度应该与负性情绪自身程度一致，过弱达不到宣泄效果，过强则易引起身心过度反应。

（3）情绪宣泄必须合理。宣泄情绪的方式、场合要恰当，因为方式、场合的不当可能给本人或社会带来不良后果，而这些不良后果反而会加剧原有的负性情绪或引发新的负性情绪。

5. 自我安慰法

情绪低落时，不妨学习鲁迅先生的小说《阿Q正传》中的主人公，采用"精神胜利法"进行自我安慰，以求心理平衡，调整心情。狐狸吃不到葡萄，就说葡萄是酸的，用这种"合理化"的理由来解释事实，可以变恶性刺激为良性刺激，这是一种自我安慰的有效方法。对于没有能力改变的事实，需要承认现实，宽慰自己。

6. 情绪升华法

弗洛伊德认为升华是将一些本能的行为（如饥饿、性欲或攻击）的内驱力转移到自己或社会所接纳的范围。情绪升华可以改变强有力的情绪冲动，把它引向积极的、有益的方向，是对消极情绪的一种高水平宣泄，是将消极情感引导到对人、对己、对社会都有利的方向。升华可以改变不为社会所接受的动机、欲望而使之符合社会规范和时代要求，是对消极情绪的一种高水平宣泄。一生命运坎坷的西汉文史学家司马迁因仗义执言，得罪当朝皇帝，被判处宫刑，在狱里，他撰写了《史记》；《少年维特的烦恼》的作者歌德，在失恋时创作了此书。他们都是将自己的"忧情"升华，为后世开创了一个壮观伟丽的文史境界。一位同学因失恋而痛苦万分，但他没有因此而消沉，而是把注意力转移到学习中，立志做生活的强者，证明自己的能力。

7. 调节认知，改变情绪

想必大家都听过这样一个故事，老太太有两个女儿，大女儿卖扇子，小女儿卖雨伞。天晴时老太太担忧小女儿的雨伞卖不出去；天阴时老太太忧虑大女儿的扇子卖不出去。如此一来，老太太总是很忧郁。邻居得知笑着说："老太太，你真好福气呀！天晴时，你的大女儿生意好；天阴时，你的小女儿生意兴隆。"老太太听后，顿时豁然开朗转忧为喜。

同样一件事，从不一样的角度去想，心情就会很不一样，人生的境界也会很不一样！早在大约1900年前，希腊哲学家埃皮克提图就指出：人不会受事物的干扰，干扰人的是人们对事物采取的观点。

美国临床心理学家艾里斯提出情绪ABC理论，A指诱发事件（Activating

event），即挫折事件本身；B 指信念（Belief），也称为非理性信念，是指个体在遇到诱发事件之后，对该事件的想法、解释和评价；C 是指这件事发生后，人的情绪和行为结果（Consequence）。通常人们会认为，人的情绪是直接由诱发事件 A 引起的，即 A→C。ABC 理论则指出，诱发性事件 A 只是引起情绪的间接原因，而人们对诱发性事件所持的信念、看法和解释才是引起情绪更为直接的原因，即 A→B→C。

"翻手为云，覆手为雨"的秘诀在于从不合理想法转到合理想法。根据 ABC 理论分析日常生活中的一些具体情况，我们不难发现人的不合理观念常常具有以下三个特征：

（1）绝对化的要求：指人们常常以自己的意愿为出发点，认为某事物必定发生或不发生的想法。它常常表现为将"希望"、"想要"等绝对化为"必须"、"应该"或"一定要"等。例如，"我必须成功"、"别人必须对我好"等。这种绝对化的要求之所以不合理，是因为每一个客观事物都有其自身的发展规律，不可能以个人的意志为转移。

（2）过分概括化：这是一种以偏概全的不合理思维方式的表现，它常常把"有时"、"某些"过分概括化为"总是"、"所有"等。

（3）糟糕至极：这种观念认为，如果一件不好的事情发生，那将是非常可怕和糟糕。例如，"我没考上大学，一切都完了"、"我没当上班长，不会有前途了。"

知识链接——情绪管理三部曲

请你拿出一张纸来，回答以下三个问题：

第一步：What?（我现在有什么情绪?）

由于我们平常比较容易压抑感觉或者常认为有不好的情绪，因此常常忽略我们真实的感受，因此，情绪管理第一步就是要先能察觉我们的情绪，并且接纳我们的情绪。不论情绪是好是坏，只要是我们真实的感受，我们就要正视并接受它。只有当我们认清我们的情绪，知道自己现在的感受，才有机会掌握情绪，也才能对自己的情绪负责，而不会被情绪所左右。

第二步：Why?（我为什么会有这种情绪?）

我为什么生气？我为什么难过？我为什么觉得受挫折无助？我为什么……找出原因我们才知道这样的反应是否正常，找出引发情绪的原因，我们才能对症下药。

第三步：How?（我应该怎样应对或调节这种情绪?）

想想看，可以用什么方法来调节自己的情绪呢？平常当你心情不好的时候，你会怎么处理？什么方法对你是比较有效的呢？

（四）学会有效表达情绪

我们常常对情绪有一个错觉，认为情绪是非理性的，所以一个理性成熟的人不应该表现出自己的不良情绪。因此选择积聚不良情绪，而不直接处理不良情绪，这种心理能量的积聚如果超过一定负荷，就会打破心理平衡，引起心理疾病。当不良情绪来临时，我们应去觉察自己的不良情绪，并及时处理，适当、适时地将它表达出来，让对方能明白，也让自己能减轻这种情绪带来的紧张感。只有这样才能更积极、直接地处理问题，才能使自己不沉湎于不良情绪中，影响身心健康。

在表达情绪时，我们通常会持这样一些误解：自己认为这样的表露会让自己难堪；认为只要不说出自己的感觉就可与对方维持和谐关系等。然而无论是高兴、伤心或难过，当我们有机会将那些感受说出来的时候，这本身就是一种疏解。但人们在表达情绪时容易犯这样一些错误：弄不清楚自己的感受，所以乱发脾气；不敢直接表达情绪，所以冷漠相对，一言不发；一味指责对方，夸大过错；拒人于千里之外等。

那么，我们应该如何有效地表达自己的情绪呢？在觉察自己真正的感受后应掌握良好的时机表达自己的情绪。表达情绪的有效方式应是以平静、非批判的方式叙述情绪的本质，描述而不是直接发泄，且表达情绪的言语要清楚、具体。一方面，应清楚表达出情绪的"程度"或"类型"；另一方面，在表达情绪后，应以简单的理由加以说明，即为什么产生了这样的情绪，来帮助双方更好地沟通和相互理解。恰当的表达是为了让我们内心的感受找到出口，也是为了让对方可以多了解我们。

第八章

生命教育：绽放生命之花

一、人为什么活着
    （一）生命中的三次幸运
    （二）生与死的意义
  知识链接——一片叶子落下来
    （三）定义自己的人生
  知识链接——互动小游戏：生命线

二、如何更好地活着
    （一）活在当下比懊悔过去、担忧未来更重要
    （二）接纳自己比羡慕别人、否定自己更重要
    （三）活得充实比活得成功、活得辛苦更重要

三、如何面对生命中的危机
    （一）什么是心理危机
    （二）怎么面对自己的心理危机
    （三）当别人有轻生念头时，我可以做些什么

第八章　生命教育：绽放生命之花

在过去的二十几年中，韩国从一个世界上自杀率最低的国家之一变为自杀率最高的国家之一。根据韩国国家统计局的数据，2010 年韩国自杀人数达 15 566 人，比 10 年前增加了 141%。而韩国演艺圈、政坛和商界也频频爆出自杀事件：前总统卢武铉 2009 年 5 月坠崖身亡；同年 11 月，韩国最大企业之一斗山集团前董事长朴容昕死在家中。人们不禁思考一个问题："这些看起来非常成功的人为什么要自杀？"

2009 年 12 月 27 日，复旦大学优秀青年教师，海归博士，年仅 31 岁的于娟，突然被确诊患乳腺癌，那时她从挪威留学刚回国参加工作 3 个月，有一个 1 岁多的可爱儿子，人生的幸福才刚刚开始，却被判定只有一年半的生命。病中，她克服常人难以想象的困难坚持记日记，在日记中她对自己的生活细节进行了反思，并发出这样的感叹："在生死临界点的时候，你会发现，任何的加班（长期熬夜等于慢性自杀），给自己太多的压力，买房买车的需求，这些都是浮云。如果有时间，好好陪陪你的孩子，把买车的钱给父母亲买双鞋子，不要拼命去换什么大房子，和相爱的人在一起，蜗居也温暖"，引起众多网友的关注和热议。2011 年 4 月 19 日凌晨三时许，于娟辞世，留下 70 多篇"癌症日记"。

有的人活着他已经死了，有的人死了他还活着。很多人不止一次思考过这些问题。我们为什么会存在于这个世界上？人活着一辈子到底为了什么？当死亡来临的时候，我们回顾自己的一生又是怎样的感慨？如何才能更有信心地活着？面对生命中的波澜，我们要怎样应对？如何让自己的生命之花绽放，活出最好的自己？这是每个大学生都必须面对和思考的课题。

一、人为什么活着

（一）生命中的三次幸运

对我们每个人来说，生命只有一次，也正因为这唯一的、不可逆的、无法失而复得的特点，它显得弥足珍贵。

生命源于三次幸运。20 世纪 60 年代，美国的阿波罗号飞船将人送上了月球，他看到的是一片荒凉。后来美国人将"探路者"号送上了火星，它发现上面只有石头和沙子。金星的表层是一层浓浓的硫酸气体，生命当然不可能存在。科学家用无线电波向外星发射，如果某一个星球上有像人那样的生物存在的话，它会回电的，可到现在没有收到任何回电。所以能作为生物诞生在地球

上，这是 1/∞ 的幸运概率，这就是生命中的第一次幸运。

地球的年龄有 46 亿年，而生命在地球上出现 38 亿年，人在地球上出现 500 万年，有文字的人类历史才 5 000 年。大家算算看我们人类花在进化上的时间有多久。38 亿–500 万年＝37 亿 9 500 万年。成为人是我们生命中的第二次幸运，幸运概率只有 1/30 000 000。

生命的产生是一个卵子和一个精子的结合。4 亿个精子中只有一个精子可以与一个卵子结合。母亲从 15 岁到 50 岁总共产生约 450 个卵子，去掉结婚前的 10 年，约产生 300 个卵子，每个卵子都有 4 亿个精子在竞争与它结合。成为你自己是我们生命中的第三次幸运，幸运概率只有 1/1 200 亿。

其实，我们现有的生命远不止这三次幸运。受精卵在母体子宫内孕育的十个月中，都有很多因素可能会引发生命的残疾甚至中途夭折，如母体经受的偶然的创伤、强烈的刺激、过度的劳累、病毒的侵袭等。即使到了分娩时，母亲和婴儿的生命还面临着不可预测的危险。顺利出生后，父母含辛茹苦地哺育着新生命的成长，全身心地呵护，担心孩子的健康，忧虑他的安全，着急孩子的疾病，倾心教育的付出，筹划孩子的前程。我们每一个生命都是多么的幸运、美好和珍贵啊！

（二）生与死的意义

著名作家史铁生说："死是一件无需着急去做的事，是一件无论怎样耽搁也不会错过了的事。"同学们，你们是否认真思考过死亡？也许你觉得很忌讳。但是生与死不仅是一个自然命题，也是一个哲学命题，是每一个生命都必须面对的。

1. 什么是死亡

死亡在生物医学上解释为身体机能、脏器、器官及所有生命系统的功能永久性、不可逆地停止。生物医学的死亡分为三个阶段：濒临死亡期、临床死亡期和生物学死亡期。目前国际上公认的医学观念是以脑干死亡作为脑死亡的标准，一旦出现脑死亡现象，就意味着一个人的实质性与功能性死亡。

2. 死亡的特性

死亡是生命的导师。只有真正认识死，才能深刻理解生。所以，了解死亡的特性是为了更有价值地活着。

（1）必然性。万物有始有终，美好可贵的生命也有结束的那一天。人一出生就必然会走向死亡，接受死亡的来临是天经地义的事。它是生命历程中的最后一环，当然，它也是不可避免的，试图否认、抵抗它都是没有用的。

佛经中有这么一段故事，有个妇人只有一个独生儿子，非常疼爱他，有天这个独生子意外去世，妇人不能接受独生子已死的事实，哭着抱着儿子到处求医，最后求助于释迦牟尼，释迦牟尼告诉她，若她能从没有失去亲人的家庭中拿到一把芥菜种子，儿子就能得救，这位母亲到处找，但每个家庭都曾有亲人过世的经验，都没办法给她芥菜种子。于是她终于顿悟：没有人可以不死。生与死是大自然的普遍规律。

（2）偶然性。死亡是必然的，但它又是偶然的，一个人在什么时间死，以什么方式死亡是偶然的。一个人或许是死于生理疾病；或死于自然灾害，如地震、洪水、雷电、台风、海啸；或许是死于战争、争斗、偶然的交通事故、自杀。人无法预料自己会在什么时候遇到什么样的危机而导致丧命。死亡的偶然性提醒了我们生命的脆弱性和可贵性。

（3）不可逆性。死亡来临时，人无法自己选择。在死神到来之时，无论你的年龄大小，无论你的地位高低，无论你的学识多少，都无法逃脱。死亡是不可抗拒的，人最多能做到的是延缓死亡，但不可抗拒死亡的最终到来。古往今来多少英雄豪杰，数千年之后，不过一抔黄土。

3. 死亡的价值和意义

西方的一位哲学家说过，一个人只有面对死亡的时候，才真正地出生了。死亡是有价值的，它告诉我们，生命不是一条没有终点的、无限延伸的射线，而是一条有始有终的线段，它提醒了我们生命是有限的，我们无法决定生命的长度，只能把握好生命的每一天，拓展生命的宽度和深度，在有限的时间里将它填充得丰富多彩。正因为有了死亡的警示，才有了对生命的思考；正因为有了死亡的必然，才凸显生命的可贵；正因为有了死亡的终结，才能促使我们更好地珍爱生命，过有价值的人生。

知识链接——一片叶子落下来[①]

夏天过去了，大树上的叶子已经从很小的叶芽长成又宽又厚实的叶片。一阵秋风吹过，有些叶子从树枝上被吹走，旋转着飘到了地上。年长的叶子丹尼尔告诉大家："秋天来了，我们叶子要离开树枝落下去了，这就是死亡。"

"我怕死！"叶子弗雷迪说，"我不知道下面是什么样的。"

"对于不知道的事，我们全都害怕，这很自然。"丹尼尔回答，"不过，春天变成夏天你不害怕；夏天变成秋天，你也不害怕。这些都是自然的变化。那么，你为什么要害怕死亡的季节呢？"

[①] （美）利奥·巴斯卡利亚. 一片叶子落下来 [M]. 南海出版公司，2006，12.

弗雷迪追问说:"既然我们都要飘落下去死掉,干吗还要生长在这里呢?"

丹尼尔继续回答:"这是为了享受太阳和月亮的光,为了一起度过快乐时光,为了给树下的老人和孩子遮阴,为了让秋天变得五彩缤纷。难道这些还不够吗?"

那天下午,在黄昏的金色阳光中,丹尼尔落下去了。落下去的时候,他好像在安详地微笑:"再见了,弗雷迪。"这棵树上只剩下了弗雷迪这一片孤独的叶子。

下雪了,北风把弗雷迪从树枝上吹了下来。他一点也不痛,觉得自己在静静地飘落。下落的时候,他有生以来第一次看到了整棵大树。多么强壮的树啊!想到自己曾经是大树生命的一部分,他感到很自豪。

弗雷迪落到雪地上,一下子睡着了。他不知道,冬天过了春天会来,也不知道雪会融化成水。他不知道,自己看来干枯无用的身体,会和雪水一起,让树更强壮。尤其是,他不知道,在大树和土地里沉睡的,是明年春天新叶的生机。

了解死亡,可以让我们更好地反思自己的人生,思考人为什么活着的命题,促使我们去追求一种更有意义的生活。死亡逼迫我们对余下的人生必须好好规划,更好地珍惜存在的每一个时刻,提高生命的质量,所以死同生一样,有着重大的价值和意义。

(三)定义自己的人生

既然生命这么不可预测,生命的终点注定是死亡,那么人究竟为什么还要活着?这是一个看似简单却又不简单的问题,也是一个千百年来无数人发问而又得不到答案的问题。知名心理学家毕淑敏在一次演讲中就遇到了学生这样地提问"人生有何意义?""人生本没有意义",毕淑敏的回答赢来大学生的一片掌声。但掌声过后,毕淑敏的话又让大学生们陷入思索当中:"没有人会替你确定人生的意义,但如果你无法确定人生的意义,你将一辈子活在无意义状态里面。大到每一天,小到每做一件事,你都会感到无名的痛苦,因为你不知道往什么地方去。所以,每个人必须为自己的人生确定意义。"①

生命的意义是我们自己定义的,而不是别人怎么过自己就怎么过。我们赋予生命什么样的意义,它就会以何种意义呈现。

大学生的年龄一般在18~23岁,按照著名心理学家埃里克森的人生阶段

---

① 于进才:写下你的墓志铭——著名作家毕淑敏和大学生谈生论死[N].中国青年报,2000-11-29.

理论，正处于自我统整危机时期。在这一阶段，我们能进行较深刻的人生思考，但也容易感受到生命意义感的缺乏。一个人能很好地活着，不仅有自然生命作为基础，更重要的是支撑人活下去的精神生命，也就是一个人的精神力量和自我价值感。著名的人本主义心理学派认为，大多数人有一种自我实现的需要和倾向，能使得生命朝着更强大且发挥内在潜能的方向前进，这也是促使我们不断地更好生活、不断地追求生命意义的内在动力。心理学家认为与我们生命体内蕴藏的无限丰富的生命能量相比，我们一般人只利用了这些能量资源的一小部分，生命还隐藏着无限的可能和空间。生命的意义也在于不断地寻找和拓展更多的潜能和生命的空间。生命是无法重复，也不可替代的。每一个人都是独特的，每一个人都有自己独特的生命意义，在寻找生命的意义过程中，我们可以借助生命线游戏的方法帮助自己更好地梳理人生的脉络，更好地探寻人生的意义。

知识链接——互动小游戏：生命线

步骤1：请准备不同颜色的彩笔数支和白纸一张。

步骤2：在白纸的中部，从左到右画一道长长的横线，在横线的末端加上箭头。

步骤3：在横线的起点处写上"0"，代表你的出生；在横线的终点处写上你预期的寿命年龄，如80岁，然后在横线上找出目前你年龄所处的位置，标注出来，如20岁。

步骤4：0～20岁这段线条代表着你过去的人生，请将过去对你有重大影响的事件及其发生的时间点用笔在横线上标出来。如果你觉得是件快乐的事，就用鲜艳颜色的笔来写，标注在生命线的上方；如果是悲伤的事，就用暗淡颜色的笔来写，标注在生命线的下方，高低程度代表对你的影响程度。应特别注意的是，判断这件事情是悲伤的还是快乐的，以你对这些事件的感受为准，而不是事件本身。例如，小时候搬家这件事情，可能对甲来说是件快乐的事，而对乙来说可能是件悲伤的事情。

步骤5：20～80岁这段线条代表着你的未来，请你在生命线上把你将来想做的事和可能遇到的重大事件及其时间点标注出来，同样使用彩笔的颜色和线的高低程度来区分不同事件对你的影响。

以下是一位大学生描绘的生命线，仅供参考。

步骤6：观察自己绘制出来的生命线上所标注的事件，看大部分是在水平线以下还是在水平线以上，这意味着什么？过去的哪些事情对你所产生的重大影响，是快乐的事情还是悲伤的事情？悲伤的事情除了让你痛苦、郁闷，有没

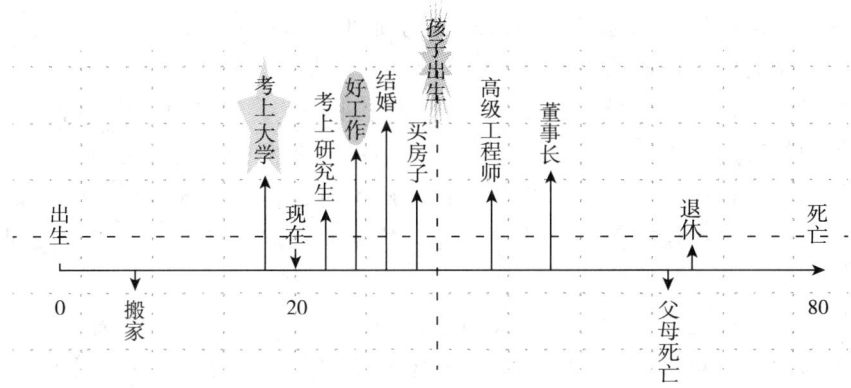

有给你带来一些其他的收获？

从上面的生命线游戏，我们似乎看到了生命是一条从零点起不断延伸到死亡终点的线段，我们没有办法预测这段线段的长短，但是我们可以丰富这条线段上的内容，用自己的美丽人生去填充它，拓展它的广度和深度，提高生命的质量。过去已成定局，将来尚在努力。真正能把握的只有此时此刻。活在当下，是获得幸福的秘诀。生命线不是掌握在别人手里，它只有一个主人，就是你自己。无论你的生命线是长是短，每一笔都由你亲自来涂画。当然生命如同四季，也有自己的春夏秋冬，正是生命中的挫折、迷茫、困惑、打击、失败使得生命更加厚重、深刻和饱满，也正是这样的经历才不断提醒我们活着的真实，教导我们接纳这些的不完美，坦然欣赏生命的自然呈现。

二、如何更好地活着

人生一世，就好比一次长途搭车旅行，途中我们要经历无数个不同的站点，经历无数次上车、下车；有事故发生；也有意外惊喜……

我们一到人世间，就坐上了这趟生命的列车，我们以为自己最亲的那两个人——我们的父母亲，会在旅途中一直陪伴着我们。但是我们不得不去正视的是，他们会比我们先在某个车站下车，留下我们孤独无助地继续开始后面的旅程。他们的恩情和关爱，他们的教导和养育，再也无从寻找。

当然，还会有其他人上车，他们当中的一些人将对我们有着特殊的意义。他们之中有我们的兄弟姐妹，有我们的亲朋好友，还有我们刻骨铭心的爱人。在坐车的人中，有的轻松旅行，有的却带着深深的悲哀……还有的人在列车上四处准备帮助有需要的人。

一些人下车后,与他同车的人对他们的回忆历久弥新;也有一些人,当他们离开座位时,都没有人察觉。

有时候,对你来说情深义重的旅伴却坐到了另一节车厢,你只能远离他,继续你的旅程。当然,在旅途中,你也可以摇摇晃晃地走过自己的那节车厢,去别的车厢找他……可惜,当你找到他的座位时,你却发现他身旁的位置已经让别人给占了……没有关系,旅途就是这样充满挑战、梦想、希望、离别……就是不能回头。①

愉快地渡过这段旅途,坦然面对旅途中的离散和相聚,我们需要着眼于当下,更好地接纳自己,充实地活着,从容地活着。卡耐基曾说:"你应庆幸自己是世上独一无二的,应该把自己的禀赋发挥出来。经验、环境和遗传造就了你的面目,无论是好是坏,你都得耕耘自己的园地;无论是好是坏,你都得弹起生命中的琴弦。"

(一)活在当下比懊悔过去、担忧未来更重要

自从来到这个人世,我们便具有了自己的天赋和使命。这个使命的内容之一就是我们要好好聆听发自内心的生命之音,好好欣赏琳琅满目的生命之图,细细体会美妙多姿的生命之舞。在这个世界上,我们最宝贵的财富就是自己的生命,它只有一次,它的来临是如此的幸运与不易,它的存在又是如此的美妙与可爱,只有我们才能让它的每个时刻都充满了光辉。如同树木一样,生命最可怕的不是外在风雨的摧残,而是内在力量的枯萎,要让自己的生命持久、旺盛,除了要有对抗风雨的力量,更重要的是要拥有自己的生命智慧。

活在当下,就是时时刻刻察觉到自我的存在,感恩自己的现状,珍惜现在的拥有,相信每一个时刻发生在你身上的事情都是最好的,相信自己的生命正以最好的方式展开。

有一位同学参加过一个叫"命运之牌"的游戏。主持人说:"由于受到出生环境等各种因素的限制,每个人的命运是不同的,每张牌就是命运的一种重新安排。从现在起,假设你手中的牌就是你,设想在这种命运情况下,如何评价自己目前的处境和位置。假定每个人能够获得第二次生命,即每个人的命运可以重新选择一次,那么,对今天的你的处境做第二次评价。"结果这个同学第一次拿到的牌是"出生在一个贫困山区里,父母无力供养自己读书。"第二

---

① 亦铭. 生命的列车. 青年文摘, 2009, 11.

次牌是"因家中意外发生火灾,脸部被大火烧伤,留下了一个很难看的伤疤。"其他同学第二次换到的牌也显示比原牌更糟糕的生活。

这个游戏之后,许多同学都意识到:的确,每个人都无法选择自己的出身、家庭背景,甚至无法预测将会发生的幸运与不幸,但是珍惜自己的境遇,过好当下比什么都重要。

心理学家研究发现,人们会用一天46.9%的时间"神游太虚",回忆过去、畅想未来,只是这种神游让人们幸福不起来。研究证明,完全关注于"手头工作"的生活最为舒适,"活在当下"的人最幸福。专注学习、工作、体育锻炼、和朋友聊天交谈、听音乐、玩乐器等都能帮助我们快乐地"活在当下"。

活在当下意味着关注此时此刻,不过分纠缠过去和未来。对未来会发生什么不去作无谓的焦虑与担心,是为无忧;对过去已发生的事也不作无谓的后悔与计较,是为无悔。生命是可贵的,时间是我们最大的财富,而我们真正拥有的时间只有当下。大部分人的生命线长度相近,而宽度和深度大相径庭,这取决于我们以什么样的态度和方式去活,只有活在当下的人,他的生命才是真正的活着。

有一则著名的佛家故事,说是有一个人不小心掉进一口干枯的深井,掉下去就会粉身碎骨。幸好这人慌乱中伸手乱抓,揪住了一束枯藤。往上看,碗口大的一圈蓝天是那么高远,往下看,井底是密密麻麻的毒蛇,正吐着火红的毒信。突然,他听到了咯吱咯吱的声音,原来是一只老鼠正在噬咬着枯藤,碎屑簌簌而下,枯藤就要断了……正在这时,他看到了井壁上盛开着一朵不知名的小花,娇艳的花瓣迎风摇曳。于是,他微笑了。

这是一个活在当下的极好例子。是的,片刻之后,老鼠就要咬断枯藤,这个人会坠下古井,即便他不被摔死,也会被饥饿的毒蛇吞噬。属于他的时间也许只有当前的这么几分几秒,可谁又能阻止他面对小花的微笑?谁又能剥夺他此时此刻轻松的快乐和享受?面对残酷的现实,就算他噤若寒蝉,就算他泪如雨下,有何补救?既然已无生路,掉下去怎么着都是死,何不仰天长啸,从容微笑呢?在最绝望的时刻,我们也依然可以保持心境的平和,关注和发现眼前的一点美好。我们要随时观察生活中的快乐,人生不如意十之八九,幸福的生活更需要一颗善于发现美、感受美、感恩美的心。当我们能抱着快乐的态度积极地活在当下,我们也会发现更多生命的乐趣。

(二)接纳自己比羡慕别人、否定自己更重要

路易斯·拉皮德斯在他的著作《写给年轻人》一书中记载了这样一则耐

人寻味的心理学实验。① 10 名志愿者被分别安排在 10 个房间里，房间里没有任何镜子，心理学家告诉他们这次实验是通过以假乱真的化妆，把他们变成一个面部有疤痕的丑陋的人，然后在指定的地方观察和感受不同的陌生人对自己产生怎样的反应。

心理学家们请造型化妆师在每位志愿者左脸颊上精心地涂抹上逼真的鲜血和令人生厌的疤痕。然后化妆师把自己随身携带的化妆镜借用给每位志愿者，以便让他们看到化妆的结果。当志愿者们在心中记下自己可怕的"尊容"后，心理学家收走了所有的化妆镜。之后，心理学家告诉每一位志愿者，为了让假的疤痕看起来更逼真、更持久，他们需要在疤痕上再涂抹一些化妆粉末。事实上，心理学家并没有在疤痕上涂抹任何粉末，而是用湿棉纱偷偷把化妆出来的假疤痕和血迹彻底擦干净了。然而，每一位志愿者却依然相信，在自己的脸上有一大块望而生厌的伤疤。

志愿者们被分别带到了各大医院的候诊室，装扮成急切等待医生治疗面部疤痕的患者。候诊室里，人来人往，全都是素昧平生的陌生人，志愿者们在这里可以充分观察和感受人们的种种反应。实验结束后，志愿者们各自向心理学家陈述了感受。

他们的感受出奇的一致。志愿者 A 说："候诊室里那个胖女人最讨厌，一进门就对我露出鄙夷的目光。她都没看看她自己，那么胖，那么丑！"志愿者 B 说："现在的人真是缺乏同情心。本来有一个中年男子和我坐在同一个沙发上的，没一会，他就赶紧拍屁股走开了。我脸上不就是有一块疤吗？至于像躲避瘟神一样躲着我吗？这样的人，可恶得很！"志愿者 C 说："我见到的陌生人中，有两个年轻女人给我的印象特别深。她们穿着非常讲究，像个有知识、有修养的白领，可是我却发现，她们俩一直在私下嘲笑我！如果换成两个小伙子，我一定将他们痛揍一顿！"志愿者们滔滔不绝，义愤填膺地诉说了诸多令自己愤慨的感受。他们普遍认为，众多的陌生人，对面目可憎的自己都非常厌恶、缺乏善意，而且眼睛总是很无礼地盯着自己的伤疤。

这一实验结果使得早有准备的心理学家们也吃惊不小：人们关于自身错误的、片面的认识，竟然如此深刻地影响和改变他们对外界的感知。事实上，他们的脸上是干干净净的，没有丝毫的疤痕。之所以会产生这样的感受，是因为他们将"疤痕"牢牢地记在了心里。正是心中的"疤痕"频频作怪，才使得他们自己的言行、对陌生人的感受与以往大为迥异。

---

① 尹玉生，译. 疤痕实验［J］. 读者，2009 年第 21 期.

事实上，在我们每个人心中纵然没有心理学家为我们设置的"假疤痕"，但或多或少都会有一些这样或那样的"真疤痕"。这些心中的"疤痕"都会通过自己对外界和他人的反应展现出来。我们会不自觉地反复去验证他人和外界对我们的态度正是我们之前对自己假设的那样，从而又反过来促使别人真的认为我们是这样的人。我们看到的外部世界其实是自己的内心投射。

一个从容的人，感受到的多是温和的眼光；一个自卑的人，感受到的多是歧视的眼光；一个和蔼的人，感受到的多是友善的眼光；一个多疑的人，感受到的多是不信任的眼光；一个叛逆的人，感受到的多是挑剔的眼光。

也就是说，我们真的会变成我们自己心目中认为的那样。所以请别忽略我们的一思一想和一言一行，这些思想和信念有着不可思议的力量，在创造我们的将来。所以我们要格外注意，不要着急为自己或他人的人生下定论，也别太快给自己定罪、设限或贴标签，贬低了自己的能力，认定自己没什么希望，打算就此马马虎虎混过一生。反之，你应当保持开放的心态，接受各种对新的选择与新的可能性。

著名心理学家张德芬说："我们最深的恐惧不是死亡，而是害怕活出真实的自己，没有任何防卫地活出自己。"生命充满着喜怒哀乐，所谓真正的活着是指你知道自己无法躲开生命中的悲欢离合，尤其是悲和离。它们是生命的实相，也是最真实的我们。如果你要求事情要在特定的时间以特定的方式呈现，而对最糟的结果有抗拒和恐惧的话，你就没有真正的放下。唯有诚心地接受所有的发生，才能放下恐惧，而恐惧是唯一阻碍你达到目标的障碍。让我们无法放下恐惧的是我们对恐惧的抗拒和否认。所以找到你的恐惧，把它视为你的盟友而不是敌人，感谢它提醒你前面道路的危险，带着它一起上路，让它成为你的助力而不是阻力。

在现实生活中，我们接纳自己，收回我们对外界的各种投射，把目光和能量放回到自己身上，真实地面对自己，包括各种负面的情绪。面对这些负面的情绪和念头，不要去阻抗和反驳，而是去观察、理解，这就够了，带着热情和好奇不断地去观察自己的思想和情绪，就像看到大脑和内心冒出很多气泡，这些气泡有生有灭，你所要做的就是去看到它们的存在，去理解它们，而不是否认它们的存在，或试图去阻抗。接纳自我是全面地、无条件地接纳自我的一切，包括自己的优点和缺点、自己的成就和失败、自己的资源和不足，永远不要过分追求完美。世上没有十全十美的人，正是每个人不同的短缺才显露出自己的特色，也正是这些短缺，才是一个活生生的人，正是这样的短缺，才能催促我们不断更好地活着。只有从心底接纳自己的不足，才能活出真实的人生，才是真正的爱自己。

（三）活得充实比活得成功、活得辛苦更重要

近年来，成功学大热，相关的书籍、培训等活动炒得十分火爆，媒体、公众也大力推崇成功人士的创业故事和精英人士的奋斗经历。究竟该如何看待成功？2007 年新周刊有一篇文章《有一种毒药叫成功》犀利地指出，所有的企业，不管是本土的还是国际化企业，都削尖了脑袋要挤进世界 500 强；所有的父母，不管是还没离婚还是已经离婚的，都希望自己的孩子成为 No.1；所有的励志图书，不管是原版还是引进版，都在教你怎样一步一步爬上成功的顶峰；所有的选秀活动，不管是电视上还是网络上的，都在宣扬一夜成名、从此名利双收的神话……你成功了，你就是这个世界的主宰；失败？对不起，你不但是个 Loser，还是个连自己也无法原谅的罪人，罪名就是：你居然还没有成功！

在春节回家的火车上，偶然听到邻座的小姑娘边哭边打电话给家人，她说："妈，对不起，本来说好了赚钱了才回家的……"她蜷坐在座位上，极力压制着自己的哭声，"但是我尽力了，妈，我不后悔。"小姑娘显得很伤心，因为她努力了、奋斗了，却没有赚到钱，觉得很失败。那么，活得充实好还是活得成功好呢？

按照弗洛伊德的理论，人生来就有"做伟人"的欲望。"做伟人"其实就是渴望"成功"的集中表现。怎样才能算一个成功的人呢？有人说事业有成就是成功；有人认为挣钱很多就是成功；有人则认为受人尊敬就是成功……当然，也可能有不同的观点，如有些人很穷，但活得很快活；有些人很有钱，但活得很不开心。这是为什么呢？因为每个人成功的标准不同。

一般而言，成功包括两个方面。一是社会承认的个人的价值，如金钱、权力、事业、尊重等；二是自己承认的自己的价值，如对自己充满自信、对人生有充实感和个人生活的幸福感。人们在评价成功与否时，经常看重第一方面，忽视第二方面，这就会给人生平添很多自我否定和烦恼，而这绝对不是成功内在蕴意。

一群年轻人生活中遇到了许多烦恼、忧愁和痛苦，就向老师苏格拉底询问，快乐到底在哪里？苏格拉底说："你们还是先帮我造一条船吧！"年轻人们暂时把烦恼的事儿放到一边，找来造船的工具，用了七七四十九天，锯倒了一棵又高又大的树，挖空了树心，造成了一条独木船。独木船下了水，年轻人们把老师请上了船，一边合力荡桨，一边齐声唱起歌来。苏格拉底问："你们快乐吗？"学生齐声回答："快乐极了！"苏格拉底道："快乐就是这样，它往往在你为着一个明确的目的忙得无暇顾及其他的时候突然来到。"

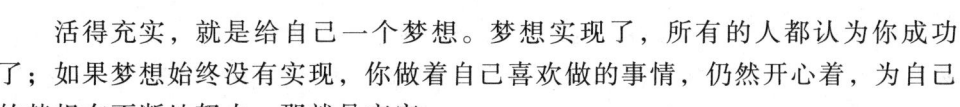

活得充实，就是给自己一个梦想。梦想实现了，所有的人都认为你成功了；如果梦想始终没有实现，你做着自己喜欢做的事情，仍然开心着，为自己的梦想在不断地努力，那就是充实。

我们不妨换一种方式来进行思维，当一个人遇到艰难曲折，或是身处逆境，但他还能百折不挠，乐观向上，这难道不是一种成功吗？我们还可以试想一下谁更成功一些，是不快乐的亿万富翁，还是过着简单、幸福生活的平常人呢？我认为成功最简单的定义是：开始做一件有意义的事情，并且圆满地完成它。至于这件事是什么，起不起眼，并不重要，重要的是这是你想做的，并小有收获，这样你可以快乐地生活。

三、如何面对生命中的危机

（一）什么是心理危机

案例：

悠悠从小就是一个典型的乖乖女，从不让父母和老师操心，她在上大学以前，几乎所有的时间都用在学习上，成绩非常优异，一直是家长和老师的骄傲，是同学们崇拜的榜样。

悠悠后来考上了一所重点大学，身边的同学曾经都是各个学校数一数二的尖子生，不仅学习能力突出，人际交往和活动能力也让悠悠特别自惭形秽，看着同学们经常参加各种校园活动，和身边的人有说有笑，悠悠感到前所未有的自卑和难过，感觉自己和他们相比是多么的暗淡，悠悠也很苦恼，怎样与同学交往。以前的她把时间都花在学习上了，一直不太注重人际交往，进了大学后，依然保持早出晚归去自习的习惯，独来独往，久而久之，班级同学和自己越来越陌生。悠悠特别怕与人打交道，紧张得不知道说啥好。在学习方面，悠悠也很茫然，感觉自己变笨了，上课也听不懂，看书也看不进去。悠悠不敢想象毕业了自己要干什么，且无法接受自己怎么变成了这个样子，整天很压抑，感觉自己的人生一片黑暗，看不到光明，慢慢的她连宿舍门都不爱出了，整天窝在宿舍里，懒得说话，更懒得学习。经常胡思乱想，甚至想到了死……

案例点评：文中的悠悠已经出现了心理危机，所谓的心理危机是指由于突然遭受严重灾难、重大事件或精神压力，使生活状况发生明显的变化，尤其是出现了以原有的生活经验和现有的生活条件难以克服的困难或危机，使当事者陷入痛苦、不安、压抑状态，常伴有绝望、焦虑以及行为障碍。心理危机是一个不断发展的过程，处于心理危机中的个体通常会经历失衡—焦虑—求助—无助这4个发展阶段。悠悠的状态还停留在失衡阶段，主要表现为内心失衡冲突，感到紧张无助。为了重新获得内心的平衡，她会尝试用以往的习惯方式做出反应，而不是求助于他人，不能有效解决问题。

心理危机可以分为发展性危机、境遇性危机、存在性危机和障碍性危机四类：

1. 发展性危机

发展性危机是指在大学生正常成长和发展过程中，面对急剧的变化所导致的异常反应。如新生入学、青春期问题、家庭冲突、身患绝症等。悠悠的例子就是一起典型的发展性危机。

2. 境遇性危机

境遇性危机是指出现罕见或突如其来的悲剧性事件。这种事件是无法预测和控制的，一般会给当事人带来强烈的震撼，如意外交通事故、自然灾害、同学或好友死亡等。

3. 存在性危机

存在性危机是指在大学生的日常生活和学习中，由于人生目标、人生责任和未来发展等重要而根本的问题出现冲突而造成的心理危机。存在性危机往往不具有突发性。例如，选择了冷门、就业不好的专业的学生，在大四找工作期间，内心可能有较严重的冲突和焦虑，特别是家境贫困的双困生，压力会更大。

4. 障碍性危机

障碍性危机是指大学生因心理问题、人格障碍、精神疾病而引起的心理危机。障碍性心理危机最显著的特点是具有潜在性和痛苦性。例如，一位患有偏执型人格障碍的学生，因和舍友矛盾而导致巨大的心理冲突，影响了日常生活。

（二）怎么面对自己的心理危机

俗话说："天有不测风云，人有旦夕祸福。"在生活中，每个大学生都无法避免心理危机的困扰，各种危机时刻伴随着我们的成长岁月。心理危机会使人产生不同程度的心理失衡。心理危机常常是出人意料、突如其来的，加上大学生心理变化的隐蔽性，这就决定了大学生心理危机的发生不容易被他人觉察，因此自我的调适尤其重要。

当我们在遇到心理危机时，首先要努力使自己的情绪镇定下来，然后按以下步骤进行思考：

第一，回想到底发生了什么事。不漏掉每个细节，然后接受事情已经发生了的事实，尽量深呼吸，不要抱怨。

第二，体会我现在的身体和心理有什么感觉。遇到心理危机，感到紧张、焦虑、难过、惊慌，这些都是正常的应激反应，接受这些不好的感受，它们是正常的心理感受，不要刻意逃避，当你接受这些情绪的存在时，才能进行下一步思考。

第三，思考现在的问题究竟是什么，对自己有哪些不利。找到解决危机的突破口，首先要明确存在的问题，全面分析问题，找出主要矛盾和次要矛盾。

第四，思考眼前的危机会导致什么结果。要用全面、发展的眼光看待危机的影响，不要仅仅局限于它的破坏，还要考虑危机可能带给我们的积极影响。危机并不可怕，可怕的是对待危机的态度。

第五，考虑我有哪些求助渠道和资源。三个臭皮匠，赛过诸葛亮。当我们遇到心理危机时要积极向老师、同学、家人、心理咨询师求助，调动一切可以调动的资源。

第六，争取一个对自己最有利的结果。这个结果是既能使自己战胜眼前的危机，又能使自己得到成长，在危机过后还能快乐地生活和学习。

心理危机潜藏着危险，也暗示着机遇。战胜危机后，生命就实现了一次大飞跃。

有个人看到一只茧上裂开了一个小口，蝴蝶在艰难地将身体从那个小口中一点点地挣扎出来，几个小时过去了，蝴蝶似乎没有任何进展。看样子它似乎已经竭尽全力，不能再前进一步了。这个人决定帮助一下蝴蝶，他拿来一把剪刀，小心翼翼地将茧破开，蝴蝶很容易就挣脱出来。但是，蝴蝶的身体很臃肿，翅膀总是紧紧地贴着身体。这只蝴蝶永远飞不起来了。这个好心人并不知道，蝴蝶从茧上的小口挣扎而出，这是上天的安排，它要通过这一挤压过程将体液从身体压到翅膀，这样它的翅膀才能获得力量，才能在脱茧而出后展翅飞翔。就像我们的生命，如果生命中没有危机，不需要奋斗，不需要挣扎，没有痛苦，我们就会很脆弱，就容易失去自己本源的力量。回避痛苦，只能带来更多的痛苦，而经历痛苦，才是人生成熟的必经之路。成长是没有捷径的，只能一步一步踏实地走过来。就像"鸡蛋，从外打破是食物，从内打破是生命。"人生亦是，从外打破是压力，从内打破是成长。如果你等待别人从外打破你，那么你注定成为别人的食物；如果你能让自己从内打破，那么你会发现自己的成长相当于一种重生！"

（三）当别人有轻生念头时，我可以做些什么

世界卫生组织 2007 年公布的统计数据表明，全球每年因为自杀而死亡的

人数近 100 万，从年龄上看，15～25 岁青少年的自杀率呈上升趋势。据北京心理危机研究与干预中心发布的数据显示：自杀是 15～34 岁人群的首位死因。中国每年约有 28.7 万人死于自杀，200 万人自杀未遂，170 万人因家人或亲友自杀而出现长期、严重的心理创伤。这种严重的心理影响会持续 10 余年，甚至会影响到他们的后半生。在大多数国家，青年男性自杀死亡比女性更多，但女性自杀未遂比男性多。这可能是因为男性采取的自杀方式致死性高，男性更不愿意在情感问题方面寻求帮助。但是在中国农村，青年女性比男性更容易自杀死亡。这可能是青年女性面临的个人问题和经济困难、社会压力远高于青年男性。

自杀在高校也是一个沉重的话题，近几年来高校学生自杀事件呈上升趋势，已经引起社会各界的广泛关注。

案例：

大二女生芸芸因为割腕自杀被送进医院抢救，躺在医院的床上，她虽然迷迷糊糊、昏昏沉沉，但却拒绝接受治疗。她无法接受那个和自己相爱 3 年的异地男友居然会"劈腿"，爱上另外的女生。失去了他，仿佛整个世界都倒塌了。芸芸出生在一个重男轻女的农村家庭，父母外出务工，从小跟着爷爷奶奶长大的她很少体会到家庭的温暖。父母的教育方式是粗放型的，动不动就打骂，自从有了男朋友后，芸芸才体会到一丝丝人间的温暖。现在没有了爱情，活着还有什么意思。

案例点评：芸芸的行为属于自杀未遂。自杀是一种有意识地自愿结束自己生命的异常行为。从心理学角度看，自杀者多数是由于生活中遭遇困境而产生激烈的内心冲突，陷入心理危机状态不能自拔，难以承受或心理异常而产生的自毁行为。①

芸芸的自杀行为并不是偶然的，其成长经历、家庭教育方式、自身性格长期共同影响着她，男朋友的分手冲击只是一个导火线，使她丧失了生命的热情。

日本学者松原达哉认为，从自杀者的性格特征看，他们大多过于内向孤独，容易陷入焦虑与绝望感中，偏执，过分认真，责任感过强，缺乏兴趣爱好，情绪不稳定，心情多变。想自杀的人的共同性格特征是孤独，认为谁也理解不了自己，谁也帮不了自己，在这个世界上唯有自己最不幸、最痛苦，因此绝望，想以死来解脱困境。但实际上，想自杀的人心情很矛盾，想死的同时也

---

① 李静. 大学生自杀现象分析与心理健康教育对策 [D]. 山东师范大学，2007.

渴望得到帮助。

1. 自杀的过程

一般把自杀的过程分为以下三个阶段：

（1）自杀意念阶段：遇到了难以解决的问题，不想去面对，想逃避现实，解脱自己，思想上开始考虑自杀的事情，准备把自杀当做解决问题的手段。

（2）心理冲突阶段：产生了自杀意念后，由于求生的本能会使打算自杀的人陷入生与死的矛盾冲突之中，此时的当事人会以直接或间接的方式发出企图自杀的信号，如谈论自杀、赠送自己的物品给他人、咨询别人的意见等。

（3）自杀实施阶段：经历了心理冲突阶段后，死的意志坚定，情绪逐渐恢复，反而表现出异常的平静，开始考虑自杀方式，做自杀的准备工作。

2. 自杀的征兆

一个人从有自杀意念到实施、完成自杀是有一个过程的，这个过程可能是几个小时，也可能是几天，或者是数月。自杀的进程是否能被阻断，是否会演变成自杀未遂或自杀，主要取决于两个方面。一是自杀者请求帮助及获得帮助的能力。如果一个人具备社会支持系统和求助资源，知道哪些机构和人士可以为自己提供救助，并能主动去求助，就有可能中止自杀；二是自杀者周围的人识别其自杀危机的敏感程度和重视程度，这是及时挽救自杀者的重要途径之一。

几乎每位自杀者出事前都会有一些线索和信号，大部分线索和信号都是可以被识别的。

（1）言语上的征兆：直接向人说："我想死"、"我不想活了"；间接向人说："我所有的问题马上就要结束了"、"现在没有人可以帮助我"、"没有我，他们会过得更好"、"我再也受不了了"、"我的生活毫无意义"；谈论与自杀有关的事或开自杀方面的玩笑；在日志或涂鸦中谈论自杀计划，包括自杀方法、日期和地点；流露出无助或无望的心情；突然与亲朋告别；谈论一些可行的自杀方法。

（2）行为上的征兆：回避与人交往和集体活动；频繁出现危险的行为；明显减少与其生活中的重要人物的交流；告别的行为，如拥抱、无故送东西、送礼物给亲人或同学，无理由地向他人道谢或致歉；有条理地安排后事；饮酒或吸烟的量大增；失眠、食欲不振；个人卫生习惯的改变；退缩和独处行为明显增加；对学习失去兴趣，上课无故缺席，迟到早退，成绩骤降。

（3）情绪上的征兆：抑郁；无故哭泣；情绪、性格突然转变，如突然变得格外热情和敏感。

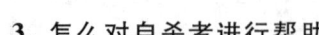
第八章 生命教育：绽放生命之花

3. 怎么对自杀者进行帮助

在大学里，当其他同学出现自杀危机，你的帮助可以及时挽救他的生命。当同学出现心理危机时，我们应做什么？

首先，我们要保持冷静，多倾听，少说话，让他说出自己内心的感受。接着你表明你也会有同样的感受，说出你的感受，让他们知道并非只有自己有这样的感受。然后真诚表达你的关心，询问他们目前面临的困难给他们带来了什么影响。在这个过程中，不要试图说服对方改变自己的想法。你不要给出劝告，也不要认为自己有责任帮助他找出解决办法，你要做的只需尽力想象自己处在他们的位置时是如何感受的，并把你的这种感受反馈给他。最后你要给予希望，让他们知道面临的困境能够有所改变，可以有哪些转变的方法，并鼓励他相信别人和向别人求助，鼓励他再次与你讨论相关的问题，并且要让他知道你愿意继续帮助他。也鼓励他向其他值得信赖的人谈心，也可以寻求专业人士的帮助和支持，如可以去心理咨询中心向心理咨询师求助。

如果你认为他即刻自杀的危险性很高，要立即去除自杀的危险物品，如绳子、刀枪、安眠药等，或将他转移至安全的地方，不要让他独处，采取临时监护措施；陪他去精神心理卫生机构或心理咨询机构寻求专业人员的帮助。如果自杀行为已经发生，你必须马上给医院或救助中心打电话，不可有丝毫犹豫。要尽量取得他人的帮助以便与你共同承担帮助他的责任。

在帮助他人处理自杀危机时，我们要注意下面几个原则：

（1）要有耐心，不要因他们不能很容易与你交谈就轻言放弃，允许谈话中出现沉默，有时候重要的信息就在沉默之后。

（2）要接纳他，不对其做任何道德或价值评判（至少不要让他感受到）。

（3）不要担心他们会出现强烈的情感反应，情感爆发或哭泣有益于他们的情感得到释放。

（4）相信他所说的话，任何自杀迹象都要认真对待。

（5）不要答应对他的自杀想法给予保密。要及时将他的情况汇报给老师，以便在老师的帮助下及时采取应对措施。

（6）观察自己绘制出来的生命线，如果生命线上所标注的事件大部分都在水平线以下，应适时地调整自己看世界的眼光。

第九章

幸福生活：发现幸福引力

一、幸福是什么
    （一）人人都可以幸福吗
    知识链接——幸福感测试
    （二）幸福的误区
    （三）幸福的真谛
二、谁会更幸福
    （一）乐观
    知识链接——乐观量表
    （二）自尊
    （三）感恩
三、幸福的练习曲
    （一）十个吸引幸福的行为方式
    （二）十个吸引幸福的生活习惯
    知识拓展
    1. 网络课堂
    2. 经典电影——飞屋环游记
    3. 美文赏析——绝对幸福
    4. 推荐书目

第九章 幸福生活：发现幸福引力

一、幸福是什么

（一）人人都可以幸福吗

1. 幸福是一种普遍的情绪

心理学家保罗·埃克曼（Paul Ekman）是研究情绪表达的专家，在他40多年的研究生涯中，走访了全球很多地方，在每个地方他都发现了许多相似的微笑面孔。他研究指出，情绪并不是后天习得的行为，而是生而具有的，我们后天习得的是对情绪的评价方式。

你可以去寻找一个安静的角落，如咖啡店、肯德基、星巴克、购物中心或者是公园的长椅上，像埃克曼一样，观察你周围人的表情，数一数在30分钟内有多少微笑的面孔。也许你看见的幸福会比你想象的多得多。

无论你想试着学什么，他人都是你最好的老师。如果你想知道怎样变得幸福，最好的开始方式莫过于询问那些幸福的人。看看他们是如何讲述自己的幸福故事的：

案例1：

戴小姐，34岁，有一个8岁的儿子。她是一个成功的事业女性，她的笑容富有感染力，看起来比她的实际年龄要年轻得多。戴小姐说，自己的生活像是受到了老天的祝福，十分幸福。现在自己有一个幸福的家庭，每天要接送孩子上学，回家有父母帮忙照顾。如果是1~10分的幸福量表，戴小姐给自己的打分是9分，她相信了解她的人也会给她相同的分数。我们询问戴小姐幸福的秘密是什么？

戴小姐说："这很简单。我有一个很幸福的家庭。我们没有很多的钱，但是我的家人让我觉得我是重要的，特别的。在我的成长过程中，无论我想做什么，我的家人都给我很大的支持。更重要的是，他们教会我从另一个角度来看待生活——如果你从好的方面去看待它，它也会从好的方面回报你；如果你从坏的方面看待它，那得到的也是坏的结果。"

积极地看待生活是戴小姐从家庭中学会的方式，也使她在事业上获得了成功。戴小姐说："在工作中，当你遇上很难解决的问题或是很难相处的人时，积极的态度可以使我更简单地找到解决问题的办法。"

案例2：

张爷爷，74岁，有一个女儿和2个外孙。张爷爷退休很久了，退休前从事银行工作，现在他把更多的时间花在社区工作上。他认为能帮助更多的老年人找到快乐是目前最重要的事。如今，张爷爷没有什么生活压力，但是他也曾经遭受过一连串的打击，他的父亲、4个兄弟姐妹和妻子都相继去世，自己也有很长一段时间缠绵于病榻。同样，在 1~10 分的幸福量表中，他给自己打 10 分。他相信最重要的事是要能看到幸福的机会和努力去实现幸福。他的座右铭是"有志者事竟成"。

张爷爷说："他能如此幸福主要要感谢他的母亲。母亲在很小的时候就教育他，'每天在睡觉前想一想今天发生的好的、有意义的事'"。他还说："我经常对自己说'生活很好，很棒'，经常给自己打气。"这些都帮助张爷爷用积极的心态去看待周围的事物。最后，他感谢所有与他分享微笑的朋友们，希望他和所有的老年人都能幸福快乐。

案例3：

徐妈妈，56岁，有两个儿子，有一个幸福的婚姻。她现在是老年人太极学会的骨干。她花了很多时间在社团上，照徐妈妈的话说，做这个事情，既快乐又很繁琐。你很难想象，这个快乐的妈妈曾经是一个抑郁症患者。有趣的是，她能成功战胜抑郁症的一个原因是她试图使"他人快乐"。他人的快乐感染了她，使得她度过了那段艰难的时光。

她从幸福中感悟了什么呢？徐奶奶说，要想获得幸福，就要幸福地去生活。微笑永远要比抱怨好。

每个人都有自己独特的幸福故事，但是在这些幸福的故事中，有一些共同的部分：他们都相信幸福是可以通过努力获得的——你可以去寻找它，但它不可能平白无故地从天而降；他们都相信即使生活不像你想象的那样（如经历亲人的去世、生活中的挫折、疾病等），仍有可能获得幸福；他们都相信通过帮助他人能获得幸福；他们都相信积极的生活态度能帮助他们获得幸福。

> **小访谈**
> 找一个你觉得幸福的人谈一谈，看看他/她幸福的奥秘是什么？

2. 与幸福相关的人口统计因素

（1）年龄。美国研究人员在 2008 年曾做过一项电话调查，年龄从 18 岁到 85 岁，参与调查的人员高达 340 000 人。调查通过让人们对下列是非题评分，来考察他们当下的幸福感问题：你是否在以前大部分时间里经历过下面的情绪：愉悦、幸福、压力、焦虑、愤怒、悲伤。研究发现，人在 22 岁之后压力水平呈下降趋势，到 85 岁的时候达到最低点；焦虑水平在 50 岁之前保持相对稳定，50 岁之后急剧下降；愤怒从 18 岁开始稳步下降；悲伤在 50 岁时达到峰值，到 70 岁左右的时候开始下降，然后到 85 岁时又有轻微的回升；愉悦和幸福有相似的曲线，在 50 岁之前都有逐步下降，50 岁时有一个急剧的逆转，在接下来的 25 年里稳步上升，之后又有轻微的下降，但不会达到最低点。幸福感在青年和老年期高涨、在中年期下降的情况被形象地称为"幸福感 U 形模式"。这种幸福感 U 形模式在全球范围内都得到了广泛的认可。

（2）性别。性别对幸福感影响的研究结果并不一致。有研究发现女性的幸福感高于男性，也有研究显示男性较女性稍微幸福一点，亦有研究发现两性间差异量非常小，因而男女在整体幸福感上无显著差异。

波拉诺尔（Plagnol）和伊斯特林（Easterlin）的研究表明，早期，女性的平均幸福感水平更高，但随着时间的流逝，这种幸福感会慢慢被消磨，特别是在 48 岁之后，男性的整体幸福感要高于女性[①]。性别对幸福感的影响受到两个重要因素的作用：家庭和经济。波拉诺尔解释说："在后期的生活中，男性离他们的志向满足更近，对家庭生活和经济状况也更加满意，是夫妻双方中更幸福的一个。"

在年轻的时候，男性对经济状况的满意程度比女性低，并不是因为实际经济水平低，而是因为他们想要的更多，所以男性感到有更多的不足和不满意。不过，年龄会改变很多东西，包括经济困境和婚姻生活。在 34 岁之后，男性更愿意结婚，男性对家庭生活的满足感也在增加。随着时间的流逝，男性对自己经济状况也更为满足，这主要反映在他们逐渐增长的消费能力上。

重要的性别年龄界限

41 岁时，男性对经济状况的满意感超过女性；

48 岁时，男性的整体幸福感超过女性；

64 岁时，男性对家庭的满意感超过女性。

（3）教育水平。坎贝尔（Campbell）在 1976 年的研究中提出，高教育水平带给人们较高的幸福感。牧歌（Madrigal）等人（1992）也发现愉悦的重要组成成分与教育程度成正相关。但在他们后续的研究中却发现，教育程度对幸福感的影响所产生的显著关系可能与其他因素相互影响。迪纳（Diener）等人（1999）则发现，在低收入样本中，如果控制其他变量，则幸福感与教育程度的关系就不是那么明显。

---

① Suzanne Wu. The Happiness Gap. http://dornsife.usc.edu/news/stories/503/the-happiness-gap/

3. 幸福带给我们什么

幸福由四种基本的成分组成：安全感、满足、洞察力和平静。

（1）安全感。并不是每个人都生活在一个安全的世界里。我们的周围也许会有盗窃、诈骗、抢劫等犯罪行为；我们也许正经历着不安全的人际关系（如恶性竞争、诋毁等）。不安全感会带来恐惧、不确定感和生理上的紧张感。

小张是一位来访者，有一次我询问他是否有一个快乐的童年时，他回答："可以说有，也可以说没有"。当他和自己的家庭生活在一起时，小张从不觉得快乐。他的父亲是一位酗酒者，有时有暴力倾向。母亲一直在是否维持这段婚姻关系中摇摆。小张觉得自己在家里总是处于紧张、焦虑的状态，时不时会担心有不好的事情发生。

相反，当小张在他叔叔家的时候（叔叔和婶婶没有自己的孩子），他觉得很快乐、很幸福。为什么？因为他的叔叔和婶婶都是很好的人，在校长的记忆中他们很少发脾气。小张不用担心会有意外的坏事发生。

你觉得自己有安全感吗？如果你觉得不安全，那也不会觉得幸福。

（2）满足。用简单的话说，满足意味着"满了"。一个幸福的人，最起码的状态是在这一刻是"满的"。

一位心理学家曾问学生："你说说，参加奥运会比赛，那些银牌得主和铜牌得主谁的幸福感更高呢？""当然是银牌得主，因为银牌得主的奖牌层次更高、含金量更高，银牌得主自然也就拥有更多的幸福感。"学生说。

心理学家说："根据调查，那些铜牌得主的幸福感往往高于银牌得主。""为什么获奖层次低、荣誉更少的人反而更有幸福感呢？"学生不解。

心理学家分析道："因为银牌得主并不满足。在他看来，只要自己当时再快一点、再高一点、再强一点，就可能获得金牌，获得银牌好像是委屈了自己。而铜牌得主就不是这样，因为铜牌是奖牌中的最低层次，再往下就没有奖牌了。在铜牌得主看来，获得铜牌已经是够幸运的了，如果运气不好，那就什么奖牌都得不到，所以在铜牌得主的心里始终有一种满足感。"

幸福不是你已经拥有了多少，而是在你心里，你满足了多少。

（3）洞察力。想要寻找幸福，需要有良好的洞察力，远离生活本身，从一个更远的视角看生活的整体状态。在忙忙碌碌的生活中，我们很容易迷失在追寻目标的过程中。我们忙于爬上顶峰或清除面前的障碍，忽视了我们最需要的东西——对生活大局观的把握。幸福不是你当下在做的某一件事，而在于事件对于生活的影响是积极的还是消极的。如果是积极的影响，那么幸福会伴随而来；如果是消极的，不幸就会伴随而来。

（4）平静。如果你的身边充满着嘈杂，那么幸福不会来临——当你有一颗安静的心的时候,幸福才会来敲门。

知识链接——幸福感测试

幸福感可分为即时幸福感和总体幸福感两种,如何区分二者很重要。即时幸福感很容易通过美食、喜剧片、奉承、一件新衣服而获得。而总体幸福感是无法通过暂时增加即时幸福获得的。

即时幸福感的测试很简单,通常采用直接询问的方式进行。例如,你觉得有多幸福或有多不幸福?请选出下面最能描述你幸福程度的句子。

1	2	3	4	5	6	7
非常不幸福	不幸福	有点不幸福	持平	有一点幸福	幸福	非常幸福

总体幸福感可以通过问卷的方式进行测量,以下问卷是由加州大学心理系副教授柳博米尔斯基编制的测试总体幸福感的问卷,请根据你的实际情况,圈出最适合你的分数。

1. 总的来说,我认为自己:

　　1　　　2　　　3　　　4　　　5　　　6　　　7

不是一个很幸福的人 ………………………………………… 是个很幸福的人

2. 跟我的同伴比起来,我认为我是:

　　1　　　2　　　3　　　4　　　5　　　6　　　7

比较不幸福 ………………………………………………………… 比较幸福

3. 有些人一直都感到很幸福,不论发生什么事,他们都能享受生活,并从每一件事中获取最大收益。你认为这句话适合你吗?

　　1　　　2　　　3　　　4　　　5　　　6　　　7

一点都不适合 ……………………………………………………… 非常适合

4. 有些人总是没有幸福感,虽然并没有发展到抑郁症的地步,但就是幸福感不强。你认为这句话适合你吗?

　　1　　　2　　　3　　　4　　　5　　　6　　　7

非常适合 ………………………………………………………… 一点都不适合

计分方式:把分数加起来除以4,美国人的平均值为4.8,有2/3的人介于3.8~5.8。

(二)幸福的误区

1. 有钱人更幸福

钱可以使我们更幸福吗?也许我们会说"不会"!也许我们会举出很多金

钱的坏处，如说金钱是万恶之源、金钱买不到爱情……但是，我们行为上的表现却与言语上相悖。更多的金钱意味着你可以想要什么就有什么，想做什么就可以做什么。梦想的庄园？渴望的顶级跑车？只要你想，一切都是你的了；想要去度假？海岛？高原？沙漠？任你选择！

感受到金钱带来的幸福感了吗？但是，社会科学家们研究发现，金钱与幸福感之间只有中等程度上的相关。有一些学者甚至认为这种中等程度的相关也是被夸大的。实际上，金钱和幸福感之间几乎没有什么关系。为什么呢？

首先，"相对收入"，这个概念很重要。金钱的多少是相对的。与我们实际上的收入相比，我们倾向于超过别人或至少不低于比我们同一阶层的人。不幸的是，我们拥有的金钱越多，我们的阶层也在变换，他们的经济水平也会提高，因此，人们通常无法感受到良好的心理比较结果。

其次，金钱并不能使我们去享受生活。人们对拥有更多金钱的生活的想象大多是虚假的。实际上，收入高于平均水平的人们几乎没有更多的快乐体验，他们的生活往往更加紧张，并没有花更多的时间在休闲娱乐活动上。

最后，物质并不能带给我们持续的幸福感。房子和车子给我们带来的幸福感是即时的、转瞬即逝的。

试想一下，如果你突然中了500万大奖！怎样？你会如何？

研究人员发现，总体幸福感的水平有着一个稳定的基准线。社会心理学家菲利浦·布里克曼（Phlip Brickman）专门研究了中奖彩民的幸福水平。结果发现，刚中奖的时候，中奖者会非常兴奋，但这种兴奋感会逐渐消失。大多数的彩票中奖者在6个月之后，有些人甚至在一个月之后，就恢复到了原先的幸福基线水平。

诺贝尔奖获得者、心理学家卡尼曼（kahneman）认为，当人们在思考什么因素影响了他们的幸福感（不仅仅对金钱这个因素而言）时，个体会夸大这个因素的重要性。卡尼曼将这种倾向称之为"聚焦幻觉"（Focusing illusion）。

为了检验聚焦幻觉对金钱的影响，卡尼曼等研究者让一些工作的女性评估她们在前一天拥有坏心情的比例。参与实验的被试还需估计其他生活环境中的坏心情比例（如高收入家庭 vs 低收入家庭）。被试预测的结果会与这些真实的调查结果对比。根据聚焦幻觉的假设，个体对生活环境的作用会被高估。研究结果支持了聚焦幻觉假设，被试大大高估了生活环境对幸福感的影响。例如，被试预测年收入低于 20 000 美元的人有 58% 的坏心情比例，年收入高于 100 000 美元的人有 26% 的坏心情比例。而实际结果分别是 32% 和 20%。

"聚焦幻觉"可以部分地解释为什么我们认为金钱可以使我们感到幸福和快

乐。但是为什么人们只是聚焦于金钱呢？施瓦茨（Schwartz，2007）教授给出的回答是：人们看不到其他的选择，每个人都知道这些问题最终都要回到金钱上。

我们不需要成为金钱的膜拜者，但是所有的电视、宣传栏、报纸和其他人，都在暗示我们"需要钱"。所有这些都影响了我们对自己该如何生活的思考。

当然，我们也有其他的选择，但是这些选择几乎没有为我们树立很好的成功榜样。所以，金钱虽然不能给我们带来幸福感，但我们却遵循了这一社会"潜规则"。金钱和地位可以让我们对生活感到满意。通过"聚焦幻觉"，我们应告诉自己，满意就是幸福。虽然看起来我们似乎拥有了一切，但是，我们依然感到有什么地方不对劲，似乎缺少了什么。诚然，满意只是幸福的一部分，并非全部。幸福是一种感觉，包括了满意感、安全感、自由感和平等感等。

请思考一下，此时此刻，是什么让你感到幸福呢？

2. 成功人士更幸福

1988年，霍华德·金森24岁，是美国哥伦比亚大学哲学系的博士。他毕业论文的题目是《人的幸福感取决于什么》。为了完成这一课题，他向市民随机派发出一万份问卷。问卷中有详细的个人资料登记和5个选项：A表示非常幸福，B表示幸福，C表示一般，D表示痛苦，E表示非常痛苦。历时两个多月，他最终收回了5 200余张有效问卷。经过统计，仅仅只有121人认为自己非常幸福。

霍华德·金森对这121人做了详细的调查分析后发现，其中50人是这座城市的成功人士，他们的幸福感主要来源于事业的成功。而另外的71人，有普通的家庭主妇、卖菜的农民、公司里的小职员，还有领取救济金的流浪汉。这些职业平凡、生涯黯淡的人，为什么也会拥有如此高的幸福感呢？通过多次接触交流，霍华德·金森发现，这些人虽然职业多样、性格迥然，但是有一点是相同的，那就是他们都对物质没有太多的要求，平淡自守、安贫乐道、很能享受柴米油盐的寻常生活。

这样的调查结果让霍华德·金森很受启发。于是，他得出了这样的论文总结：这个世界上有两种人最幸福，一种是淡泊宁静的平凡人，一种是功成名就的杰出者。如果你是平凡人，你可以通过修炼内心、减少欲望来获得幸福；如果你是杰出者，你可以通过拼搏进取，获得事业的成功，从而获得更高层次的幸福。

他的导师看了论文后，十分欣赏，批了一个大大的"优"！毕业后，爱德华·金森留校任教。一晃，20多年过去了。如今，爱德华·金森也由当年的意气青年成长为美国一位知名的终身教授。

2009年6月，一个偶然的机会，他又翻出了当年的那篇毕业论文。他很好奇，当年那121名认为自己"非常幸福"的人现在怎么样呢？他们的幸福感还像当年那么强烈吗？他把那121人的联系方式又找了出来，花费了3个月的时间，对他们又做了一次问卷调查。调查结果反馈回来了。当年那71名平凡者，除了两人去世以外，共收回69份调查表。

这些年来，这69人的生活虽然发生了许多变化：他们有的已经跻身于成功人士的行列；有的一直过着平凡的日子；也有的人由于疾病和意外，生活十分拮据。但是，他们的选项都没变，仍然觉得自己"非常幸福"。

而那50名成功者的选项却发生了巨大的变化。仅有9人事业一帆风顺，仍然坚持当年的选择——非常幸福；23人选择了"一般"；有16人因为事业受挫，或破产或降职，选择了"痛苦"。另有2人选择了"非常痛苦"。

看着这样的调查结果，霍华德·金森陷入了深思，一连数日他都沉浸在自己的思绪当中。两周后，霍华德·金森以《幸福的密码》为题在《华盛顿邮报》上发表了一篇论文。在论文中，他详细叙述了这两次问卷调查的过程与结果。论文结尾，他总结说：所有靠物质支撑的幸福感，都不能持久，都会随着物质的离去而离去。只有心灵的淡定宁静，继而产生的身心愉悦，才是幸福的真正源泉。[①]

（三）幸福的真谛

1. 关于幸福的理论假设

亚里士多德指出，幸福是人类存在的唯一目标和目的。人们对幸福的寻求已有上千年的历史。随着社会的不断发展，人们追求幸福的愿望并未停止，反而愈加热切。在过去的几十年中，国外学者提出了多种理论，比较有影响的理论主要有以下几个：

（1）期望值理论。个人在评价幸福感时总是与一定的标准相对比，这个标准就是个人期望值。若目标得以实现，主观幸福感就高；反之主观幸福感就低。事实上，过高的期望值对幸福感是不利的。威尔逊（Wilson，1967）指出，高期望值对幸福感是一个极大的威胁。当前一般的观点是：期望值和实际成就之间的差异与幸福感有关，高期望值和个人高期望值与个人实际差距过大会使人丧失信心和勇气；期望值过低则会使人厌烦。期望值本身并非好的预测指标，但期望值、现实条件与个人外在资源（权力地位、社会关系、经济状

---

① 朱国勇. 人的幸福感取决于什么. http://blog.sina.com.cn/s/blog_5fb80f770100t7ej.html.

况等）和内在资源（气质、外貌等）是否一致可以作为幸福感的预测指标。

（2）目标理论。该理论认为，人都具有一个内隐的需要模式，个人理想的实现会带来幸福感。目标的种类、结构和向目标接近的过程影响着个人对自身的评价。每个人追求的目标都不同。布伦斯坦（Brunstein）等人（1998）认为，当一个人能以内在价值和自主选择的方式来追求目标并达到可行程度时，主观幸福感才会增加。即目标必须与人的内在动机或需要相适宜才能提高。例如，成就价值观强的学生，在成绩优秀时幸福感增加；具有较强社会价值观的学生，在良好的人际交往中才感到更幸福。

（3）社会比较理论。该理论与期望值理论不同。期望值理论主要是做纵向比较，即与自己比较产生主观幸福感；而社会比较理论是一种横向比较，是以他人为标准，尤其是有重要性的他人。其比较过程为：获得社会信息，思考比较社会信息，对社会信息做出反应。比较结果为：优于他人，幸福感提高；低于他人，幸福感降低。

（4）人格-环境交互作用理论。人格特质对情绪的影响可能被情境削弱或强化，所以人格对幸福感的影响不是直接的，而是通过影响特定情境下人们的行为来影响主观幸福感。后来的研究发现，如果说人格因素不是主观幸福感最好的预测指标，至少也是最可靠、最有力的预测指标。人格特质对情绪的影响可以被环境加强或削弱，人格与环境交互影响主观幸福感。

（5）活动理论（心流理论）。该理论主张幸福感是个人主动参与活动之后的产物，通过工作、休闲、运动等活动或与人际互动的过程，在不同的互动与反馈中，发挥潜能并满足个人需求，进而产生愉悦的成就感与价值感。活动理论认为，人们在全心全意投入到自己喜爱的活动中时，会经历一种难以言喻的喜悦，称为"心流"。在这种状态下，个人、行动和意识交融在一起，整个注意力集中在有限的固定刺激上，无视时间的流逝，达到一种物我两忘的境界。在此基础上，幸福可以分为两种：一种是个性展现的幸福，另一种是尽情享乐的幸福。这一理论强调活动是幸福的媒介，要研究幸福必须从研究活动入手。它把人的现实活动和心理感受结合起来看待幸福感问题，既强调了活动的特性，也强调了人格特质在幸福体验中的重要性。

（6）适应理论。该理论是与自己比较，主要以自己的过去为判断标准。赫尔森（Helson）将适应解释为：对重复出现刺激反应的减少或减弱，重新构建有关刺激的认识以及刺激对生活影响的认识。这种适应或习惯化使人们在一定程度上总是适时地调整自己的情绪，从而保持对自己生活的满意度。应对是一种积极主动的心理过程，具有理性行为、精神信仰和给普通生活赋予积极意义的人，其主观幸福感比较高。

2. 积极心理学者眼中的幸福

积极心理学是美国心理学界兴起的一个新的研究领域，它打破了100多年来传统心理学只关注失败和障碍的旧模式，并不针对"解决心理问题"，而是关注积极力量和积极品质，更多地采用科学研究的结果研究人类的力量和美德等积极方面的一个心理学思潮。积极心理学致力于帮助人类发挥潜能和获得幸福。与以往的心理学不同，其研究对象是普通人的心理活动，强调应针对大部分人的心理状况来指导人们如何追求幸福生活。

积极心理学认为，在过去的几十年中，心理学总是与困扰着人们的心理问题和疾病联系在一起，如焦虑、抑郁、强迫、妄想等，呈现出病理心理学的取向。在这种取向下，心理医生的主要职责便是让病人从消极的状态恢复到正常和自然的状态，或者正如积极心理学家塞利格曼所说的"从-7状态恢复到0状态"。积极心理学认为，心理学不应仅仅对损伤、缺陷和伤害进行研究，也应对力量和优秀品质进行研究；治疗不仅对损伤、缺陷予以修复和弥补，也应对人类自身所拥有的潜能、力量予以发掘。心理学不仅是关于疾病或健康的科学，也是关于工作、教育、爱、成长和娱乐的科学。积极心理学的目标是建立一个综合的、均衡的、关于幸福的心理学体系。

伦理学家石里克指出，人"任何时候都要为幸福做好准备"。但是，是什么让人幸福呢？塞利格曼编制了一个幸福公式：H(幸福)= S(遗传)+C(景况)+V(个体可控行为)，从遗传因素、生活景况、可控行为三个方面帮助人们更为深入地探索幸福的源泉。

积极心理学研究表明，遗传因素会影响我们的幸福感，如有的人生来就比较乐观，有的人生来比较悲观。大约有8%的幸福程度是由环境因素决定的，如收入、婚姻状况、健康状况、教育程度、智力、宗教信仰等。

相对于前两个因素，第三个因素——可控行为是积极心理学的核心。个体的可控行为包括自我决定、积极防御、解释风格等。瑞安（Ryan，1985）等人从人的本质出发研究了自我决定理论（SDT），他们探讨了人类三种相关的需要：能力的需要，归属的需要和自主的需要。他们认为，当这些需要得到满足时，个人的幸福和社会的发展将是乐观的。这些需要的满足能带给人们幸福感和促进社会的发展；而阻碍需要的满足则会引起消极的心理结果。在对积极防御的研究方面，心理学家威兰特（Vaillant，2000）总结了利他主义、升华、压抑、幽默、预期等积极的防御机制对成功以及幸福生活的重要作用。麦德沃杜瓦（Medvedova，1999）研究还发现，积极的人格有助于个体采取更为有效的应对策略，从而更好地面对生活中的各种压力情景。在积极的个性特征中，研究者关注最多的是乐观。有关这一部分内容，我们在后面会讲到。

积极心理学家认为，对获得幸福的研究重点应放在第三个因素——人的可控行为变量上，通过塑造幸福的人格特质，使每个人都可以拥有一个幸福的人生。积极心理学很明确地告诉人们——幸福并不是可望不可及的，幸福是可以锻炼并寻找的，而且还可以通过学习和练习后养成"习惯"。例如，积极心理学家沙哈尔博士提出，记录是把幸福锻炼成习惯的一个好方法，因为一个人的幸福地图就是不要错过身边的幸福站点。记录的内容包括每一天开心的事情、需要感激的事情、被肯定的事情，还有希望生活计划发生怎样的改变更幸福。又如，每天都去运动，每周进行一次娱乐活动，去发现一些有趣的事物，等等。沙哈尔博士提醒读者，每次建立新习惯时不要太多，1~2个足矣；另外，在习惯被固定下来之前，不要试图增加新的内容。因为，微小的成果要比野心勃勃导致的失败好得多，就像暗室里的蜡烛，只需要一根就可以点亮整个屋子；而当一个新的好习惯被固定下来，变得像刷牙一样的自然时，这一个幸福的经历自然也可以感染到我们生活中的许多地方。当我们将一个个小小的幸福锻炼成了习惯时，它们会产生连锁效应的"幸福强心剂"，我们的幸福自然就变得根深蒂固了。

二、谁会更幸福

（一）乐观

看到半杯水，你会怎么想？

A：啊，太好了，还有半杯水！

B：啊，真糟糕，只有半杯水了！

你会选择 A，还是选择 B？我们每个人的身边都会有一些乐天派，似乎他们永远没有烦恼；也会有一些悲观主义者，似乎他们就是天底下最倒霉的倒霉蛋。哈佛大学有一门广受欢迎的课叫做积极心理学（Positive psychology，也翻译为幸福课），主讲教师沙哈尔用了 23 节课的时间，告诉了他的学生们：积极对待生活，才能获得幸福。

乐观的人能更好地面对困难，而并不是每个人都是生来乐观的，大部分人都是经历了挫折，从而学会了乐观。当对待一件事情可能发生的一好、一坏两种结果时，是什么让我们更加倾向于相信好的结果呢？为什么有些人天生就比另一些人更加怀有希望呢？

哈佛大学心理学系的研究人员用功能核磁共振成像（fMRI）的方式研究

了个体在乐观或悲观思考时，人的大脑活动有何差异。他们给予被试者几个悲伤的（如与爱人分手）情境或者是开心的情境（如中大奖），然后让他们想象一个过去的或者预计一个即将发生的情境。在整个想象的过程中，扫描仪会记录下他们的大脑活动区域。研究者发现，大脑中前扣带回皮质（调节情绪和动力的区域）与杏仁核（负责处理情绪记忆的区域）在乐观或悲观思考中起到了重要作用。当被试者乐观思考时，这两个区域的活动明显增强，而当他们悲观思考时，这两个区域的活动则减弱。他们就像是大脑中的一个"乐观中枢"，情绪越积极，它的活动性就越高，进而更增进积极。

知识链接——乐观量表

你是乐观的人吗？请回答下列问题：

	A	B	C	D	E
	极同意	同意	普通同意	不同意	非常不同意
1. 许多时候，我都会预期最好的状况					
2. 对我来说，随时放松很容易					
3. 如果我认为我会把事情搞砸，就真的会发生					
4. 对于我的未来，我总是相当乐观					
5. 我很喜欢与朋友相处					
6. 保持工作忙碌，对我非常重要					
7. 很少有事情是照着我期待的方向走					
8. 我不太容易感到不安					
9. 我几乎不期待好事会发生在我头上					
10. 生活中，我感觉自己好事情总是比坏事情多					

计分规则：

（1）第1、4、10题：A＝1分，B＝2分，C＝3分，D＝4分，E＝5分。

（2）第3、7、9题：A＝5分，B＝4分，C＝3分，D＝2分，E＝1分。

（3）第2、5、6、8题不计分，以剩下6题计分，总分在6～30之间。

评量结果：

6 分为极度乐观、7~18 分为乐观、19~29 分为悲观、30 分为极度悲观。

如果你是极度乐观与极度悲观者，需要立刻学习正面思考；如果你是乐观者，有好的正面思考基础，但还需要不断强化正面思考；如果你是悲观者，应透过正面思考训练，避免陷入极度悲观。

我们该如何学会乐观呢？1990 年，宾州大学心理学教授，同时也是美国心理协会主席的塞利格曼（Seligman）在自己的一本书中第一次定义了"习得乐观"这一概念。他在书中提出可以通过指导和训练对不利事件的不同反应，使悲观主义者转变为乐观主义者。

塞利格曼发现，人在受到不断打击之后会形成无助感，觉得自己没有办法控制自己的人生，从而变得消极不作为。当他开始研究无助感的形成时，他注意到总是有一些人能够抵抗这种无助感的形成。对于同样失败的测试结果，有一些人会责怪自己，而另一些人会认为一些外部原因（如实验设计的原因）造成自己的失败结果。于是，塞利格曼的研究焦点开始转移，到底是什么让这些人可以远离无助感呢？答案是——乐观。于是，他改变了自己的实验范式——从让人们产生无助感，变为让人们产生乐观情绪。这些实验后来引出了整个习得性乐观概念的形成。1998 年，塞利格曼和他的同事将他们总结的理论发展为一个新的心理学分支——积极心理学。这门课也成了众多高校学生非常喜爱的一门功课，哈佛大学的幸福课就是其中之一。

塞利格曼认为，乐观者看问题的角度很独特，他们会这样理解好事情的发生：它总是会发生的，它在很多种情形下都会发生，我将使之发生。所以通过指导或者锻炼，让人在对待事情时的态度转变，就可以让乐观的精神变为自己性格的一部分。

在我们的生活中，到处充满了自我暗示的现象。例如，清晨梳洗的时候，如果看到自己的气色很好，往往会心情愉悦，这是一种积极的暗示。如果发现自己的气色暗沉，眼皮略有浮肿，便会怀疑可能出了毛病，于是就可能真的出现病痛，这是一种消极的暗示。因此，用一个积极正面的思想反复地灌输给大脑中的潜意识，原来的思想就会慢慢地衰弱、萎缩，新的思想就会占上风。

就像其他坏习惯一样，在我们改变它们的时候，我们需要经常停下来反省和评价我们想问题的方式和自我暗示的方式。一旦发现有负面倾向，就想办法改变它，改变得更加积极些，就像做游戏一样。

开始时，记住自我暗示的三大定律：重复、内模拟和替换。下面是一些自我暗示的例子（表 9-1）和我们怎样才能够从这些内在或外在的谈话中建立积极态度的方法。

表 9-1　自 我 暗 示

负面的自我暗示	正面的自我暗示
我以前从来没有做过	可以尝试一下
我做不到	失败是成功之母
这不可能	有没有其他办法
我没有时间	看看有没有其他更重要的事情
我不讨人喜欢，没人跟我说话	我试着找个话题说说

要是觉得自己倾向于负面看待问题，就不要想着在短时间内变成一名乐观积极的人。但是，只要不断集中练习，就会自动地从自我责备转变为自我肯定，也就会感觉到周围的世界不是那么充满批判的。

练习正面的自我暗示能改善人的世界观和人生观，并且随着头脑越来越乐观，就能建设性地处理和缓解每天的压力。

（二）自尊

自尊泛指对自我的评估和感觉。心理学家纳撒尼尔·布兰登（Nathaniel Branden）对自尊做出了如下定义："一种觉得自己能够应付生活中的基本挑战，值得享受快乐的感觉"。他认为，自尊是自信和自我尊重的综合。自信是指我们应对来自生活的挑战时对自身能力的判断，而自我尊重则是我们对自己应有的幸福程度的感觉。

自尊与幸福感属于高度线性相关，两者的相关系数可以达到 0.7，所以自尊非常重要。纳撒尼尔·布兰登把自尊称为"意志的免疫系统"。人的自尊较高时，心理抵抗能力更强。另一方面，低自尊常常与焦虑并存。

1. 自尊的层次

沙哈尔提出，自尊分为三个清晰的层次，即依赖型自尊、独立型自尊和无条件型自尊。依赖型自尊是由他人表扬和认同而产生的自尊。独立型自尊是内在产生的自尊，这种自尊不取决于别人的评价，是自我生成的。无条件型自尊也可以称作一种自然状态，即我们自然的存在感。自尊的三个层次可以互相转化。例如，如果我们有健康的依赖型自尊，经历过一段时间后就会变成独立型自尊；如果我们能培养健康的独立型自尊，就能达到无条件自尊，也就是最高层次的自尊。但是即使在最高层次，其他两种自尊还是存在的。因为我们不可能忽视他人的看法，它是人性的一部分。

自尊由价值感和能力感两个部分组成。在分析每个层次的自尊时，都会从自尊的这两个组成部分去展开。

（1）依赖型自尊。从价值感方面来看，高依赖型自尊的人，其价值由他人决定，他们喜欢、也需要别人的评估，并把别人的评估当做自我感。这类人表现为不论恋爱、择业，还是生活中的小事都需要他人的认同。而在能力感方面，依赖性自尊的人总喜欢和他人比较，跟其他人比我表现怎么样？我比他们好还是差？

大家还记得《白雪公主》的故事吧？邪恶皇后总是在问："魔镜、魔镜告诉我，谁是世界上最美的女人？"如果魔镜说："当然是您啰，亲爱的皇后。"皇后就觉得心情愉悦。皇后具备了依赖性自尊的两个要点：首先，依赖他人的决定。皇后依赖魔镜的回答来度量自己的容貌，所以他的价值感来源于外部。其次是"比较性"，即通过比较而获得的能力感。

每个人都有依赖型自尊，依赖型自尊让我们渴望别人的表扬。例如，表演的时候，如果观众反应热烈，我们就会很开心；如果观众反应冷淡，我们就会觉得难过。

（2）独立型自尊。这种自尊不取决于他人。在价值感方面，常用自己的标准评估自己，自我决定。在能力感方面，不与别人比较，而是与自己比较。例如，我们很清楚自己的学习状态，尽管在别人眼中有很多其他的看法，但最终的衡量是自己决定的。独立性自尊的人更多的是与过去的自己做比较。我比以前更努力了吗？我更幸福了吗？

（3）无条件型自尊。首先是价值感，无条件自尊的价值感并不来自他人评价，也不来自自我评价。其次是能力感，不把自己与他人比较，也不与自己比较，处于某种自然状态。

无条件型自尊是最高层次的自尊，也就是马斯洛所说的"自我实现"。这一类人基本上达到了事业的高峰，幸福感非常高。他们已经不在乎什么财富、权利、地位，更在乎的是自己内心的追求，自己想要追寻的是什么。

可以看到，无条件型自尊是我们努力的方向。自尊的层次有一个渐进的过程，不是一蹴而就的。当然，我们可以通过一些方法来加速这个过程，使我们不必等到老了才体验到这种自尊感。

2. 怎样提高自尊

积极心理学介绍了行为改变的 ABC 模型（A 是情绪，B 是行为，C 是认知）。我们的态度和认知会影响我们的行为，反过来，我们的行为也会改变我们的认知。根据自我决定理论，态度是可以通过行为推断的。当问一个人关于某事物的态度时，首先回忆他们与这个事物有关的行为，然后根据过去的行为推断出他对该事物的态度。人对自我的了解也如同了解他人一样，也可以通过自己的行为。如果你想改变自己的自尊水平，最好的方法就是先从行为改变开始。简单地说，如果想要高度自尊，那么你的行为就要表现得像一个有高度自尊的人。因为自尊也就是一种态度，一种对自己的评价。

那么，高度自尊的人，通常有什么样的行为表现呢？首先他们通常更平静、更包容。自尊无法练习，但平静可以。我们可以先从行为上的平静推至心里的平静，如瑜伽、冥想、运动。运动疲累后的平静，运动中的乐趣和意志上的锤炼不仅能锻炼我们的体魄，也能锻炼我们的内心。在行为上体验的平静最终可以导致人态度的转变。

其次，高度自尊的人通常会追求自己的兴趣，做自己真心想做的事，走属于自己的路，哪怕是一条很少有人走的路。如果你能去做内心真正想做的热爱之事，那么内心自然而然就会觉得自己是一个高自尊的人。

沙哈尔介绍过一个很有趣的练习，帮助大家找到自己真正想做的事情，大致的意思是：设想你中了一个魔咒，在以后的日子里没有人知道你有多好、多有成就，只有你自己知道。在这种情况下，你会选择做怎样的事情？

这个练习让沙哈尔发现自己喜欢做研究而不是喜欢教书，于是他放弃了大学的终生教职。当然他付出的代价就是不能继续留在哈佛教书。

同样的道理，那些有很多心流（详见"活动理论"）的人，他们的独立型自尊也会增加。那么，问问自己，你热爱什么？你想要的人生是什么样子？什么对你来说是最重要的？什么让你快乐？什么事情能让你忘我地沉醉其中？

行为可以改变态度，我们应该多做一些能增加自己自尊的行为或活动，但要记住，这是需要时间的。

（三）感恩

我们常说，"滴水之恩，当涌泉相报"、"投之以木瓜，报之以琼琚"。研究表明，感恩是对个体幸福感影响最大的人格特质之一，感恩干预可有效增加感恩，进而提升个体幸福感。感恩是个体的一种积极的人格特质或生活取向。"感恩"被视为与道德相关的概念，主要有三个功用：第一，道德测量器的功能。例如，这个反应可以理解成一个人经由别人的好心，使自己得到帮助。第二，道德动机的功能。例如，它使得感恩的人对恩人或其他人表现出更多亲社会的行为。第三，道德增强的功能。例如，当表达出感恩时，可以使助人者在未来有更多道德行为的表现。

感恩可有效提升个体幸福感，那么如何增加感恩呢？当前，感恩干预主要有以下三种策略：

1. 感恩记录

感恩记录是当前使用得最多的干预方法，即让被试定期记录多件感恩事件。最早采用该方法增加感恩的是埃蒙斯（Emmons，2003）等人的研究。该研究包括以下三个实验：

第一个实验：他们对大学生进行为期10周的干预。参与的被试人员分别被指派至感恩、争执（使人困扰的事）和事件3种情境中，每周记录5个事件。之后，再经过一系列的情绪、生理反应和心理量表测量。结果发现，相对于其他两组，感恩情境的学生产生较多的感恩、更多的助人行为、生活满意感和积极情感。

第二个实验：研究者将第三种情境换为"向下的社会比较"（想自己比别人好的地方）。结果发现，感恩情境仍明显增强了生活满意感和积极情感。

第三个实验：研究者对肌肉神经疾病患者进行了为期3周的干预。有两组情境，一组是感恩组，另一组是控制组。控制组每天只是完成幸福感和整体量表的评量。结果发现，感恩情境产生较多的积极情绪、较多的睡眠、较好的睡眠品质、较乐观及对其他人互动的感受，日常功能也得到了很好的改善。

2. 感恩沉思

感恩沉思与感恩记录类似，不同之处在于感恩沉思策略干预的次数只有1次，而且持续时间很短，往往持续几分钟，涉及的范围更广。在沃特金斯（Watkins，2003）等人研究中，感恩干预的时间仅有5分钟，要求实验组的被试记录暑假他们所感恩的活动，要求控制组的被试记录他们暑假想做但没能做成的事情。结果表明，相对于控制组，感恩沉思组报告更多的是积极情感，更少的是消极情感。

3. 表达感恩行为

塞利格曼（2002）认为，要想大幅增加你的快乐，最有效的办法就是做"感恩拜访"。即写信感谢施惠者，寄送或当众读给施惠者听。在塞利格曼等人（2005）的研究中，对被试进行为期一周的干预，要求实验组的被试在一周之内书写一封早期感恩事件及感恩原因的信件，并寄送给施惠者，要求控制组的被试书写记录早期记忆。结果表明，干预后即时测量和一月后实验组较控制组均报告有更多的感恩和幸福感，以及更少的抑郁。让人感到意外的是，就算只做过一次，事隔一个月之后，还是明显快乐得多、比较不沮丧，但是3个月之后就无效了，但持续更久的办法是每天花点时间写下更多的感恩事件及感恩原因（如3件）。

三、幸福的练习曲

（一）十个吸引幸福的行为方式

从今天开始：

（1）珍惜。幸福是身边的点点滴滴，幸福来源于简单的快乐。如果你不发现幸福，你就会错过它。

（2）关注那些你真正需要的。我们整天忙忙碌碌，为了更好的生活，为了使自己更幸福，却常常在忙碌中丢失了自己的幸福。

（3）追求你的人生目标。你想要的生活是什么样子？有目标的人常常会更幸福。

（4）不退却，用于挑战。勇于接受挑战，用开拓的思维来解决遇到的事情；不要害怕挫折和困难，让自己变得更加坚强与坚定。

（5）平衡。包括个人家庭生活和职业生涯的平衡，也包括现在和未来的平衡。

（6）体育锻炼。经常参加体育锻炼除了对健康有益以外，还能获得成就感，并能提供影响他人的机会，提高自尊心。

（7）乐观。相当多的人把太多的注意力集中在不好的结果上，而没有留下一点时间正面评价自己的成功；在生活中，你可以做出积极的选择，让自己更自然、更愉快；保护自己好的精神状态，远离消极的人。

（8）良好的人际网络。幸福的人大多有和睦的家庭和亲密的朋友。对人的一生来说，总是与一些玩乐之友为伴是不够的，人需要的不只是亲情与友情，还需要相互的理解与关怀。

（9）帮助他人。聆听朋友的倾诉，向他们传授你的技艺，由衷地赞美他人的成功和宽容他人都能增加幸福感。

（10）宽容。生活前方有各种可能的机会，要学会宽容，不要浪费时间思考可能发生什么。

（二）十个吸引幸福的生活习惯

从今开始：

（1）良好的睡眠。一些研究表明，对大多数个体而言，每天至少8个小时的睡眠可以增加"好心情"的机会。在白天，简单的半个小时休憩则可以减少因为疲劳而引起的抑郁心情。

（2）伸展。早晨应该在床上舒展四肢，没有什么固定的姿势，尽情地伸展自己。

（3）30分钟紧张的步行。这对恐惧和不确定感有即时疗效。

（4）一个星期做3次运动。如慢跑、伸展、游泳、投掷、举重、跳舞。想要富有活力，拥有好心情，经常参加体育锻炼也不可或缺。这是因为，心血管的活动除了能刺激安多芬的分泌外，还能减少幸福的死敌——压力的产生。

（5）全面的饮食。为自己提供全面的营养，保持健康。全面的饮食还能够同时解决特殊食谱和减肥的所有问题。

（6）深呼吸。早晨和晚上做小型的呼吸练习，这能够让新鲜空气进入肺部和整个身体；你可以深深地吸口气，把周围的味道都吸进来，享受自然的芳香。

（7）利用冥想放松自己。每天20分钟的冥想练习能有效促进自己的身心健康；有规律的冥想都能使我们从忙碌的生活中理出头绪。

（8）中间休息。试着在中间休息（包括学习中、体育活动中、任何一项活动中）的时候，不要去思考或者绞尽脑汁，而是用一个局外人的眼光观察你自己。

（9）控制节奏。在一个星期的节奏中加入一个"休息日"。

（10）遵循节奏。根据外部的时间规定来遵循一个月的节奏。

知识拓展

1. 网络课堂

（1）泰勒·本·沙哈尔：哈佛幸福课

http://v.163.com/special/sp/positivepsychology.html

讲师介绍：沙哈尔博士毕业于哈佛大学，他拥有心理学硕士、哲学和组织行为学博士学位。他开设的"积极心理学"和"领袖心理学"被哈佛学生们推选为最受欢迎率排名第一和第三的课程。选修这两门课程的哈佛学生超过了总人数的20%。

课程介绍：我们来到这个世上，到底追求什么才是最重要的？塔尔博士坚定地认为，幸福感是衡量人生的唯一标准，是所有目标的最终目标。

（2）牛津大学公开课：爱情微讲座

http://v.163.com/special/opencourse/oxfordabridgedshorttalks.html

课程介绍：这是牛津大学多位顶级学者进行的一系列以爱情为主题的讲座。

2. 经典电影——飞屋环游记

导演：彼特·道格特

编剧：鲍勃·彼德森

剧情简介：主角是78岁的老头卡尔·费迪逊（Carl Fredrickson），当卡尔还是一个孩子时，怀揣着对于冒险的热爱偶遇假小子艾丽（Ellie），相同的爱好最终使两个人成为了一生的爱侣。艾丽总是梦想着到南美洲的"仙境瀑布"探险，但机会尚未来到却已病逝。终于有一天，曾经专卖气球的老人卡尔居然用五颜六色的气球拽着他的房子飞上了天空，他决定要去实现他们未曾实现的梦想。意外地，一位8岁亚裔童子军小罗（Russell），为了收集最后一个帮助老人的徽章，误打误撞搭上了这座飞屋，于是两个素不相识的一老一少将会面临险恶的地形和难以预测的危机，展开一场冒险之旅。

一老一少在飞行中经过了千难万险，终于看到了传说中的"仙境瀑布"。在相处过程中，卡尔也逐渐消除了对小罗的偏见。两人在前往"仙境瀑布"的途中，遇见喜爱吃巧克力的大鸟凯文（Kevin），以及会说人话的狗小逗（Dug）。让老人惊讶的是他们还遇到了他少年的崇拜偶像——探险家查尔斯·蒙兹（Charles Muntz），而且他发现蒙兹居然是一个为达目的不择手段的坏人。这时，老人离自己的梦想之地只有一步之遥……

推荐理由：这是一个关于幸福与梦想的故事。

影片开头有一段被誉为"电影历史上最最甜蜜、最最让人伤感的4分半钟"，以哑剧的形式，没有太多的台词，展开了一对爱侣从结合到相依为命，最后爱人逝去，独自垂泪的整个人生。几十年人生中的喜怒哀乐，全部浓缩在这短短的没有对白的4分半钟内。光是靠着动人温暖的配乐，就让人不禁湿了眼眶。

有一种幸福，是和相爱的人一生厮守，更幸福的是有着同样的梦想和追求；有一种幸福，是完成对挚爱亲人一生的承诺，更幸福的是可以抛下一切去尝试；有一种幸福，是在追求梦想的路上有可爱的伙伴，更幸福的是他们相信你并且支持你；有一种幸福，是对人生保持恒久不变的激情和行动力，更幸福的是在晚年还仍然在保持……

卡尔用一生的梦想来储存他的气球，期间岁月流逝，爱人离去，几乎以为他的梦想再也无法实现了。但他为了信守对爱的承诺，终于带着他与艾丽打造的房屋飞上云霄，去探索他们的"仙境瀑布"。

林语堂先生曾说过，梦想无论怎样模糊，总潜伏在我们心底，使我们的心境永远得不到宁静，直到这些梦想成为事实才止；梦想就像种子在地下一样，一定要萌芽滋长，伸出地面来，寻找阳光。随着无数个色彩绚烂的气球腾空而起，我们被生活、被现实压抑的梦想也随着卡尔的气球起飞，飘飘然、悠悠然地掠过天宇。

经典台词：Happiness is not about being immortal nor having food or rights in one's hand. It's about having each tiny wish come true, or having something to eat when you are hungry or having someone's love when you need love.

幸福，不是长生不老，不是大鱼大肉，不是权倾朝野。幸福是每一个微小的生活愿望成真。当你肚子饿了的时候有的吃，渴望被爱的时候有人来爱你。

3. 美文赏析——绝对幸福①

作者：池田大作

可以说，真挚地凝视自己……完成作为人的自我建设的人，才能成为一个生命内部洋溢出泉水般幸福的实体。

人生的幸福，大致可分为两类，一类是由于欲望得到满足而感到的幸福，另一类是由于生命本身的跃动、充实而感到的幸福。前者常常依存于外界，并受其左右，因而应该称之为"相对的幸福"。例如，想吃好吃的东西，想得到漂亮的汽车，想拥有宽敞的房子，等等——当这些得到满足时，人们就会因此而感到幸福。但是，这是一种一定要由对象事物来决定的幸福。而且这种幸福绝不会长久持续。不论多么好吃的东西，一旦吃饱之后，就不会觉得好吃了。如果吃饱之后还不得不吃甚至反而会感到痛苦。另外，不论多么好吃的东西，如果顿顿都端出同样的东西，最后也会腻味。

关于汽车和房子，我觉得也可以大体相似。刚刚到手的时候，高兴得不得了，简直是百看不厌。可是，不到一两年，这种喜悦大都会消失得无影无踪。人总觉得周围人的东西要比自己的好，于是产生新的欲望，为了满足这种欲望，又忙忙碌碌地不断努力。

我绝不是说追求这种欲望是不好的。因为这是人的本性，同时又是人类文化进步与发展的动力。我只是想说，人生仅把这当做终极的目标，那是绝对不会得到真正的幸福的。与此相反，返回到自我，争取自我的成长和内在充实的人生，从生命深处洋溢出来的幸福感，是不会为外界所左右的。我要把这称之为"绝对幸福"。

归根结底，幸福是绝不会由外界轻易获得的。真正的幸福要在自己的生命

---

① 池田大作. 谈幸福. 卞立强，张彩虹，译. 文联出版社，2009.

内部缔造，并要使它反映到生活和社会上。当然，这需要不懈的努力和经受更多的劳苦，不允许轻易妥协。

人本来都是通过与各种各样的人及物的关系而生存的。断绝这些关系，生存当然也就不可能存在。但是，与此同时，人在本质上，在深奥的层面上，始终是个人，其本身是独立的。在年轻的幸福时代，女性们往往被父母、兄弟、姐妹、朋友、恋人或丈夫团团地簇拥着，备受呵护，自己只需承受周围人的好意就可以了。这一切恐怕都不过是他人为自己做的事。可是，一旦遭受意想不到的不幸时，或者走到人生的终点时，才会深切地感受到这一现实。作为人的真正幸福，可以说是在这时决定的。

我希望构筑的不是稍微擦蹭一下就立即脱落而变得难看的镀金般的幸福，而是越擦蹭越发出美丽光泽的真金的幸福。

作为妻子，作为母亲，或者作为一般的女性，恐怕都不过是各种各样的生活态度和已获得的一切幸福，恐怕都不过是因照射到这种金属胎子的光的种类而产生的变相。镀金脱落了的廉价的金属胎子，不论照射什么样的光，也只能发出暗淡的难看的反射光。而纯正无垢的黄金，不管照射的光怎样，都会显示出充满魅力的美丽的光辉。

那么，这里就出现了一个问题——为了建设作为人的真正的自我，究竟必须要注意什么呢？关于这一点，古代的思想家、哲学家提供了各种答案。

孔子说的"仁、义、礼、智、信"，基督教的"博爱"，释迦牟尼的"慈悲"，都是其中的一个例子。这些确实都是作为人的重要条件。我赞同这些观点，但我丝毫不想只把他们的话重复说一遍。

很冒昧，从我的想法的结论来说，那就是"要成为一个完全的人"。我希望人能成为一个有着人生的深刻睿智、丰富的教养、对他人亲切关爱的全面的人。培养忍耐、勇气和正义感也很重要。还不能忘记培养对政治、经济、科学、教育等社会问题的关心和洞察力。关键是要追求人生的广度和深度，始终不忘学习和努力。

把自己的世界限定在某个范围内，安居在其中。这无异于把自己禁闭在自我的笼子里。其结果，难免日益狭窄，陷入利己主义、保守主义、死气沉沉的境地。这是作为一种人的退化。

可以说，真挚地凝视自己，与社会保持生动活泼的联系，完全作为人的自我建设的人，才能成为从生命内部洋溢出泉水般的幸福的实体。

我希望人生直到最后的一刻都是不断建设的过程，能否一辈子保持这样的心态，将决定人的人生价值，我认为这么说绝非夸大其辞。人生要经常不断地前进，经常不断地成长。只有这样，才会有真正的青春，才会有作为人的尊贵。在这样的过程中，既会有成功，也会有失败。但这绝不是整个人生的决算，也绝不会决定该人的价值。成功往往会成为下次失败的原因。相反，不论什么样的失败，也可能通过睿智和努力，变成下次成功的原因。

古人用"塞翁失马"的故事来告诫人们。其中就包含着"胜不骄，败不馁"的经验教训。这也许是陈腐的老生常谈的说教，但这难道不是人生处世的一种重要的态度吗？

在某种情况下遭到惨败时，千万不要因此而臣服。为了把惨败转变为下次成功的原因，就需要有顽强的生命力、杰出的睿智和忍耐力。建设这样强大的自我，其本身可以说就是人生最重要的课题。

所谓"绝对幸福"，也具体地表现在这样的态度之中。说是"绝对幸福"，并不是指没有任何痛苦和烦恼的所谓的真空状态。本来就没有永远的、只有快乐的梦幻的世界。既然是活生生的人，当然就会有喜怒哀乐。不过，不是受喜怒哀乐的摆弄、支配，而是能像享受冲浪运动那样去享受它。这样的境界就称为"绝对幸福"。

我坚信人生真正的成败是在最后。我希望人们能通过建设、成长和钻研，使自己宝贵的一生每天都过得真正有价值。

4. 推荐书目

（1）马丁·塞利格曼. 持续的幸福. 浙江人民出版社，2012.

（2）埃伦·兰格. 专念学习力. 浙江人民出版社，2012.

（3）吉尔伯特. 撞上快乐. 中信出版社，2007.

第十章

时间管理：构建时间城堡

- 一、为什么需要时间管理
  - （一）大学新生的常见困惑
  - （二）时间管理能带给我们什么
- 二、什么会影响时间管理
  - （一）目标
  - （二）干扰
  - （三）拖延
- 三、如何实现时间管理
  - （一）从了解自己开始
  - 知识链接——渔夫的誓言
  - 知识链接——生命的清单
  - （二）进行时间分配的原则
  - （三）克服潜在的困难
- 四、时间管理练习曲
  - 知识拓展
    1. 网络课堂
    2. 经典电影——时间规划局
    3. 美文赏析——暗时间
    4. Zen To Done：养成十个好习惯

第十章 时间管理：构建时间城堡

一、为什么需要时间管理

（一）大学新生的常见困惑

案例 1：

"大学生活好无聊！"

小河是大一新生，进了大学以后，发现大学生活和想象的完全不一样。之前以为大学生活很自由，很令人向往，但实际上却很无聊，上课的时候去不同的教室，下课了各走各的。到了寝室，有时看看舍友玩电脑，有时只能躺在床上睡觉。久而久之，觉得生活很无聊，没意思，对学习也失去了兴致，不知该怎么办。

咨询分析：大学生活和高中时代最显著的差别在于自我管理能力的培养。在大学期间，失去了老师和家长的约束，很多同学会感到不习惯，不知道自己该干什么。建议学会规划自己的生活，把每天的时间合适地分配到学习、人际交往、运动等内容上。另外，还可以选择参加一些社团活动，丰富自己的课余生活，并每天保持适当的体育运动。

案例 2：

"我的时间不够用！"

小翔的性格外向，在开学初就加入了2个部门和2个社团协会。小翔的日程每天都很满，特别是部门的事情很繁杂，有时忙得连吃饭的时间都没有。开始的时候，小翔觉得很充实，时间长了，发现自己的精力已兼顾不上，不能把每件事都做到最好。小翔很苦恼，自己很努力，但是还是没办法把事件做到最好，怎么办？

咨询分析：时间是有限的，人的精力也是有限的，所以在进行时间分配的时候，我们需要按照事情的重要性程度进行，而不是按时间的紧急程度。先把重要的事情做完，或把重要的任务安排在你效率高、干扰少的时间段。然后，利用时间表中的零碎时间做一些不重要的、细碎的工作。另外，还要正确评估自己的能力，对于自己精力兼顾不上的事情，要学会拒绝或者建议分配给其他同学。

（二）时间管理能带给我们什么

时间管理，准确地说我们并不能管理时间，我们所能管理的是在我们的生活中所有与时间有关的事件。我们常会希望有更多的时间，但每个人一天中只有 24 小时，1 440 分钟，86 400 秒。

富兰克林曾说："时间等于金钱。"和金钱一样，时间也是有价的，是有限的。我们必须更加有效地使用时间，这样会给我们带来许多改变。例如，更高的效率，更充沛的精力来应对需完成的任务，更少的压力，有能力去做想做的事情，能更积极的对待他人，有更好的自我评价。

二、什么会影响时间管理

（一）目标

只有当你确定了努力的方向和目标时，你才能决定应该如何安排你的时间。目标的设定为我们的时间管理提供了路线图。

目标的设定就是在今天决定你 6 个月、1 年或者 5 年后，你想要在哪里，想要做什么。

思考 1：你的目标是什么？短期内你希望达成什么愿望？长期来说，你希望你的人生是什么样子？

思考 2：你打算怎样让自己从现状出发去实现自己的理想？你实现理想的步骤和措施是什么？

在你对近期和远期的生活有一个愿景的时候，你才能知道你必须采取哪些步骤，以及你需要给每个步骤分配多少时间。下面我们看一下小吉做的"目标—步骤—时间分析"的例子，在这个例子里，你可以看到目标与时间相互连接的过程。

小吉的目标是在大三的第一学期平均成绩达到 85 分。首先，这个目标要符合目标的四个要素：具体（平均成绩 85 分）、有时间范围（第一学期）、很现实（她有这个能力）、很重要（对小吉而言）。

大三的第一学期，小吉会上 12 个学分的课程。按一个学分 1 小时算，这就意味着她每周要上课 12 个小时。按小吉的想法，要想拿到平均成绩 85，每个学分除了在课堂上课 1 小时，还需要在课堂之外花 2.5 个小时的时间。这 2.5 个小时包括做课堂作业和为应付考试和测验所做的准备、阅读和学习。这就意味着每周还需要用去另外的 30 小时（12×2.5）。

因此，小吉的总学习时间为 12+30＝42 小时。

然后，小吉列出了每周需要进行的所有其他活动，以及她为每项活动安排的时间（表10-1）。

表10-1 小吉的活动安排表

活动内容	时间/h
上课	12
课外学习	30
睡觉	56
洗澡、穿衣、吃饭、交通	20
运动	20
和朋友在一起	15
电话、上网	8
其他杂务	12
总计	173

小吉需要的总小时数为173小时，而不幸的是，我们每周的时间只有168小时。时间分析告诉小吉，如果想要实现她的目标——达到平均成绩85分，她必须在时间分配上做出改变。也许，她不得不睡得少一些，或者减少交通的时间，或者减少与朋友在一起的时间等。

从这个例子中可以看出，不论你的目标是什么，你都需要采取一些行动来实现它。而这些行动都需要花费时间。你的时间足够吗？

（二）干扰

你有没有遇到过这种情况，当你专心坐在电脑前面，准备写论文。突然，你的同学一个电话过来，约你出去玩；QQ滴滴滴的响起；手机弹出一条短信，是辅导员发来的，要你做一份活动计划。当你花 a 分钟——顺利处理完这些事情后，你写论文的思路可能已经被中断了无数次，于是，你不得不再花 b 分钟找回你原来的思路，如果思路找错了，你又得花 c 分钟来纠错。于是，干扰给你带来的额外时间损失就变成了 a+b+c 分钟。

日本专业的统计数据指出："人们一般每8分钟会收到1次打扰，每小时大约7次，或者说每天50~60次。平均每次打扰大约5分钟，总共每天大约4小时，也就是约50%的工作时间（按每日工作8小时计），其中80%（约3小时）的打扰是没有意义或者极少有价值的。同时，人被打扰后重拾起原来的思路平均需要3分钟，总共每天大约就是2.5小时。根据以上的统计数据，可以发现,每天因打扰而产生的时间损失约为 5.5 小时,按 8 小时工作制算,这占了工作时间的 68.7%。"

(三) 拖延

帕金森经过多年调查研究发现,一个人做一件事所耗费的时间差别很大。我们可以在 10 分钟内完成购物行为(如买菜),也可以花半天时间;过年的时候,我们可以在 15 分钟内寄出一叠贺年卡,但若是我们无所事事,为朋友寄贺年卡,也可以足足花一整天:选择漂亮的卡片花 2~3 个小时,琐事干扰花 2~3 个小时,写问候的话花 1 个小时……特别是在学习中,各种学习任务会自动膨胀,占满一个人所有可用的时间,如果时间充裕,他就会放慢工作节奏或是增添其他项目以便用掉所有的时间。

古谚有云:"拖延是偷走时间的窃贼。"许多拖延者发现拖延似乎有生命,就像坐过山车一样,情绪随之起起落落,虽然我们想要事情有所进展,但是最终却不可避免地慢了下来。当我们开始有了一项新的任务,并努力想要完成它,在这个过程中,一连串的思绪、情感和行为波动影响了我们,我们称之为"拖延怪圈"(图 10-1)。

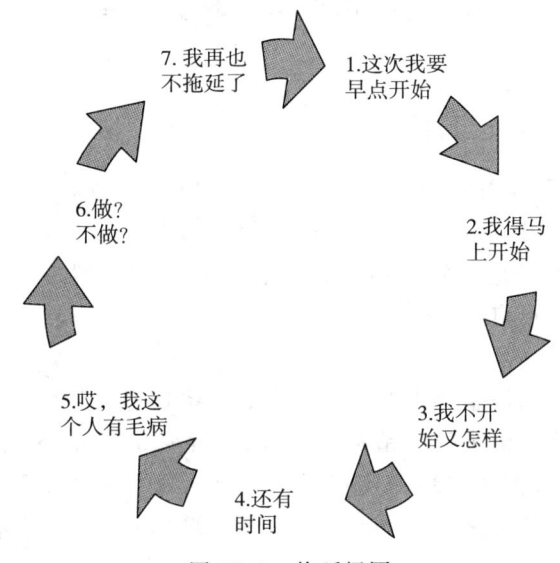

图 10-1 拖延怪圈

对此,每个人有不同的体验。你或许在几个星期、几个月,甚至几年时间都挣扎在这个怪圈当中。

拖延是导致时间消失的主要原因之一。我们要注意是哪些任务总是被拖延，然后寻找这些任务的共同特征。如果可能，可以尝试以下做法：

（1）能不能把学习任务切割分成许多部分，从某些不是那么抵触的地方入手，改变学习的方法使其更易完成。一个简单的规则是，先完成自己不喜欢的事。马克·吐温说过的一句话：假如你每天早上的第一件事就是生吃一只青蛙，接下来的一天就会过得比较顺利，因为你很清楚这可能是一整天之中最糟的事情了。当不愉快的事情做完后，就可以集中精力做自己喜欢的事。否则，放在一边的事情一直挂在心上，会使你分心，让你无法有效地做喜欢的事。

（2）给自己奖励。例如，可以在完成了不喜欢的工作后奖励自己多休息一会儿，或给自己买个许久没有舍得买的东西鼓励一下自己。

（3）重新设计自己的学习环境。把学习环境设计得可以帮助你开展学习，将分心减到最低程度。

（4）逼迫自己面对它十分钟。先不要求多，强迫自己花几分钟做这个不太喜欢的事情。也许一开始了，你会发现事情并不是想象中那么难做或者让人讨厌。正所谓"万事开头难！"

三、如何实现时间管理

（一）从了解自己开始

虽然每个人每天的时间数量是一样的，但是由于每个人拥有的资源不一样，会造成我们拥有的时间质量不一样，如能力、智力、抱负、精力、激情、态度等。所以，更好地了解自己的精力、时间管理类型、目标、价值观和动机，这能帮助我们更有效地管理时间。

1. 生物钟

本世纪初，英国医生费里斯和德国心理学家斯沃博特同时发现了一个奇怪的现象：有一些病人因头痛、精神疲倦等，每隔23天或28天就来治疗一次。于是他们就将23天称为"体力定律"，28天称为"情绪定律"。20年后，特里舍尔发现学生的智力是以33天为周期进行变化的，于是他就将其称为"智力定律"。后来，人们就将"体力定律"、"智力定律"和"情绪定律"总称为生物三节律。

一个人从出生之日起，到离开世界为止，生物三节律自始至终没有丝毫变化，而且不受任何后天影响。三种节律都有自己的高潮期、低潮期和临界日。当人处于这些循环的高潮期时，人们的行为就会处于最佳状态，体力旺盛、情绪高昂、智力开阔；当人处于这些循环的低潮期时，则体力衰减、耐力下降、情绪低落、心神不宁，反应迟钝、智力抑制、工作效率低。

每个人都有自己的高峰期和低谷期，对于时间管理而言，非常重要的一点是：找到你充满创造力的时光，用尽一切办法留住它。在这段时间里，安排最重要的、最艰巨的事情，或需要你全身心投入的事情。另外，还要找到你死气沉沉的时间。在这段时间里，可以安排锻炼和那些平淡无奇的事情，或者去做那些你不需要以最好的精力去做的事情。即使是在一天之中，每个人的工作效率也有所不同。例如，小白正好是早起的"百灵鸟"，早晨5时—6时是她"飞"得最欢的时刻，即精力最好的时刻，到了晚上9时—10时的时候，是她最困倦的时候；而小岚是典型的"夜猫子"，她讨厌在早晨工作，在夜深时工作效率最高。为了提高工作效率，我们必须把时间空当和精力匹配起来。

当然，我们也可以采取措施来优化自己的能量水平。我们必须拥有一个健康的生活方式，这不仅可以使你延长寿命，还可以提高你的学习能力，因为当你的能量等级处于一个较高的水平时，你就可以将你没有成效的时间转化为富有成效的时间，从而创造出更多的时间。

2. 时间管理类型[①]

每个人都有自己的时间盲区。前提是首先要了解自身。最近的一项研究确定了4种时间安排的类型。请根据以下的测试，找出与你最相像的类型，确定你的长项和短项。

（1）你请朋友来家里吃晚饭。你打算亲手给她做一道美味的烤鸡翅，但不幸的是你把鸡翅烤坏了。你会：

■开始重新烤鸡翅，在整个晚餐进行当中，你都需要不停地起身查看烤鸡翅的进度。

▲打个电话给来吃饭的另一个朋友，让她到卤味店买一份鸡翅，反正她顺路。

★自己到卤味店去买，可能朋友来时你不能在家迎接他们。

●翻翻柜橱里，看看还有没有剩下的鸡翅，可以加工一下，希望口味还成。

（2）今天是大扫除的日子，你会采取以下哪项措施：

★大家都出去，你一只手拿着吸尘器，另一只手握着拖把。你宁愿自己收拾一切，否则，你肯定再也找不到需要的东西。

---

① 看一看，你是哪种时间管理类型. 父母必读，2005.1.

第十章 时间管理：构建时间城堡

■特别行动小组开始战斗！全家每个成员手里都拿着任务单，没有一分钟的时间可以浪费，一切都要干净整齐。

●吸一吸地，把几张废纸扔进垃圾桶，收拾完毕，因为你不是热衷收拾整齐的人，习惯于在混乱中找到你需要的东西。

▲你先收拾书柜，发现了一个装着旧信的盒子，便开始读起来。晚饭时分，你只收拾了一半。

（3）忙得不可开交时，你的第一反应是：

●先做最紧急的。

★把一切都放在一起，连滚带爬地做。

▲打电话找援兵。

■幸亏这不是经常发生的，否则，真令人惊慌。

（4）下午快下课时突然有个会议，没有人去快递点拿包裹。你将采取的行动是：

▲翻阅自己的通讯录，想找一位朋友先把包裹拿了，等你开完会再回去找他拿。

●你参加会议，下次再去拿。

■学期初你就和某个朋友商量好，有你的包裹就先放在他那，等有空了过去拿。

★你一定要先把包裹拿了。

（5）对于你来讲，理想的工作室是：

■有运作空间，每件东西都在各自的位置上。

▲开放空间，你可以和同事交流。

●一个很大的桌子，你可以在上面铺开你的文件，可以挂照片和图画，小胶条可以贴得到处都是。

★一个你自己的工作室。

（6）你在超市，跟每次一样：

★你总是不敢确定家里是不是还有洗衣粉。

●你买了很多的东西，尤其是速冻食品。这也正是你的诀窍，这样，一周都不用烧菜了。

■你把所缺的东西列出单子，一眨眼的工夫，统统搜罗齐，到柜台结账。

▲在柜台边，你遇到了一个熟人，你们聊了半个小时，你的购物车还一直是空的。

（7）对你来说，一切都安排好的人是：

■能预料到一切，计划得天衣无缝的人。

★只靠自己，这是唯一能够保证一切都做得很好的人。

●会对付一切，发生意外毫不恐惧的人。

▲有很好的网络，可以让网络良好运作的人。

（8）对你来说，一个不会安排的人是：

●像你一样的人。

▲出现问题或意外时，不知道如何沟通的人。

■无法独立生存的人。

★不得不时时依靠别人的人。

（9）长假快到了，你这样安排自己的假期：

■跟每年一样，提前很长时间你就计划好一切。

▲打算和昔日里没有时间见面的朋友们好好聚一聚，叙叙友情。

★确定一个旅游地点，并且替全家预定好酒店，路上的具体安排都要听从你的指挥。

●怎么，又到假期了？时间过得真够快的！当你向旅行社询问旅游路线的时候，听到的都是"对不起，名额已满"的答复。

（10）在你眼里，这些价值哪个最重要：

★主动性。

▲合群性。

●创造性。

■责任感。

确定你得到最多的符号，这个符号就是你的时间管理类型。

▲型——人际关系型。对你来说，关键是交流。你喜欢出席社交场合，你的人际关系也很不错。不过，要注意，这种类型也会有不良的一面。因为它是建立在彼此关系的基础上的，而且，广交好友的愿望可能会分散你一部分精力。

建议：确定你真正的当务之急。你有东一榔头、西一棒子的趋势，抓不住重点。对你来说，首先要明确重点在哪里（家庭、学习、社会、娱乐等），然后来安排你所要花费的时间。

一周的安排要充分考虑到生活的四大主要领域：

（1）学习领域：花在学习上的时间。

（2）社会领域：和朋友、同学在一起参加社交活动的时间。

（3）家庭领域：和父母在一起的时间。

（4）个人领域：自己的文体活动和放松时间。

要知道自己一周中在每个领域所要花费的时间，可以先问自己以下3个

第十章 时间管理：构建时间城堡

问题：

（1）我愿意优先考虑哪个领域？

（2）我是不是对某个领域过于投入？

（3）如果是，采取什么样的具体措施，以满足优先领域的需求？

然后，确定你想在每项领域里花费的时间。这样你就可以成为理想的人际关系型。

■型——计划型。对你来说，关键是和计划相协调。你一字字地按照日程行事，厌恶意外情况的发生。你对自己要求很高，不允许自己出错。不能接受没有计划的事情，因为你认为这是一种无能的表现。因此，你可能会有一种比较大的压力感。

建议：接受现实的标准。很有必要对你的严格提出质疑。目标是相对的，不是所有的事情都要马上做！例如，我们打扫家里的卫生这件事就很具有启发性，除了基本的卫生之外，保持家里的极度干净整洁和舒适会花去妈妈大部分时间，而且妈妈还会感觉很疲劳甚至有些怨言。所以，我们需要考虑一下是否有必要让家里一尘不染。这就需要重新制定干净的尺度。干净的家并不意味着整洁得像一枚新币一样。为此，你要列出你必须要做的家务和确定真正的重点：如果我没有马上完成这个家务，又会怎么样呢？如果我不是每天都吸地，又会如何呢？

●型——创造型。对你来说，一切都建立在创新的能力上。你相信自己的反应和创造能力。你拒绝按部就班，紧急事件会激发你的热情。注意不要上瘾，人们不应该混淆重要性和急迫性。急迫性给人一种强烈的下命令的感觉，人们会很快成为它专制的俘虏。

建议：制定可靠的日程表。为了走出紧急事务的漩涡，赢得自由的有质量的时间，你要学会更好地计划，并制定有效的日程表。日程表要清楚地用铅笔书写在空白的记事本上，其中记录着学习和私人生活。所有的活动都在本上记录，如学习、社团会议、正在进行的项目、打篮球的时间以及与朋友的聚餐等。每一项活动（包括约会）的开始和结束时间都应记录下来。在一天中不要忘记给自己留出一刻钟的休息时间。在预计到可能有意外事件发生时，应在自己的日程中留出额外的时间（理想的是一周两个半天或者一整天自由的时间）。

★型——个人化型。你同社会的关系是非常个人化的，你只依靠自己，只有你亲自出马才能保证成功。你会自己组织，你把一切都放在自己肩上，但是，微小的疏漏可能都是致命性的。一个大包大揽的母亲很难下放权力，她不相信别人，更不愿向别人求助。

建议：寻找问题的具体答案。你只依靠自己，没有人会帮助你，你常处于紧张状态。此时你可以具体地想想你经历的事情。例如，我经常买双份的东西，我常常忘了付账，我丢了好几次钥匙……然后寻找可行的解决办法（列出购物表、设置一个专门放账单的抽屉等）。想着找一个本，把所有脑子里想的东西写在本上，并注明日期。

要知道有两个办法是永远不会有效的，一个是抱怨，另一个是像殉难者似的。以做家务为例，如果你对让别人帮忙的想法感到自责，你也应该想到每个生活在家庭中的成员都有做家务的义务。根据另一半的长项，让他们力所能及地共同分担家务，也许正是一个和睦而温馨的家庭的标志。

3. 找寻自己的方向

众所周知，当你明确你想要做某一项事情的时候，会更容易保持注意力。例如，某个女生想要减肥，那么她可能会严格地控制自己的饮食或者坚持锻炼计划。但是，如果她3个月后要参加晚会表演，她可能就会更有动力去坚持自己的锻炼计划。

每个人对于自己的未来都有不同的梦想和目标，但是，为了能更快地实现，一个清晰的、明确的、有时间限制的目标是必需的。想想5年之后，10年之后，或者一年之后的今天你在哪？这些都是你的目标，你可不想一直待在你现在的位置，但明确你的真正目标是一件困难的事情。

很多人认为设定人生目标就是找一些遥遥无期的梦想，但永远不会实现。这通常被看成是预言，因为这些目标没有被足够详细的定义，始终只是一个目标，而没有相应的行动。

知识链接——渔夫的誓言

古时有个渔夫，是出海打鱼的好手。可他却有一个不好的习惯，就是爱立誓言，即使誓言不符合实际，八头牛都拉不回头，他总是将错就错。有一年春天，听说市面上的墨鱼价格最高，于是便立下誓言：这次出海只捕墨鱼。但这一次鱼汛所遇到的全是螃蟹，他只能空手而归。回到岸上后，他才得知在市面上螃蟹的价格最高。渔夫后悔不已，发誓下一次出海一定要只打螃蟹。

第二次出海，他把注意力全放到螃蟹上，可这一次遇到的却全是墨鱼。不用说，他又只能空手而归了。晚上，渔夫抱着饥饿难忍的肚皮，躺在床上十分懊悔。于是，他又发誓，下次出海，无论是遇到螃蟹，还是遇到墨鱼，他都要捕捞。

第三次出海后，渔夫严格按照自己的誓言去捕捞，可这一次墨鱼和螃蟹他都没有见到，见到的只是一些马鲛鱼。于是，渔夫再一次空手而归……

第十章 时间管理：构建时间城堡

渔夫没有赶得上第四次出海，他在自己的誓言中饥寒交迫地死去了。

当然，这只是个故事而已。世上没有如此愚蠢的渔夫，但是却有这样愚蠢至极的誓言。

许多时候，目标与现实之间存在着一定的距离，需要我们根据实际情况做出适当的调整，绝不能为了不切实际的誓言和愿望活着。

定义自己的目标是一件需要花费很多时间仔细考虑的事情。下面的步骤可以帮你开始这样的旅程：

（1）确定人生目标的清单。人生目标是一件重要的事，它是可以达到的。因此，什么是你真正想去完成的事情？什么事情你如果不去做就会后悔一生？这些都是你的目标，请把每个这样的目标用一句话写下来。

（2）设定一个截止时间。这就是你的10年计划、5年计划，还有你的1年计划。

（3）描绘你达到每一个人生目标的详细旅程，这才是最吸引人的部分。对于每一个人生目标，都可按照下面的步骤来处理：

① 把每个人生目标单独写在一张白纸的顶端。

② 获取资源：在每个目标下面写上你要完成这个目标所需要的，但目前你又没有的资源。这些东西可能是某种教育、专业知识或技能等。

③ 行动：这个可能是一个检查清单，这是你可以完成目标的所有确切的步骤。

④ 完成时间：对于那些没有确定年限的目标，考虑一下你想要在哪一年完成它并以此作为年限。

⑤ 时间进度表：你可以按照这个预定进度去完成你的目标，可以按周、月、年。在一年的结尾，应回顾你在这一年里面所做的，划掉你在这一年里面已经完成的，写下你在下一年要去完成的。

有些目标可能你需要花很多年的时间，如婚姻，因为你先要去找一个结婚对象，但你最终会达到你的目标，因为你不但计划好了你要得到什么，并且也计划好了要如何去得到，以及在得到之前你要做哪些事情。

知识链接——生命的清单[①]

1944年某个下雨的午后，一个15岁的少年坐在洛杉矶家中的饭厅里。奶奶和婶婶坐在他的旁边，边喝茶、边聊天。奶奶对婶婶说："如果我年轻的时

---

① 生命的清单（十五岁少年约翰·戈达德）：http://www.360doc.com/content/12/0410/18/863258_202551212.shtml

候做了这件事……"

少年听到这里,便下定决心:"以后我可不想后悔地说:如果我年轻的时候这么做……"

于是,少年拿起笔,在一张黄色的纸上写下"我的梦想目录",把自己一生想做的事情、想去的地方、想学的东西一一记下来。稍微努力就能实现的和看起来几乎不太可能实现的,他都列出来了。少年总共写下了127个梦想。他每天去哪都带着自己的梦想目录,只要一有时间他就拿出来看,一边还想象着自己实现梦想的样子。

他把自己的每个梦想珍藏在心中,从容易实现的开始一个一个地征服。但看起来可以实现的梦想,真正实现起来却非常不容易。例如,用打字机打字1分钟要达到50个单词、写一本专著等不仅要非常努力,并时刻把握机会才能实现,还要收集各种信息和学习通过什么途径才能实现梦想。每实现一个梦想,他都会在梦想目录的相应条目中涂上颜色,脸上带着微笑,感受实现梦想带来的成就感。在他坚持不懈的努力下,到1972年他已经实现了103个梦想。这个人就是约翰·戈达德(John Goddard)。

1972年,约翰·戈达德找到当时最有名的杂志LIFE,说了他的梦想目录。LIFE杂志把他的故事刊登出来,创造了杂志社历史上销售量第一的纪录。当时人们购买的不是LIFE杂志,而是一个男人的梦和他关于实现梦想的艰难历程。

约翰·戈达德说:"我不愿意过墨守成规的生活,我希望不断挑战极限,就像雄鹰一样。通过这些经验,我感受到了付诸实践所具有的意义和人生的价值。很多人在不知道伟大的勇气和忍耐是什么的情况下,走完了一生。但正是在死亡这个极限情况下,人们会突然明白潜藏在自己身上的巨大力量。好好回顾一下自己走过的路,然后想想'如果我再多活一年,我会做什么'。每个人心中都有自己想做的事情,不要拖延,现在就行动吧。"

(美国探险家:约翰·戈达德)

附:约翰·戈达德的127个目标(注:"*"表示已经完成的目标)

探险:

1* 尼罗河
2* 亚马孙河
3* 刚果河
4* 科罗拉多河
5 长江
6 尼日尔河
7 奥里诺科河(委内瑞拉)
8* 科科河(尼加拉瓜)

在以下地点学习原始文化:

9* 刚果
10* 新几内亚
11* 巴西
12* 婆罗洲
13* 苏丹(约翰差点被一场沙暴活埋)

第十章 时间管理：构建时间城堡

14* 澳大利亚
15* 肯尼亚
16* 菲律宾
17* 坦噶尼喀
18* 埃塞俄比亚
19* 尼日利亚
20* 阿拉斯加

攀越：

21 珠穆朗玛峰
22 阿空加瓜峰（阿根廷）
23 麦金利山
24* 瓦斯卡兰山（秘鲁）
25* 乞力马扎罗火山
26* 亚拉拉特峰（土耳其）
27* 肯尼亚山
28 科克山（新西兰）
29* 波波卡特佩特火山（墨西哥）
30* 马特峰（法国）
31* 雷尼尔山
32* 富士山
33* 维苏威火山
34* 婆罗摩（爪哇岛）
35* Grand Tetons（美国）
36* 鲍尔迪山（加拿大）
37 完成医药与探险事业（在原始部落中学习了治病方法和预防）
38 去遍世界上的每一个国家和地区（目前还剩30个）
39* 学习印第安语和霍皮语
40* 学开飞机
41* 在玫瑰花车大游行中骑马

摄像：

42* 伊瓜苏瀑布（巴西）
43* 维多利亚瀑布（津巴布韦，在拍摄过程中被一只疣猪追赶）
44* 萨瑟兰瀑布（新西兰）
45* 优诗美地瀑布（美国加州）

46* 尼加拉大瀑布
47* 重走马可波罗与亚历山大大帝曾走过的路

水下探险：

48* 佛罗里达的珊瑚礁
49* 大堡礁（澳大利亚，拍到了一个300磅重的蛤）
50* 红海
51* 斐济群岛
52* 巴哈马群岛
53* 到奥克弗诺基沼泽和佛罗里达大沼泽地探险（美国）

旅游：

54 南极和北极
55* 中国长城
56* 巴拿马运河和苏伊士运河
57* 复活节岛（智利）
58* 加拉巴哥群岛（厄瓜多尔）
59* 梵蒂冈（约翰在那里见到了天主教教主）
60* 泰姬陵
61* 埃菲尔铁塔
62* 蓝洞（马耳他）
63* 伦敦塔
64* 比萨斜塔
65* 圣井（墨西哥奇琴伊察）
66* 攀登位于澳大利亚的艾耳巨岩
67 顺着约旦河沿着加加利海到死海

在以下地方游泳：

68* 维多利亚湖
69* 苏必略湖
70* 坦葛尼喀湖
71* 的的喀喀湖（南美）
72* 尼加拉瓜湖

完成以下目标：

73* 成为一名鹰级童子军
74* 乘坐潜水艇潜入海底

75* 自己开飞机在航空母舰上起飞降落
76* 驾驶滑翔机、热气球和小型飞艇
77* 骑大象、骆驼、鸵鸟和野马
78* 赤身潜水至水底40英尺并憋气2分30秒
79* 抓一个10磅重的龙虾和10英尺长的鲍鱼
80* 学吹笛子和拉小提琴
81* 一分钟内打字50个
82* 跳伞
83* 学会在水上和冰上滑行
84* 为教堂传道
85* 穿越John Muir Trail（世界十大徒步路线之一）
86* 学习地方医术并带回使用的医疗技术
87* 拍摄大象、狮子、犀牛、猎豹、非洲野牛和鲸
88* 学会围栅栏
89* 学柔道
90* 教授一个大学课程
91* 在巴厘岛参观火葬仪式
92* 探测海洋深度
93 参演《人猿泰山》（他认为这只是个少年白日梦）
94 养马、黑猩猩、猎豹、小豹猫和郊狼
95 成为一名无线电报务员
96* 自己制造一台望远镜
97* 写一本书（已出版《尼罗河之旅》）
98* 在《国家地理杂志》上发表文章
99* 跳高达5英尺
100* 跳远达15英尺
101* 在5分钟内跑完1 600米
102* 除去衣物体重为175磅
103* 连续做200个仰卧起坐和20个引体向上
104* 学习法语、西班牙语和阿拉伯语
105 在科莫多岛上研究
106* 拜访外公Sorenson在丹麦的出生地
107* 拜访爷爷Goddard在英国的出生地
108* 在船上当一回水手
109 读完《大不列颠百科全书》（目前他已读完了每一卷的大量内容）
110* 从头到尾读完《圣经》
111 读莎士比亚、柏拉图、亚里士多德、狄更斯、梭罗、爱伦坡、卢梭、培根、海明威、马克·吐温、巴勒斯、康拉德、Talmage、托尔斯泰、朗费罗、济慈、惠蒂埃和爱默生的作品
112* 熟悉巴赫、贝多芬、德布西、易白尔、门德尔松、Lalo、李姆斯基-高沙可夫、雷斯皮吉、李斯特、拉赫玛尼诺夫、史塔温斯基、Toch、柴可夫斯基、威尔第的音乐作品
113* 熟练地掌握飞机、摩托车、拖拉机、冲浪板、来福枪、手枪、独木舟、显微镜、足球、篮球、弓箭、套索和回飞镖的操作技术
114* 作曲
115* 用钢琴演奏Clair
116* 观看渡火仪式（巴厘岛和苏里南）
117* 取一条毒蛇的毒液（曾被一只蛇咬到）
118* 用一只22型来福枪点燃火柴
119* 参观电影棚
120* 攀越胡夫金字塔
121* 成为"探索俱乐部"和"冒险俱乐部"的成员
122* 学打水球

123* 步行或走水路穿越大峡谷
124* 环球航行（4次）
125 访问月球（如果有一天上帝愿意的话）
126* 结婚并拥有自己的孩子（现已有6个子女）
127* 活到21世纪

（二）进行时间分配的原则

1. 重要性原则

这是史蒂夫·柯维在《高效能人士的七个习惯》一书中讲到的重要性法则。想想你的任务清单。许多人要么就是以任务出现的时间顺序排序，要么就是按照截止日期排序，但这都非常非常的不正确。看这个四象限的任务清单，如果有四类事情：重要且紧急，重要而不紧急，不重要但紧急，不重要也不紧急，分别处在左上角、右上角、左下角、右下角的四个象限中（图10-2），你觉得你应该立即去做那一类事情呢？左上角！OK，那么最后做哪一类呢？右下角！很容易。但是，之后就是每个人容易出错的时候了，第2步我们应该做哪一类呢？通常大家会说："我先做第1类，之后去做那些"紧急但不重要"的事情。"但是，那些时间管理达人会说："噢，这件事很急，但并不重要。我得先去做更重要但不紧急的事。"如果有一天，你也能对自己说："嘿，这个事情快到期了，但并不重要，我不会去做它。"那么，犹如魔法一般，你会有时间去做那些不紧急但重要的事情。这样做的好处在哪呢？好处是在下周这些"不紧急但重要"的事情不会到达第一象限，因为你已经把它完成了。当你解决了下周到期的某件事情的时候，与明天就要到期的事物不同，你没有时间上的压力。突然你就会感觉自己能掌控时间。

	紧急	不紧急
重要	1	2
不重要	3	4

图10-2 任务清单

曾经有这样一个故事：有3个人要被关进监狱3年，监狱长允许他们每人一个要求。美国人爱抽雪茄，要了3箱雪茄；法国人最浪漫，要一个美丽的女子相伴；而犹太人说，他要一部与外界沟通的电话。3年过后，第一个冲出来的是美国人，嘴里鼻孔里塞满了雪茄，大喊道："给我火，给我火！"原来他忘了要火了。接着出来的是法国人，只见他手里抱着一个小孩子，美丽女子手里牵着一个小孩子，肚子里还怀着第三个。最后出来的是犹太人，他紧紧握住监狱长的手说："这三年来我每天与外界联系，我的生意不但没有停顿，反而增长了200%，为了表示感谢，我送你一辆劳斯莱斯！"

这个故事告诉我们，什么样的选择决定什么样的生活。今天的生活是由三年前我们的选择决定的，而今天我们的抉择将决定我们三年后的生活。我们要选择接触最新的信息，了解最新的趋势，从而更好地创造自己的将来。

在构建你的时间系统时请注意下面几点：

（1）安排固定项目。首先从工作或上课时间开始。这些时间段通常是事先就固定的。其他的活动必须围绕它们进行。然后安排每天的日常活动，如睡觉和吃饭。把固定的项目安排完以后，你可以看到还剩哪些时间供你支配。注意在项目之间安排休息间隔。

（2）根据你的生物钟安排时间。把重要的学习任务安排在你效率高、干扰少的时间段。

（3）把较大的学习任务分割。分割的好处在于，首先，你明确了完成整个学习任务的各个步骤，只要循序完成各小块就能成功，畏难情绪会减轻；其次，把一个学习任务拆分为若干块，可以使你的进度显得更显著，并能多次体会达到目标的喜悦；再次，较小的任务段易于估计时间，从而加强对完成时间的控制。

（4）充分利用零碎时间。

（5）为每件事情设定明确的起止时间。

（6）留出充分的休息和娱乐时间。制订一个切实可行的计划，就应该为生活中真实的你"度身定做"，预留出你需要的休息和娱乐时间，使你保持良好的状态和愉快的心情。否则，执行的时候会不断打乱计划，不但没有节省时间，反而使其他事情也脱离预定轨道。

（7）留出机动时间，不要把所有的时间都填满，以便为突发事件预留时间。

2. "二八"法则

早在1897年，一名意大利经济学家在从事经济学研究时，偶然发现19世纪英国人的财富和收益模式，他的研究成果就是后来举世闻名的"二八"法则，而这位著名的经济学家就是帕累托。

此法则是指在众多现象中，80%的结果取决于20%的原因，如80%的劳动成果取决于20%的前期努力。这意味着，你生活中的少数几件事，却有很重要的价值。假如你是个销售员，你的80%利润来自于20%的客户，你应该凭借自己的经验，判断出谁属于这20%，从而将大部分时间花在与这些客户打交道身上，因为他们才是利润的来源。这样你将看到，某些事能带来价值，而其他的某些事不能带来价值，此时你必须要有勇气把那些不重要的事情放下。

另外要记住，获得经验需要时间，这些经验真的非常非常宝贵，也再没有其他捷径来获得它们。好的决定源自经验，而这些经验也许正源自不好的决定。因此，当事情不顺利的时候，可能就意味着你将从中学到很多。

（三）克服潜在的困难

1. 克服干扰

有一位父亲带着三个孩子，到沙漠去猎杀骆驼。他们到了目的地后，父亲问三个孩子："你们看到了什么？"老大回答："我看到了猎枪、骆驼，还有一望无际的沙漠"。父亲摇摇头说："不对。"老二回答："我看到了爸爸、大哥、弟弟、猎枪、骆驼，还有一望无际的沙漠"。父亲又摇摇头说："不对。"老三回答："我只看到了骆驼。"父亲高兴地点点头说："答对了。"

一个人若想走上成功之路，首先必须有明确的目标。目标一经确立之后，就要心无旁骛，集中全部精力，勇往直前。

我们都知道，将太阳的光线聚焦在一张纸上会发生什么——能够集中热量。当你将所有的精神能量集中于处理某项任务或者挑战的时候，同样的事情将会发生。这就是专注的力量。

如果你想做到集中注意力，那么就必须排除那些让你分心的事——也就是那些可能使你注意力分散的干扰因素。

2. 克服拖延——破窗与小花理论

1969 年，美国斯坦福大学心理学家飞利浦·辛巴杜（Philip Zimbardo）曾在做过这样一项试验：他找来两辆一模一样的汽车，一辆停在比较杂乱的街区，一辆停在中产阶级社区。他把停在杂乱街区的那一辆的车牌摘掉，顶棚打开，结果一天之内就被人偷走了。而摆在中产阶级社区的那一辆过了一个星期也安然无恙。后来，辛巴杜用铁锤把摆在中产阶级社区的这辆车的玻璃敲了个大洞。结果，仅仅过了几个小时，它就不见了。

美国的威尔森（Wilson）和凯林（Kelling）两个研究犯罪学家依循这项实验，于 1982 年提出了"破窗理论"（Broken Windows Theory），该理论认为如果环境中的不良现象放任它存在，会诱使人效仿，甚至变本加厉。例如，有人打坏了一个建筑物的窗户玻璃，而这扇窗户又未得到及时维修，路人经过后一定会认为这个地区是没人关心和没有人负责管理，别人就可能受到暗示性的纵容去打烂更多的窗户玻璃。最终，这些破坏者会闯入其他的房屋内，慢慢的，甚至会蔓延至整条街道。久而久之，这些破窗户就会给人造成一种无序的感觉。

与这个理论相反的概念是"小花理论"，该理论是说一个邋遢的年轻人，整天披头散发，房间里乱糟糟的。有一天，突然有人送给他一朵小花，他放在桌子前静静欣赏。为了这朵小花，他找到一个干净的花瓶将它放置其中。可是他发现他的桌子实在太脏了，于是他开始着手整理他的桌子。接下来他发现他乱糟糟的房间在干净的桌子前是那么的不协调，于是他也将他的房间整理干净，最后他照镜子发现自己披头散发胡须太长，于是他也将自己重新梳洗干净，最后整个人与环境都焕然一新。

破窗理论是说一个黑点不注意，最后整个白色的环境都变成了黑的，而小花理论则是指，在一个原来黑色的环境中。加入一个白点后，最后影响整个环境都变成了白色。这两个理论，一个是由黑点到全黑，另外一个是由白点到全白。但改变都不是马上出现的，它需要时间，需要坚持！时间管理也是如此，它需要方法，需要工具，但是更需要我们改变习惯，坚持下去。

拖延源自一种非常强大的物理法则——惯性。惯性法则表明，一个静止的物体将保持静止，除非受到外力的作用。一天的拖延、懒惰或开始得过且过，就会变成一个星期，然后一个月，一整年。从而你就忘记如何做时间管理，时间就从你的手中慢慢的流逝。我们可以先从坚持一天来改变你的习惯和观念，就可能会有第二天……第一个星期，第一个月，渐渐的，时间管理的方法你就可以不用去实施了。这就像早上起来刷牙、洗脸、上厕所，肚子饿了就去用餐，身体疲倦了就去休息一样自然。

四、时间管理练习曲

关于时间的管理有多种方法，这里介绍 GTD 法则。2002 年，大卫·艾伦（David Allen）出版了一本名叫《尽管去做》（《Getting Things Done》）的书。这本书要说的不是什么"要珍惜时间"之类的人生感悟，而是一套特别具体的时间管理方法，简称 GTD（搞定每一件事）。其基本思想是：把一个人所要完成的任务和事件全部从大脑中移出，并记录到纸上，这样大脑就不会被多余的事情打搅而集中于现在所需完成的事情上。

那么，我们怎样开始搞定每件事呢？

第一，释放你的大脑。把所有要做的事情分类，全部放到在另一个系统中去，你可以借助现代的科技软件，也可以直接使用纸和笔。把我们的大脑从乱七八糟的记事本功能中解脱出来，我们的大脑是用来思考的，不是用来记事的。它每天耗费了太多不必要的时间来提醒我们那些该做又没做的事情，我们的大脑应该得到解放。

第二，把"task"转化为"actions"。树立"下一步"的观念。不管是什么任务，我们要问一个问题：下一步是什么？只有这样才能把计划具体化，才能让我们随时把握该做什么，该如何去做。如此，让我们在一个期限中做某一件事的时候，我们才能做出最好的选择，并且对自己的选择满怀信心。

这就如同武术中的"起势"、"准备状态"。首先，要做到"不动心"的境界，让我们的大脑摆脱那些纷繁杂乱，在完全平静、清醒的状态下去全心全意做事件本身。

GTD的具体做法分为简单的几步：Collect（收集）、Process（处理）、Organize（管理）、Do（执行）、Review（回顾）。

（1）Collect：就是在生活中随身携带一个笔记本，尽可能地把想要做的事情记下来，如要买文件夹、要去趟医院、下午2时有工作会议等。这样我们的大脑就可以放心地扔掉这些东西了。用GTD的术语说就是我们已经把所有事项放入"Inbox"里了。

（2）Process和Organize：就是把"Inbox"中的东西快速处理，进行有效的管理，如将待办事件分类，按重要性、紧迫性、是否需要自己去做等。

（3）Do：只要5分钟内能搞定的事，就立刻做完，不拖泥带水。

（4）Review：是指必须把所有这些行动步骤（actions）系统整理，以便提醒自己和定期（每周）审查。这种审查可以使我们获得安全感。

每当你想要做事的时候，你只需要从一系列的行动列表中选择一个去做。GTD流程的根本目的就是无论在什么时候，我们都能做出最好的选择，该做什么，如何去做。这样，我们就可以远离担忧，保持平静的心态。

为了帮助我们了解该如何去做，GTD要求给每个行动都确定一个情境，也就是说在哪里做，如有一些要用电脑，有一些要在办公室做，有一些可以在家里做等。另外，还可以建立优先级，如分为高、中、低。

在开始GTD之前，我们需要做好一些心理建设：

首先，想要做好一件事都要付出努力，GTD也不例外。GTD系统并不意味着你就能神奇地摆脱拖延和懒惰，你依然需要付出努力才能使自己的系统运转良好。系统需要维护和更新。做出改变和学会一种新的行为模式是一个渐进的过程，我们都需要一个改变的阶段。

其次，GTD也需要付出时间。虽然GTD的目的在于让我们更好地管理我们的时间，但是GTD本身也需要时间去管理，如你需要花费时间去作回顾，任务清单也需要更新管理等。

最后，也是最重要的一点。你需要保持自律。GTD能帮助我们提高工作效率，但是，如果自己没办法保持自律和控制自己的惰性，经常拖延待办事项，那么，谁也没办法帮助你。

1. 网络课堂

（1）兰迪·波许：时间管理

http://v.youku.com/v_show/id_XMTk2NDUyMDIw.html

讲师介绍：美国卡内基梅隆大学的计算机科学教授，计算机语言教学软件Alice项目的创立者。

课程介绍：2006年，兰迪-波许教授被诊断患有晚期胰腺癌。次年8月，他被告知可能仅剩3~6个月的生命。于是他做出了一个影响全世界读者的决定：在自己的母校，他生前所供职的卡内基梅隆大学讲授自己人生的"最后一课"。这一课是时间管理的讲座。

（2）赵启光等：大学新生如何管理时间

http://space.tv.cctv.com/video/VIDE1252254396228885

课程介绍：时间是什么？是金钱，是效率还是生命？美国卡尔顿大学终身教授赵启光会告诉你，时间就是每个人的千军万马，驾驭好时间，就能够驾驭好人生。2009年9月6日，赵启光教授做客央视《我们》栏目，讲述大学生新生如何合理地管理自己的时间，让自己的大学学习和生活更加高效。

2. 经典电影——时间规划局

导演：安德鲁·尼科尔

主演：阿曼达·塞弗里德、贾斯汀·汀布莱克

故事发生在一个虚构的未来世界，人类的遗传基因被设定最终停留在25岁，不管他们活多久，生理特征都将保持在25岁。然而到了25岁，所有人最多只能再多活1年，唯一继续活下去的方法就是通过各种途径获取更多的时间，于是时间就成了这个世界唯一的流通货币。类似于银行的时间管理机构遍布全球，而时间管理员会像警察一样追踪记录每个人所使用和剩余的时间，一旦你在时间银行中的存额所剩无几，就将被剥夺生命。有钱人在这个世界可以追寻长生不老，而穷人们的生存则变得很艰难。因为一旦无法获得时间，那便等于宣告了一个人的死亡。

一个名叫威尔（贾斯汀·丁伯莱克饰）的穷人，却意外获得了一笔巨大的财富，拥有了用不完的时间。但是却因为此事被锁定为一场谋杀案的嫌疑人，由此走上了逃亡之路。在逃亡过程中，他绑架了时间银行的女继承人（阿曼达·塞弗里德饰），并与她迸发出了感情的火花。两人都对现有的时间

管理机制非常不满，进而联手起来对抗这个统治机构。仅凭两人之力能够推翻这个成熟的权力机构吗？

"时间就是金钱"、"时间就是生命"，道理我们都懂，可是我们往往不是陷入无聊的"消磨时光"，就是陷入忙得"没有时间"。于是我们就在两者之间摇摆着，常常忘记了我们人生的意义，更多的是看着时间匆匆地从身边流走。如果像《时间规划局》一样，当时间与我们的生命直接挂上钩，当生命直接成为货物交换的流通币，当我们需要用奔跑来争取更多时间的时候，我们又会用什么样的态度来面对不停流逝的时间呢？

3. 美文赏析——暗时间①

作者：刘未鹏

如果你有一台计算机，你装了一个系统之后就整天把它搁置在那里，你觉得这台计算机被实际使用了吗？没有，因为 CPU 整天运行的就是空闲进程。运行空闲进程也是一天，运行大数据量计算的程序也是一天，对于 CPU 来说同样的一天，价值却是完全不一样的。

大脑也是如此。善于利用思维时间的人可以无形中比别人多出很多时间，从而在实际意义上能比别人多活很多年。我们经常听说"心理年龄"这个词，思考得多的人，往往心理年龄更大。有人用 10 年才能领悟一个道理，因为他们是被动领悟——只有在现实撞到他脸上的时候才感到疼，疼完了之后还是不记得时时提醒自己，结果很快便时过境迁抛之脑后，等到第二次遇到同一个坑的时候早忘了曾经在此跌过跟头。像这样的效率，除非天天摔到坑里，否则遗忘的效率总是大过吃亏长的记性。善于利用思维时间的人则能够在重要的事情上时时主动提醒自己，将临时的记忆变成硬编码的行为习惯。

每个人的手表都走得一样快，但每个人的生命却不是这样。衡量一个人生活了多少年，应该用思维时间来计算。举一个极端的例子，如果一个人从生下来开始就待在一个为他特殊建造的无菌保护室里，没有社会交往，没有知识获取，度过了 18 年，你会不会认为他成年了？

认为时间对每个人是均等的，这是一个错觉；认为别人有一天，我也有一天，其实根本不是这样。如果你正在学习一门专业，你使用自己所投入的天数来衡量，很容易会产生一种错觉，认为投入了不少时间，其实，"投入时间"这个说法本身就是荒唐的，实际投入的是时间和效率的乘积。你可以将很多时间"投入"在一件事情上，却发现毫无进展，因为你没有整天把你要做的事

---

① 刘未鹏. 暗时间. 电子工业出版社. 2011.

情、要学习的东西常驻在你的大脑中，时刻给予它最高的优先级。你走路的时候、吃饭的时候、做梦的时候，心心念念想的就是这件事情，你的 CPU 总是分配给它，这个时候你的思维时间就被利用到了极致，你投入的时间就真正等于实际流逝的时间，因为你的 CPU 是满载的。

如果你有做总结的习惯，你在度过一段时间之后总结自己在某某领域投入了多少时间，建议千万不要粗略地去计算有多少天下班后拿起书来翻看过，因为这样你也许会发现书倒是常翻，但领悟却不见得多深，表面上花的时间不少，收益却不见得那么大。因为看书并记住书中的东西只是记忆，并没有涉及推理，只有靠推理才能深入理解一个事物，看到别人看不到的地方，这部分推理的过程就是你的思维时间，也是人一生中占据一个显著比例的"暗时间"。你走路、买菜、洗脸洗手、坐公交车、逛街、出游、吃饭、睡觉，所有这些时间都可以成为"暗时间"，你可以充分利用这些时间思考，反刍和消化平时看和读的东西，让你的认识能够脱离照本宣科的层面。这段时间看起来微不足道，但日积月累将会产生很大的效应。

能够充分利用暗时间的人将无形中多出一大块生命，你也许会发现这样的人似乎玩得不比你少，看得不比你多，但不知怎么的就是比你走得更远。例如，我就经常发现一些国外的"牛人"们为什么不仅学习"牛逼"，连"业余"玩儿的东西也都搞得特"牛逼"，一点都不业余（上次在《How We Decide》上看到斯坦福的一个牛人，理论物理学博士，同时是世界扑克大赛的前六名保持者，迄今累计奖金拿了六百多万美元），你会奇怪，这些家伙到底哪来的时间，居然可以在不止一个领域做到卓越？

程序员们都知道，任务切换需要耗费许多额外的花销，通俗地讲，首先需要保存当前上下文以便下次能够顺利切换回来，然后要加载目标任务的上下文。如果一个系统不停地在多个任务之间来回倒腾，就会耗费大量的时间在上下文切换上，无形中浪费很多的时间。

相比之下，如果只完成一件任务，就不会有此损失。这就是为什么专注的人比不专注的人时间利用效率高得多的原因。任务切换的暗时间看似非常不明显，甚至很多人认为"多任务"是件很好的事情（有时候的确是），但日积月累起来就会发现，消耗在切换上的时间越来越多。

另外，大脑开始完成一件任务的时候必须要有一定时间来"热身"，这个时间因人而异，并且可以通过练习来改变。举个例子，你看了一会儿书之后，忽然感到一阵无聊，忍不住打开浏览器，10 分钟后你想起来还要继续看书，但要回复到当时的理想状态，却需要一段时间来努力去集中精力，把记忆中相关的知识全都激活起来，从而才能进入"状态"，因为你上了 10 分钟网之后，这些记忆已经被抑制了。如果这个"热身"状态需要一刻钟，那么看似 10 分钟的上网闲逛，其实就花费了 25 分钟。

如果阅读的例子还不够生动，对于程序员来说其实有更好的例子：你写程序写得正 high，忽然被叫去开了一通会，写到一半的代码搁在那儿。等你开完会回来，你需要多久才能够重新进入状态？又或者，你正在调试程序，你已经花了 20 分钟的时间把与这个 bug 可能相关的代码前前后后都理解了一遍，心中构建了一个大致的地图。就在这时，你又被叫去开了个会，开完会回来，可想而知，又得花上一些时间来回想一下刚刚弄清的东西。

迅速进入状态的能力是可以锻炼的，根据我个人的经验，至少可以缩短到 3～5 分钟。但要想完全进入状态，却是很难在这么短的时间实现的。所谓完全进入状态，举个例子，你看了 3 个小时的书，或者调试了半个小时的程序之后，往往满脑子都是相关的东西，所有这些知识都处在活跃状态，换言之你大脑中所有相关的记忆神经网络都被激活了，要达到这样一种忘记时间流逝的"沉浸"状态（心理学上叫做"流体验"），不是三两分钟的事情。而一旦这种状态被破坏，无形间效率就会大打折扣。这也是为什么我总是倾向于创造大块的时间来阅读重要的东西，因为这样有利于"沉浸"进去，使得新知识可以和大脑中与其相关的各种既有的知识充分融合和关联起来，后者对于深刻的记忆非常有帮助。

要充分利用暗时间，不仅要能够迅速进入状态，另一个很重要的习惯就是能够保持状态多久（思维体力）。《The Psychology of Invention in the Mathematical Field》上有一段关于庞加莱的思考习惯的介绍很有代表性。庞加莱经常在去海边休假或者在路上走的时候在脑海中思索数学问题，很多时候解答就在这些时候忽然闪现。虽然我和庞加莱是没法比的，但是常常也在路上想出答案，这真是一种愉悦的体验。

能够迅速进入专注状态，以及能够长期保持专注状态，是高效学习的两个最重要的习惯。

很多人都有这样的体验（包括我自己），工作了之后，要处理的事情一下多出了很多，不像在校园，环境简单，生活单纯，能够心无旁骛地做一件事情而不被打扰。工作之后的状况就是，一方面需要处理的事情变多，导致时不时需要在多个任务之间切换；另一方面，即便能够把任务的优先级分配得比较合理，也难免在做一件事情的时候心中忽然想起另一件事还没做而产生焦虑，因为没做完的事情会在大脑中留下一个"隐藏的进程"，时不时地发个消息提醒你一下，中断你正在做的事情。

因此这里就涉及最后一个高效的习惯：抗干扰。只有具备超强的抗干扰能力，才能有效地利用起前面提到的种种暗时间。抗干扰能力也是可以练习出来的，上本科那会儿经常坐车，所以我就常常拿着本大部头的书在车上看，坐着看或者站着看都可，事实证明在有干扰的环境中看书是一个锻炼专注能力非常有效的办法。另外，经常利用各种碎片时间阅读和思考，对迅速集中注意力和保持注意力都非常有帮助。记得很久以前在Top Language上大伙曾经有一次饶有兴趣地讨论"马桶时间"的利用，包括在卫生间放个小书柜。

4. Zen To Done：养成十个好习惯①

ZTD（Zen To Done）是Zenhaibts. net基于GTD系统设定的一套更加简单的方法。ZTD系列主要介绍了时间管理的十个好习惯的培养。在培养ZTD的十个习惯时，希望你能每次只培养一个好习惯，并且坚持至少30天。

习惯1：全面收集

随身携带一个小笔记本（或者任何记录工具），用它来记录任何任务、想法、专案或者任何闪入你大脑的其他信息。你必须在忘记事情之前赶紧把信息写下来，并且尽快地把这些信息从笔记本中清除、存入任务清单中。

习惯2：快速地对信息做出决定，从而避免收件箱堆积

收件箱中原料的堆积是造成耽搁的重要原因。只有及时处理信息，对原料及时做出决定和归纳成类，你才能避免原料的堆积。我建议至少每天处理一次收件箱，从上而下地、一项一项任务地处理，就像GTD所做的一样：两分钟法则、删除、指派给别人、归档，或者放在日程表上以后做。

习惯3：设定每天、每周的最重要的事

每周，列出你需要完成的重要事件，并把它们排进日程表。每天，列出1～3个最重要的事。这样，你的每一天和每一周都被设定了目标，与其盲目地去完成那些长长的任务清单，还不如你总是在完成那些最重要、最有用的事情！

习惯4：一心一意，每次只执行一件事

执行作为一切时间管理的核心，是ZTD中非常重要的一部分。你应当在不分心的情境下，一次只执行一件事。既不要多线工作，也不要让你的工作突然中断。

习惯5：建立简单的列表，并每日查看

ZTD（简单做）建议你尽可能地维持列表简单化。不要增加复杂的系统，也不要持续尝试新工具，以免浪费时间。尽可能地使用简单的清单方式，因为

---

① http://www.mifengtd.cn/articles/10-habits-of-ztd.html.

第十章 时间管理：构建时间城堡

你注重的是如何执行任务，而非玩弄你的 GTD 系统或者 GTD 工具。

习惯6：一个存储所有信息的地方

把所有接收的信息都放入你的收集箱中，处理你的收集箱，执行任务，完成任务。在这个系统里，你永远都不应该对自己下一步该做什么有疑问。这不仅可以使你更能专心注重于工作或学习，还能避免不必要的拖延。

习惯7：每周回顾你的系统和目标

每周回顾的重要意义在于它给了你一次机会来重新整理所有的事情和检视什么是最重要的任务。每次只要集中于一个目标，并且确保它是一个你能完成的目标。

习惯8：减少你的任务清单，只留下最必要的

将你的任务列表简化到最少，只剩下最重要的任务，这样你就不需要那些复杂的计划体系了。由于 GTD 并不对任务进行优先级划分，所有的任务都被添加到一份清单中，于是这份清单就变得越来越长，而你就不得不每天都疲倦地忙碌于完成任务之中。取而代之的，ZTD 要求你不断地简化自己的任务清单，确定你的任务是最重要的。

习惯9：设定每周、每日例程

设定每周、每日例程可以使你的学习和个人生活得到极大的简化。更重要的是，能使你掌控自己的生活，而非让任务处在搁浅之中。没有日程，我们就不太容易对新进入的信息说不。因为我们总是被那些希望占用我们时间的人、吸引注意力的网站所拖住，这不是一件好事（除非你不想做完重要的事情），所以你需要掌控自己的生活，设定日程，并且跟着它走。

习惯10：做你充满梦想的事情

当你真正想去做一件事时，无论多么辛苦，你都会努力地去完成。你会付出更多的努力和抽出更多的时间，耽搁的时间也就减少了。所以，培养这个习惯正是为了持续搜寻使你保持热情的事情，使你精神饱满，动力十足。

主要参考文献

译著部分:

[1] (奥) 西格蒙德·弗洛伊德. 梦的解析 [M]. 孙名之, 译. 北京: 国际文化出版公司, 2011.

[2] (奥) 西格蒙德·弗洛伊德. 性学三论: 爱情心理学 (第2版) [M]. 林克明, 译. 南昌: 百花洲文艺出版社. 2009.

[3] (美) 安德鲁·杜布林. 心理学与人际关系 [M]. 王佳艺, 译. 北京: 中国人民大学出版社, 2010.

[4] (美) 马丁·塞利格曼. 持续的幸福 [M]. 赵昱鲲, 译. 杭州: 浙江人民出版社, 2012.

[5] (美) 泰勒·本·沙哈尔. 幸福的方法 [M]. 汪冰, 刘骏杰, 倪子君, 译. 北京: 中信出版社, 2013.

[6] (美) 安妮·安娜斯塔西, 苏珊娜·厄比纳著. 心理测验 [M]. 竺培梁, 译. 杭州: 浙江教育出版社, 2001.

[7] (美) 柏格. 人格心理学 (第七版) [M]. 陈会昌等, 译. 北京: 中国轻工业出版社, 2010.

[8] (美) 查理德·格里格, 菲利普·津巴多. 心理学与生活 (第16版) [M]. 王垒, 王甦等, 译. 北京: 人民邮电出版社, 2012.

[9] (美) 戴维·艾伦. 搞定 (Getting Things Done) [M]. 梁卿, 王勇, 张静, 译. 北京: 中信出版社, 2012.

[10] (美) 戴维·迈尔斯. 社会心理学 (第8版) [M]. 侯玉波, 乐安国, 张智勇等, 译. 北京: 人民邮电出版社, 2011.

[11] (美) 弗兰克·G·戈布尔. 第三思潮——马斯洛心理学 [M]. 吕明, 陈红雯, 译. 上海: 上海译文出版社, 2001.

[12] (美) 盖瑞·查普曼博士. 但愿婚前我知道 [M]. 孙为鲲, 译. 南昌: 江西人民出版社, 2011.

[13] (美) 吉姆·兰德尔. 时间管理——如何充分利用你的24小时 [M]. 舒建广, 译. 上海: 上海交通大学出版社, 2012.

[14] (美) 简·博克, 诺拉·袁. 拖延心理学 (第2版) [M]. 蒋永强, 陆正芳, 译. 北京: 中国人民大学出版社, 2008.

[15] (日) 匠英一. 每天懂一点行为心理学 [M]. 南京: 江苏文艺出版社, 2011.

[16] (英) 道金斯. 自私的基因 [M]. 卢允中等, 译. 北京: 中信出版社, 2012.

［17］（英）理查德·怀斯曼. 怪诞心理学［M］. 路本福，译. 天津：天津教育出版社，2011.

［18］（美）诺斯古德·帕金森. 帕金森定律［M］. 王少毅，译. 兰州：甘肃文化出版社，2004.

中文部分著作与期刊文献：

［1］班志刚，黄竹，温英杰. 大学生心理健康教程［M］. 北京：中央编译出版社，2006.

［2］毕重增，黄希庭. 清晰度对自信预测效应的影响［J］. 心理科学，2006，(28).

［3］陈姝娟，周爱保. 主观幸福感研究综述. 心理与行为研究［J］，2003，1 (3).

［4］陈筱歪. 乐观是怎样"炼"成的. 大学指南［J］，2011，(12).

［5］陈最华，杜纯梓等. 大学生心理健康教育［M］. 长沙：湖南人民出版社，2009.

［6］程刚，方婷. 大学生心理健康教育教程［M］. 北京：人民出版社，2012.

［7］程宇洁. 心理课堂：给大学生的50堂心理学课［M］. 上海：上海大学出版社，2006.

［8］崔红，王登峰. 中国人的人格与心理健康［J］. 心理科学进展，2007，(15).

［9］樊富珉. 大学生心理健康教育研究［M］. 北京：清华大学出版社，2002.

［10］樊富珉. 大学生心理健康与发展［M］. 北京：清华大学出版社，2007.

［11］樊富珉. 大学生心理素质教程［M］. 北京：北京出版社，2002.

［12］高玉祥. 健全人格及其塑造［M］. 北京：北京师范大学出版社，1997.

［13］格里格，津巴多. 心理学与生活（第16版）［M］. 北京：人民邮电出版社，2003.

［14］龚耀先. 心理评估（第1版）［M］. 北京：高等教育出版社，2003.

［15］桂世权，魏青，陈理宣等. 大学生心理健康教育［M］. 成都：西南交通大学出版社，2009.

［16］郭晋，龙兴跃. 贫困大学生学习成绩与心理健康研究［J］. 西北医学教育，2005，(13).

［17］郭良才. 大学生学习与心理健康［J］. 天津大学学报，1999，(6).

［18］黄轲. 大学生的心理健康初探［J］. 宜春医专学报，2000，(S1).

［19］黄希庭，李媛. 大学生自立意识的探索性研究［J］. 心理科学，2001，(24).

［20］黄希庭，郑涌. 大学生心理健康与咨询（第2版）［M］. 北京：高等教育出版社，2007.

［21］黄希庭，郑涌. 当代中国大学生心理特点与教育［M］. 上海：上海教育出版社，1999.

［22］黄希庭. 健全人格与心理和谐［M］. 重庆：重庆大学出版社，2010.

［23］黄希庭. 人格心理学［M］. 杭州：浙江教育出版社，2002.

［24］黄希庭. 时间与人格心理学探索［M］. 北京：北京师范大学出版社，2006.

［25］黄希庭．心理学与人生［M］．广州：暨南大学出版社，2005．

［26］李长文，时长江．大学生如何增进心理健康［J］．黑龙江高教研究，1994，（05）．

［27］李冬生，阮奎．大学生的心理健康与心理卫生［J］．山东医科大学学报（社会科学版），1995，（02）．

［28］李世芬．试论大学生的心理健康［J］．现代大学教育，1999，（06）．

［29］李新红．大学生心理健康之我见［J］．内江师范高等专科学校学报，1999，（02）．

［30］吉家文．大学生心理健康教育［M］．杭州：浙江大学出版社，2012．

［31］季丹丹，曹迪编著．青春导航大学生心理健康［M］．沈阳：辽宁大学出版社，2006．

［32］季丹丹，陈晓东．现代大学生心理健康教育［M］．北京：清华大学出版社，2009．

［33］乐嘉．跟乐嘉学性格色彩［M］．长沙：湖南文艺出版社，2011．

［34］礼国华，宫林峰．心理健康教育：阳光心态训练［M］，北京：中国农业大学出版社，2011．

［35］李静．大学生自杀现象分析与心理健康教育对策［D］，山东师范大学，2007．

［36］连榕，张本钰．大学生心理健康教育［M］，北京：北京师范大学出版社，2012．

［37］刘陈陵，郭兰，刘世勇．大学新生对心理咨询服务的需求［J］．当代青年研究，2006，（10）．

［38］刘红明．心灵导航——大学生心理健康教育［M］．南京：南京大学出版社，2012．

［39］刘儒德．教育中的心理效应［M］．上海：华东师范大学出版社，2006．

［40］刘欣．大学生心理健康教育教程［M］．南京：东南大学出版社，2012．

［41］龙春华．行为心理学［M］．北京：中国华侨出版社，2012．

［42］罗玲，刘淑春．大学生心理健康教育［M］．北京：化学工业出版社，2009．

［43］罗亚莉．关于大学生学习适应问题与对策研究——专业选择不理想引起的学习适应困难与调节［J］．经济与社会发展，2005（04）．

［44］马建青．心理卫生与心理咨询论丛［M］．杭州：浙江大学出版社，2004．

［45］马兰花，曹继霞．大学生心理健康教育［M］．北京：经济科学出版社，2010．

［46］聂振伟，宋振韶．21世纪通识课系列教材：大学心理［M］．北京：中国人民大学出版社，2009．

［47］宁维卫，陈华，陈丽．大学生心理健康与成才［M］．北京：高等教育出版社，2012．

［48］彭聃龄．普通心理学（第4版）［M］．北京：北京师范大学出版社，2012．

［49］皮连生，王小明，庞维国，林颖．教育心理学（第三版）［M］．上海：上海教育出版社，2004．

[50] 邱鸿钟. 大学生心理健康教育（第2版）[M]. 广州：广东高等教育出版社，2012.

[51] 宋宝萍. 大学生心理健康教育[M]. 西安：西安电子科技大学出版社，2007.

[52] 王晋. 大学生心理健康教育实用教程（第3版）[M]. 北京：北京大学出版社，2005.

[53] 王群健，兰云. 谈大学生的心理健康[J]. 有色金属高教研究，1995，(4).

[54] 王维铭. 浅谈大学生的心理健康问题及对策[J]. 卫生职业教育，2004，(19).

[55] 王亚男. 大学生心理健康与人生规划基础教程[M]. 北京：水利水电出版社，2011.

[56] 王祥兴，陶国富. 大学生恋爱心理[M]. 上海：华东理工大学出版社，2002.

[57] 王祖莉，初铭铜. 大学生心理健康教育[M]. 北京：科学出版社，2010.

[58] 吴才智，包卫. 大学生心理健康教育[M]. 上海：华东师范大学出版社，2009.

[59] 吴建玲. 大学生心理健康与心理素质训练[M]. 广州：华南理工大学出版社，2008.

[60] 吴明霞. 30年来西方关于主观幸福感的理论发展. 心理学动态[J]. 2000，8 (4).

[61] 吴少怡. 大学生心理健康教育[M]. 济南：山东大学出版社，2012.

[62] 肖少北. 大学生心理健康教育[M]. 广州：暨南大学出版社，2010.

[63] 小庄. 爱与性的实验报告[M]. 杭州：浙江大学出版社，2011.

[64] 杨秀英. 浅谈高校学生的心理健康[J]. 济宁师专学报，2001，(4).

[65] 易雯静，吴明霞，郭成. 有关学业拖延概念与测量的研究综述[J]. 三峡大学学报（人文社会科学版），2009，31 (6).

[66] 尹忠恺，肖文学. 大学生心理健康教育[M]. 北京：清华大学出版社，2012.

[67] 禺说. 谁动了我的幸福[M]. 南宁：广西人民出版社，2012.

[68] 岳晓东. 爱情中的心理学[M]. 北京：机械工业出版社，2010.

[69] 喻承甫等. 感恩及其与幸福感的关系. 心理科学进展[J]. 2010，18 (7).

[70] 张大均，吴明霞. 大学生心理健康[M]. 北京：清华大学出版社，2007.

[71] 张德芬. 遇见未知的自己[M]. 北京：华夏出版社，2008.

[72] 张海莹. 大学生健康心理养成的途径和方法[J]. 中国成人教育，2006，(2).

[73] 张丽莉. 学前特殊教育专业学生专业认同感调查研究[J]. 幼儿教育·教育科学版，2008 (3).

[74] 张小明. 大学生心理健康状况的分析[J]. 广西大学梧州分校学报，2002，(3).

[75] 张秀芳，周桂霞. 心理健康教育导读[M]. 北京：北京师范大学出版社，2011.

[76] 曾仕强，刘君政. 人际关系与沟通[M]. 北京：清华大学出版社，2004.

[77] 郑全全，俞国良. 人际关系心理学[M]. 北京：人民教育出版社，2004.

[78] 郑日昌. 大学生心理健康——自主与自助手册[M]. 北京：高等教育出版社，

2007.

[79] 郑秀. 人际交往心理学大全集 [M]. 北京：中国华侨出版社，2012.

[80] 郑雪. 人格心理学 [M]. 广州：暨南大学出版社，2007.

[81] 周家华，王金凤. 大学生心理健康教育（第3版）[M]. 北京：清华大学出版社，2010.

外文部分著作与期刊文献：

[1] 9 Steps to Define your Goal Destination and Devise a Plan to Get There. http://www.lifehack.org/articles/lifehack/9-steps-to-define-your-goal-destination-and-devise-a-plan-to-get-there.html

[2] Argyle, M. The psychology of happiness. London & New York：Routedge. 1987.

[3] Argyle, M., & Lu, L. The happiness of extraverts. Personality and Individual Difference, 1990 (11), 1011-1017.

[4] Campbell, A., Converse, P. E. & Rodgers, W. L. The quality of American life. Russell Sage Foundation, New York, 1976.

[5] Deci EL, Ryan RM. Intrinsic motivation and self-determination in human behavior. New York：plenum. 1985.

[6] Diener E, Fujita F. Resoources, Personal Strivings and Subjective Well-Being：A Nomothetic and Idiographic Approach. Journal of Personality and Social Psychology, 1995, 68 (5)：926-935.

[7] Diener, E., Suh, E. M., Lucas, R. E., & Smith, H. L. Subject well-being：Three decades of progress. Psychological Bulletin, 1999 (125), 276-302.

[8] Dirk Zeller. Successful Time Mangement for Dummies. Wiley Publishing, Inc. 2009.

[9] Doyle., G. W., Happiness for Dummies [M]. Wiley Publishing, Inc. 2008.

[10] Emmons, R. A., & McCullough, M. E. Counting blessings versus burdens：An experimental investigation of gratitude and subjective well-being in daily life. Journal of Personality and Social Psychology, 2003 (84), 377-389.

[11] Froh, J. J., & Bono, G. The gratitude of youth. In S. J. Lopez (Ed.), Positive psychology：Exploring the best in people (Vol. 2, pp. 55-78). Westport, CT：Greenwood Publishing Company. 2008.

[12] Haring, M. J., Stock, W. A. & Okun M. A. A research synthesis of gender and social class as correlates of subjective well-being. Human Relations, 1984 (37), 645-657.

[13] James Q. Wilson & George L. Kelling. Broken Windows：The police and neighborhood safety. The Atlantic Monthly. 1982 (3)：http://www.theatlantic.com/magazine/archive/1982/03/broken-windows/304465/

[14] Kahneman, D., Krueger. AB, Schkade. D, Schwarz. N, Stone. AA. Would

You Be Happier If You Were Richer? A focus llusion. Science, 2006, 312 (5782): 1908-10. doi: 10. 1126/science. 1129688. PMID 16809528.

[15] Leo Babauta. Zen to done: The Ultimate Simple Productivity System. Waking Lion Press, 2011.

[16] Peterson C, Seligman M E. Character strengths and virtuse: A handbook and classification. Oxford University Press, 2004.

[17] Madrigal, R., Havitz, M. E., & Howard, D. R. Married couples' involvement with family vacations. Leisure Scieces, 1992 (14), 287-301.

[18] Marc. 10 Actions that Always Bring Happiness. http://www. marcandangel. com / 2012/08/10 -actions-that-always-bring-happines.

[19] Medvedova L. Personality dimensions: "Little Five" and their relationships with coping strategies in early adolescence. Studia Psychological, 1999, 40 (4): 261-265.

[20] Rim, Y. Values, happiness and family structure variables. Personality and Individual Difference, 1993, 15 (5), 595-598.

[21] Schwartz, B. There Must Be An Alternative. Psychological Inquiry, 2007 (18), 48-51.

[22] Seligman, M. E. P., Steen, T., Park, N., & Peterson, C. Positive psychology progress: Empirical validation of interventions. American Psychologist, 2005 (60), 410-421.

[23] The 3 Reasons Money Brings Satisfaction But Not Happiness. http:// www. spring. org. uk/2008/04/ 3-reasons-money-brings-satisfaction-but. php.

[24] Vaillant G. E. Adaptive mental mechanisms: Their role in a positive psychology. American Psychologist, 2000, 55 (1): 89-98.

[25] Watkins, P. C., Woodward, K., Stone, T., & Kolts, R. L. Gratitude and happiness: Development of a measure of gratitude, and relationships with subjective well-being. Social Behavior and Personality, 2003 (31), 431-452.

[26] Wood, A. M, Froh, J. J., & Geraghty, A. W. A. Gratitude and well-being: A review and theoretical integration. Clinical Psychology Review. In press.

[27] Wood, W., Rhodes, N., & Whelan, M. Sex differences in positive well-belling: A consideration of emotional style and marital status. Psychological Bullentin, 1989, 106 (2), 249-264.

郑重声明

高等教育出版社依法对本书享有专有出版权。任何未经许可的复制、销售行为均违反《中华人民共和国著作权法》，其行为人将承担相应的民事责任和行政责任；构成犯罪的，将被依法追究刑事责任。为了维护市场秩序，保护读者的合法权益，避免读者误用盗版书造成不良后果，我社将配合行政执法部门和司法机关对违法犯罪的单位和个人进行严厉打击。社会各界人士如发现上述侵权行为，希望及时举报，本社将奖励举报有功人员。

反盗版举报电话　　(010) 58581897　58582371　58581879
反盗版举报传真　　(010) 82086060
反盗版举报邮箱　　dd@hep.com.cn
通信地址　　北京市西城区德外大街4号　高等教育出版社法务部
邮政编码　　100120